普通高等学校
电类规划教材

U0196347

电工电子
实验技术

上册 第2版

肖建 ◎ 总主编

常春耘 顾艳丽 王正元 孙科学 ◎ 编著

刘陈 ◎ 主审

人民邮电出版社

北京

图书在版编目（CIP）数据

电工电子实验技术. 上册 / 常春耘等编著. -- 2版
. -- 北京：人民邮电出版社，2022.9
　普通高等学校电类规划教材
　ISBN 978-7-115-58564-6

Ⅰ. ①电… Ⅱ. ①常… Ⅲ. ①电工技术－实验－高等
学校－教材②电子技术－实验－高等学校－教材 Ⅳ.
①TM-33②TN-33

中国版本图书馆CIP数据核字(2022)第015670号

内 容 提 要

　　本书共 8 章，第 1 章讲述实验的基础知识，第 2 章介绍电气测量的基本知识，第 3 章介绍 15 个电路分析基础实验，第 4 章讲述模拟电路的一般设计方法和基本指标参数的调测，第 5 章介绍 9 个经典模拟电路基础实验，第 6 章介绍模拟电路提高型实验，第 7 章介绍常用电子仪器的使用方法，第 8 章介绍 Multisim 的应用。附录介绍了实验箱的使用说明和常用电子元件的一般知识，为学生在实验中合理选择实验器材提供帮助。

　　本书可作为普通高等学校理工类（非电类）专业学生的实验指导教材，也可作为继续教育等电类专业的实验教材。

◆ 编　　著　常春耘　顾艳丽　王正元　孙科学
　 主　　审　刘　陈
　 责任编辑　李　召
　 责任印制　王　郁　陈　犇
◆ 人民邮电出版社出版发行　　北京市丰台区成寿寺路 11 号
　 邮编　100164　电子邮件　315@ptpress.com.cn
　 网址　https://www.ptpress.com.cn
　 北京九州迅驰传媒文化有限公司印刷
◆ 开本：787×1092　1/16
　 印张：15.75　　　　　　　　　2022 年 9 月第 2 版
　 字数：385 千字　　　　　　　 2025 年 1 月北京第 4 次印刷

　　　　　　　定价：59.80 元
读者服务热线：(010)81055256　印装质量热线：(010)81055316
　　　　　　反盗版热线：(010)81055315
　　　广告经营许可证：京东市监广登字 20170147 号

电路分析基础和模拟电子技术是两门很重要的技术基础课，它可为相关人员从事电气信息技术领域的学习、工作和研究奠定基础。由于这两门课的实践性较强，与之相应的电工电子实验技术课程在人才培养过程中起着不可替代的作用。该实验课程不仅可以巩固和加深学生所学的理论知识，而且可以培养学生运用知识进行工程实践的能力，为学生今后从事实际工作打下坚实的基础。

多年来，我们一直希望能对自己教授的电工电子实验技术课程的心得体会进行总结，结合实验教学改革的要求，编写一本有益于电工电子实验技术教学的教材。本书就是在这样的指导思想下编写而成的。

本书精选实验，突出重点，强化学生的基本实验能力，其内容的深度和广度符合现阶段我国普通高等学校电气工程、自动化、通信工程、电子信息工程、计算机科学与技术、电子科学与技术等专业的教学要求，以电子元器件的选择、基本电子仪器的使用、基本电路参数的测量方法等基本实验能力为基础，以有工程应用背景的设计性实验为重点，注意理论教学和后续实验课程的衔接，同时为更好地适应电工电子技术的发展趋势，引入了电子电路仿真软件的教学内容。书中标有星号的为选学内容。

另外，本书在学生已学知识的基础上由浅入深的展开；对基础性、验证性实验，注重实验原理、实验方法和实验技能的讲解，配有详细的预习要求，便于学生养成良好的实验习惯，培养学生自主实验能力及提高学生的实验素养；对设计性、综合性实验，从实际应用的要求出发，注意培养学生的工程意识、电路设计能力、实验现象的观测能力、实验故障的排除能力及实验结果的分析能力。

本书第 3 章、第 4 章、第 6 章及附录由常春耘编写，第 1 章、第 2 章、第 5 章由顾艳丽编写，第 7 章由王正元编写，第 8 章由孙科学编写，常春耘负责全书统稿和定稿，刘陈负责主审。本书在编写过程中得到了南京邮电大学电工电子教学实验中心各位老师的支持与帮助，也参考了许多同行专家的著作，在此表示诚挚的谢意。

由于编者水平有限，书中难免有不妥之处，敬请读者批评指正。

编　者
2022 年 1 月

第 1 章　实验的基本知识

1.1　实验课开设的目的与要求

一、实验课目的

本书中的电工电子实验内容只涉及电路分析实验和模拟电路实验，因此本章所讲实验均指电路分析实验及模拟电路实验。电路分析实验和模拟电路实验是重要的实践性基础课程，该课程给学生提供一个理论知识和工程实际相结合的平台，使学生能更好地将理论知识转化为实践能力。本书以应用理论为基础、专业技术为指导，侧重于在理论指导下的操作技能的培养和综合运用能力的提高，旨在将所学理论知识过渡到实践和应用，为学生学习后续技术基础课、专业课等打下良好的基础。通过本书的学习，学生将了解常用电子仪器仪表的性能、工作原理及其使用方法；掌握基本的测量方法以及现代电路计算机仿真技术等；巩固和加深对电路分析理论、模拟电子技术基础理论的理解；掌握模拟电路基本单元电路的设计、装配和调测方法。本课程主要培养学生的基本实验技能，包括选用正确的仪器仪表，制定合理的实验方案，以及实验电路的装配、调测，实验中各种现象的观察和判断，实验数据的正确读取和处理、误差分析，实验报告的撰写等能力。本课程可使学生逐步建立工程思维，提高学生应用理论知识和实验经验来分析并解决工程实际问题的能力。因此，通过本课程的学习，学生能够在实验理论、实验方法和实验技能 3 个方面得到较为系统的训练。

二、实验的基本要求

电路分析实验与模拟电路实验一般分为实验前预习、实验操作、撰写实验报告 3 个阶段，具体要求如下。

1．实验前预习

为了提高实验的效率，减少实验的盲目性，达到实验目的与要求，实验前要做好充分的预习，预习内容如下。

（1）明确实验目的、任务与要求。

（2）理解、复习相关理论知识，弄懂实验原理、方法；根据实验要求设计实验电路；拟定实验方案和实验步骤；预习实验思考题和注意事项。

（3）设计实验数据表格，估算实验结果的理论值，以便在实验中能及时发现问题和解决问题，列出实验中使用的元器件清单（标注型号、规格、数量等），对于未使用过的仪器仪表和设备，要阅读说明书，掌握使用方法。

2．实验操作

进入实验室做实验，要遵守实验室的各项规定，注意人身安全和设备安全，按照实验任务的要求完成相应的实验操作和数据观测。

（1）实验电路连接

实验电路的连接应遵循以下 3 个原则。

① 合理布局（使实验对象、仪器仪表之间的位置和距离，跨接导线的长短等因素对实验结果的影响最小）；便于操作、调整和读取数据；连接头不能过于集中，整体美观、简洁。

② 连接顺序应视电路复杂程度和操作者技术熟练程度决定。对初学者来说，可按照电路原理图一一对应接线。对于较复杂的电路，可先连接串联部分，后连接并联部分，最后连接电源端。连接时注意元器件、仪器仪表的同名端、极性和公共参考点等应与电路原理图设定的位置一致。

③ 对连接好的电路，一定要认真细致地检查，确保电路连接准确无误后才能通电测量。

（2）实验调测与数据读取

根据实验内容的要求，认真观测实验现象，准确记录相应的实验数据和波形。在实验过程中，要分析判断实验获得的数据是否符合预习时理论分析计算的结果。如果实验获得的数据或波形与预期的相差较大或完全不符，应根据实验现象，分析电路故障并及时排除。实验中遇到故障很常见，发现和排除电路故障是工程技术人员必备的技能，实验操作可以很好地培养和锻炼学生的此项技能。

（3）拆除实验线路，整理实验现场

实验操作结束，实验结果经确认无误后，就可以拆除实验线路。拆除线路时，应先将各输入量归零，然后切断电源（包括仪器仪表的电源），确认电路不带电后，再拆除线路并整理实验现场。

3．撰写实验报告

撰写实验报告的过程是对实验进行总结和提高的过程，通过这个过程可以加深学生对实验现象和实验内容的理解，更好地将理论和实践结合起来。同时，学习实验报告的撰写方法，也可以为学生以后的课程设计报告、毕业论文以及科技论文等的写作打下基础。

1.2 实验报告的撰写与要求

实验课虽然是一门以实际操作为主的课程，但课前的准备及课后的总结也是不可忽视的。准备充分，实验才能顺利进行；认真总结，才能拥有更大的收获。撰写实验报告也是实验课中的重要环节。

一、实验报告写作的基本要求

1．对文体的要求

实验报告是一种科技文体，其基本特点是客观真实、准确简练。要求实验报告中的数据必须经过数据处理和数据分析。数据处理是指将原始数据处理成有效位数以合理、准确地反映测量误差的数据，数据分析是指分析数据的正确性和误差产生原因。在电工电子类的实验课中，初学的同学常常将原始数据不加处理就写入实验报告，这会影响实验报告的准确性。

2．对电路图的要求

电路制图有纯原理图和工程原理图之分，在实验或设计中主要使用的是工程原理图。工程原理图不但要反映电路的功能和原理，还要反映所用元器件及其相互间的连接关系。所以要求在绘制电路图时，既要画出元器件的符号，又要标明元件符号各个端子的序号，还要标注元器件的型号和参数。如果电路简单而所需图幅较小，可不采用国标要求的图幅尺寸，将图直接画在报告中，且要求一幅图独占报告页面的若干行，不可在与图平行的空白处填写其他内容。

3．对波形图的要求

实验报告在叙述设计过程和实验情况时，常常需要画出一些波形来反映设计依据或测试结果。绘制波形图的要求如下。

（1）给波形命名

必须为所绘制的波形命名。命名方式有两种：一种是直接采用波形所示的信号的名称，如 U_i、U_{o1}、CLK 等；另一种是根据波形所示信号的位置命名，方法是用"符号编号"加"："再加"元件的引脚号"。例如，"D_1:12"表示在 D_1 所代表的元件的第 12 引脚处测得的波形；":C"表示在所代表的晶体管某电极测得的波形。

（2）波形参数的完整性

实验中应根据实验目的和测试要求，合理掌握记录被测信号波形的详略程度。在记录信号的电参数时，一般应完整记录电压幅值、频率等参数，如果需要，还应记录信号波形的电位值。例如在测试脉冲信号的电参数时，记录它的高电平值和低电平值；又如，在测量放大器的动态范围时，需要观测和记录信号的最高和最低电压值，以便确定输出信号的失真是饱和失真还是截止失真。在记录周期信号的波形时，一般应画出两个完整的周期信号，以反映信号的周期性。在记录两个或更多信号之间的相位关系时，应使几个信号的时间轴对齐。

二、实验报告格式的基本要求

实验报告一般要求内容具体完整，观点明确，叙述条理清晰，层次布局合理，书写工整，实验结果的表达方式明了有效（可采用数据表格、图形或曲线表示），可读性强、可信度高。因此一份完整的实验报告大致包括：实验名称、实验目的、实验用仪器仪表、实验电路图、测试结果（包括数据、曲线图或波形图等）、测试结果分析（如误差计算、误差分析等）以及思考题等内容。如果是设计性实验，在实验电路部分可加入设计过程。

书写实验报告不一定要拘泥于格式，但需从以下 3 个方面来考虑。

（1）为什么做此实验？

（2）怎样进行实验？要指明关键问题所在。

（3）实验得到什么结果？要对实验结果及误差进行分析。

三、撰写实验报告注意事项

（1）写实验报告要用实验报告纸。

（2）数据记录和数据处理要注意数据的有效位数。

（3）曲线和波形应认真地画在坐标纸上。绘制曲线时不能简单地在坐标图上把相邻的数据点用直线相连，应进行"曲线拟合"。纵、横坐标代表的物理量、单位及坐标刻度均要标示清楚。需要互相对比的曲线或波形应画在同一坐标平面上，每条曲线（或波形）必须标明参变量或条件。画好的曲线（或波形）图应贴在相应实验内容的数据表下面。如果图集中安排在报告的最后一页，则每张图必须标明是哪个实验内容的何种曲线（或波形）。

1.3　实验中常见故障及其一般排除方法

对初学或实验经验还不丰富的实验者来说，在实验中出现各种问题、发生各种故障在所难免。只有通过对电路故障的分析、诊断和排除，才能逐步提高实验者运用所学理论知识分析和解决实际问题的能力。

一、故障产生的原因

实验中产生故障的原因各种各样，大致可归纳为以下几个方面。

1．仪器设备
（1）仪器自身工作状态不稳定或损坏。
（2）测量值超出了仪器的正常工作范围，或调错了仪器旋钮的位置。
（3）测量线损坏或接触不良（虚连接或内部断线）。
（4）仪器旋钮由于松动，偏离了正常的位置。

2．器件与连接
（1）用错了器件或选错了标称值。
（2）连线出错，导致原电路的拓扑结构发生改变。
（3）连接线接触不良或损坏。
（4）在同一个测量系统中有多点接地，或随意改变了接地位置。
（5）实验线路布局不合理，电路内部产生干扰。

3．错误操作
（1）未严格按照操作规程使用仪器。如读取数据前没有先检查零点或零基线是否准确，读数的姿势、表针的位置、量程不准确等。
（2）片面地理解问题，盲目地改变了电路结构，未考虑电路结构的改变可能对测量结果带来的影响和后果。
（3）测量方法不正确，选用的仪表不合适。

二、故障分类

1．开路故障
开路故障现象一般反映为无电压、无电流、指示仪表无偏转、示波器不显示波形等。
产生原因：焊接点虚焊、接线柱松动引起接触不良；引线折断或导线接头根部折断；电源熔断器熔断或其元件损坏、断线等。

2．短路故障
短路故障现象反映为电路中电流剧增、表指针打弯、熔断器熔断、电路元件冒烟、有烧焦气味等。

产生原因：接线时接头相碰或裸露部分相碰；印制电路板焊接点相触；接线错误；过电压、过电流破坏了绝缘层等。

3. 其他故障

元件质量差；元件使用年深日久、因所处环境潮湿而发霉引起老化、变质，使电压过高或过低；实验装置工作不正常等。故障现象反映为测试数据与理论估算相差较远。

三、查找故障的一般方法

1. 先查人为故障，后查设备故障

查找电路故障时，必须确立一个观点：实验人员、实验用仪表、被测电路共同组成一个测试"系统"，系统中任何一部分出现问题都将导致测试数据错误，所以当测试数据出现问题时，绝不能仅将测试系统作为查找问题的对象，首先应检查有无人为故障，初学者尤其要注意这一点。例如，在"晶体管单级电压放大电路"实验教学中经常发现有的同学在测量交流参数时将直流电源关掉，测量后发现得到的数据不正确，便急于从电路上找问题，其实这种故障是由于概念错误造成的人为故障（关掉直流电源失去了直流偏置）。这些同学这样做的原因是错误地将分析电路时的交流和直流等效电路的方法套用在该实验中，认为实验时交流和直流电源也应该分开考虑。这种由概念上的错误而导致的实验数据的测量错误在被测电路中是找不出故障原因的，所以查找故障要先检查操作者有没有概念上或操作上的错误。

2. 先查仪表，后查被测电路

当确定无人为故障后，应检查用于测试的外接仪表有无故障，如测试线是否连接正确、选用的仪器仪表及挡位是否合适等。

3. 先查装配，后查电路参数

当确定故障存在于电路后，应先检查电路的装配是否正确。初学者在实验中用错元件、接错导线的事经常发生。直接检查装配有无错误比通过测量电路参数分析出装配错误节省时间。尤其是在实验中，首次测试某些数据发现错误时，要检查装配情况。

4. 先检查直流参数，后检查交流参数

有源模拟电路中直流偏置是电路正常工作的基础，直流参数不正常，交流参数必然不正常，所以只有在直流参数正常的情况下，才能去测量交流参数。实验中有的同学使用的直流参数不符合设计要求，常常跳过直流参数的调测而去调测交流参数，他们误认为直流参数一时调测不出来可以先去调测交流参数，等交流参数调测好了再去调测直流参数。这种观点是错误的，原因在于没有认识到直流工作点的意义。

上述查找故障的顺序可以概括为：先人为后设备，先仪表后电路，先装配后参数，先直流后交流。

四、排除故障的一般方法

1. 断电观察法

在实验中出现电阻、变压器烧坏，电容器炸裂，电路断线等故障时，通过断电观察往往能很快找出电路损坏的部分或发生故障的器件。更换器件时，不能单纯调换已损坏

的器件，应进一步查对实验电路图，搞清损坏的部位和损坏原因，彻底排除故障，才能再次通电。

2．断电测量电阻法

如果仅凭观察不易发现问题，可借助仪表逐个测试各元器件是否损坏，插件是否接触不良，导线是否断线或者短路等。该类故障多发生在具有高电压、大电流与含有有源器件的电路中。根据实验原理，电路中某两点应该导通（或电阻极小），而万用表测出是开路（或电阻很大）；或某两点应该是开路（或电阻很大），但测得的结果为短路（或电阻很小），则故障必在此两点间。

3．通电测电压法

为实验电路加上电源和信号，利用万用表的电压挡测量电源是否有电压，若有电压则继续沿着信号流的方向向后按顺序检查各元件、各支路是否有正常压降，这样可以逐步缩小故障出现范围，最后断定故障所在。

4．信号寻迹法

使用适当频率和幅值的信号源作为测试信号电压，加到实验装置的输入端，然后利用一台示波器从信号输入端开始，逐一观测各元器件、各支路是否有正常的波形和幅度，从而可观测到反常的迹象，找出故障所在。当电路级数很多时，可以先将整个系统分为若干"段"，先将某一中间段作为输出的测试点。如果发现输出数据不正常，就说明是这个测试点的前面有故障，就要向前排查；如果测试数据正常，说明故障出现在后端，应向后排查。这样做可以大大提高排除故障的效率。这种方法特别适用于检查电子线路中的故障。

5．对比检测故障

如果有两个相同的电路，其中一个正常，另一个出现故障，则可以用正常的电路做参考，逐段逐点进行对比，找出与正常电路参数不同的地方，然后进一步分析参数不相同的原因，从而找出故障所在。

6．替代法

当怀疑某元件有故障时，可选用正常的元件代替被怀疑的元件。替代后如果故障消失，则说明被替代的元件有问题；若替代后故障未消失，也不能断定被替代的元件有问题，还要进一步检测。

用替代法查找故障时应注意：在选择检测方法时，要针对故障类型和实验线路结构情况选用，如短路故障或电路工作电压较高（200V 以上），不宜用通电法检测。而当被测电路中含有微安表、场效应晶体管、集成电路、大电容等元件时，不宜用断电法（电阻挡）检测。因为在这两种情况下，若检测方法不当，可能会损坏仪表、元件，甚至使人触电。有时实验电路中会有多个或多种故障，并且相互"掩盖"或影响，但只要耐心细致地去分析查找，总是能够检测出来的。

2.1 测量及测量误差

一、测量的概念

所谓测量，就是把被测物理量与一个作为单位的同类标准量直接或间接作比较，判定被测量值是该标准量值的多少倍，从而确定被测量值的大小。例如，测得电压为 220V，也就是说，测得的电压等于电压标准量 1V 的 220 倍。

1. 测量方法的分类

测量方法的分类形式有多种，根据获得被测量值的方法不同，可将测量方法分为直接测量和间接测量两大类。此外，在此两类方法的基础上还发展了一类方法——组合测量。

（1）直接测量

能够通过测量仪器、仪表直接测量被测量的数值，这类测量方法称为直接测量。例如，用电压表测量电压，用数字式频率计测量频率等。直接测量简单易行，所需测量的时间短，并可以达到很高的测量精度。

（2）间接测量

被测量的值与其他几个物理量的值存在函数关系，需要用上述直接测量方法分别测出其他几个相关的物理量的值，再通过一定的公式计算得到被测量的值。这类测量方法称为间接测量。例如，直接测出电阻的值 R 与其两端的电压 U，由公式 $I=U/R$ 便可求出被测电流 I 的值。

一般采用直接测量，仅在直接测量不方便、误差大或缺乏直接测量的仪器等情况下才采用间接测量。

（3）组合测量

测量中，使各个未知量以不同的组合形式出现，根据直接测量和间接测量所得的数据，通过解一组联立方程来求出被测量的数值，这类测量称为组合测量。例如测量线性二端网络的等效参数可以采用组合测量法。测量电路如图 2.1 所示。在被测网络端口接一可变电阻 R_w，测得 R_w 两端的电压 U_1 和流经 R_w 的电流 I_1 后，改变电阻 R_w 的值，测得相应的 U_2、I_2，则可列出方程组

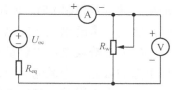

图 2.1 用组合测量的方法测量电路

$$\begin{cases} U_1 = U_{oc} - R_{eq}I_1 \\ U_2 = U_{oc} - R_{eq}I_2 \end{cases} \tag{2.1.1}$$

解得

$$U_{oc} = \frac{U_1 I_2 - U_2 I_1}{I_2 - I_1}$$

$$R_{eq} = \frac{U_1 - U_2}{I_2 - I_1}$$

2．测量的基本内容

电路及模拟电路实验所要测量的基本量包括以下 5 种类型：

（1）与电能有关的电量，如电压、电流、电功率。

（2）电路元件参数，如电感量、电阻阻值、电容量、品质因数等。

（3）电信号的特性，如电信号的波形、频率、相位、幅值等。

（4）电路的特性，如电路的频率特性、时延特性、瞬变特性等。

（5）电路的电压增益、输入电阻、输出电阻等。

实验离不开测量，测量一定会产生误差，为了得到准确的实验结果，就必须了解测量误差的定义、来源、分类、表示方法和处理方法，这样才能根据具体情况找出减小误差的实验方法，从而提高实验数据的精度。

二、测量误差的定义、来源及分类

1．测量误差的定义

被测量值有一个真实值，称为真值，它可以由理论给定值或标准计量仪器测定值来代表。在实际测量中，由于测量仪器的精度有限，测量方法不完善，测量者的能力或不良习惯、测量环境等各种因素的影响，测量值和真值之间总存在一定的差异，这种差异称为测量误差。

2．测量误差的来源

（1）仪器误差：因仪器自身性能不完善引起的误差称为仪器误差。此类误差的范围已由仪器的技术说明书给出。

（2）使用误差：又称操作误差，是使用者对仪器的安装、调节、操作不当造成的误差。例如，把规定水平放置的仪表垂直放置，使用时未按要求对仪器进行预热或校零，仪器引线过长等都会引起使用误差。减小和消除使用误差的方法是严格按照仪器的技术规程操作，熟练掌握实验操作技巧。

（3）测量方法误差：测量中依据的理论不严谨，或者不适当地简化测量公式所引起的误差称为测量方法误差。例如，在某些情况下利用电压表测电压（电压表内阻接近于或小于被测端间的等效电阻）时，或用电流表测电流（电流表内阻接近于或大于被测支路的等效电阻）时，完全不考虑电压表或电流表内阻对测量结果的影响，就会产生误差。

（4）影响误差：主要是指外界环境（如温度、湿度、电磁场等）超出仪器允许的工作条件引起的误差。为避免此项误差产生，应保证仪器所要求的额定工作条件。

（5）人身误差：测量者能力和个体差异限制（如读表时习惯性偏高或偏低）所引起的误差。为消除此类误差，要求测量者必须提高操作技巧，改正不良习惯。

3. 测量误差的分类

从不同角度出发，测量误差有各种分类方法。

（1）根据误差的表示方法分为绝对误差、相对误差和引用误差。

① 绝对误差是指测量值与被测量实际值之差，用 Δx 表示，即

$$\Delta x = x - x_0 \tag{2.1.2}$$

式中，x 为测量值；x_0 为实际值。

绝对误差是具有大小、正负和量纲的值。

在实际测量中，除了绝对误差外，还经常用到修正值的概念，它的定义是绝对误差的相反值。

$$c = x_0 - x \tag{2.1.3}$$

知道了测量值 x 和修正值 c，就可求出被测量的实际值 x_0。

绝对误差只能表示测量的近似程度，不能确切地反映测量的准确程度。为了便于比较测量的准确程度，引入相对误差的概念。

② 相对误差是指测量的绝对误差与被测量（约定）真值之比（用百分数表示），用 γ 表示：

$$\gamma = \frac{\Delta x}{x_0} \times 100\% \tag{2.1.4}$$

相对误差是一个比值，其数值与被测量所取的单位无关；它能反映误差大小与方向；它能确切地反映出测量的准确程度。因此，在测量过程中，要衡量测量结果的误差或评价测量结果准确程度时，一般用相对误差表示。

相对误差虽然可以较准确地反映测量的准确程度，但用来反映仪表的准确程度时不甚方便。因为同一仪表的绝对误差在刻度范围内有变化，这样就使得在仪表标度尺的不同部位的相对误差不是一个常数。因此采用引用误差表征仪表的准确度。

③ 引用误差是指测量指示仪表的绝对误差与其量程之比（用百分数表示），用 γ_n 表示：

$$\gamma_n = \frac{\Delta x}{x_m} \times 100\% \tag{2.1.5}$$

实际测量中，由于仪表各标度尺位置指示值的绝对误差的大小、符号不完全相等，若取仪表标度尺工作部分的位置所出现的最大绝对误差 Δx_m 作为式（2.1.5）中的分子，则可得到最大引用误差，用 γ_{nm} 表示

$$\gamma_{nm} = \frac{\Delta x_m}{x_m} \times 100\% \tag{2.1.6}$$

最大引用误差常用来表示电测量指示仪表的准确度等级，有

$$\gamma_{nm} = \frac{\Delta x_m}{x_m} \times 100\% \leqslant \pm \alpha\% \tag{2.1.7}$$

式中，α 表示仪表准确度等级指数，即表示仪表准确度等级的数字。

根据 GB 7676.2—2017《直接作用模拟指示电测量仪表及其附件 第 2 部分：电流表和电压表的特殊要求》的规定，电流表和电压表的准确度等级 α 如表 2.1 所示。由表可见，准确度等级的数值越小，允许的基本误差越小，表示仪表的准确度越高。

表 2.1　　　　　　　　　　　　　　　　　电测量仪表的准确度等级

准确度等级 指数 α	0.05	0.1	0.2	0.3	0.5	1.0	1.5	2.0	2.5	5.0
基本误差/%	±0.05	±0.1	±0.2	±0.3	±0.5	±1.0	±1.5	±2.0	±2.5	±5.0

由式（2.1.6）可知，在用指示仪表进行测量时，产生的最大绝对误差为

$$\Delta x_{\mathrm{m}} \leqslant \pm \alpha\% \cdot x_{\mathrm{m}} \tag{2.1.8}$$

当用仪表测量被测量的示值为 x 时，可能产生的最大示值相对误差为

$$\gamma_{\mathrm{m}} = \frac{\Delta x_{\mathrm{m}}}{x} \times 100\% \leqslant \pm \alpha\% \cdot \frac{x_{\mathrm{m}}}{x} \times 100\% \tag{2.1.9}$$

因此，根据仪表准确度等级和测得示值，可计算直接测量中示值最大相对误差。被测量值越接近仪表的量程，测量的误差越小。因此测量时，应使被测量值尽可能在仪表量程的 2/3 以上。

例　用一个量程为 30mA、准确度等级指数为 0.5 的直流电流表测得某电路中电流为 25.0mA，求测量结果的示值相对误差。

解　根据式（2.1.8）计算出仪表的最大绝对误差为

$$\Delta x_{\mathrm{m}} = \pm \alpha\% \cdot x_{\mathrm{m}} = \pm 0.005 \times 30\mathrm{mA} = \pm 0.15\mathrm{mA}$$

由式（2.1.9）可得其测量结果可能出现的示值最大相对误差为

$$\gamma_{\mathrm{m}} = \frac{\Delta x_{\mathrm{m}}}{x} \times 100\% = \pm \frac{0.15}{25.0} \times 100\% = \pm 0.6\%$$

（2）按测量误差的性质可将误差分为系统误差、随机误差和粗大误差三类。

① 系统误差是指在同一被测量的多次测量过程中，保持恒定或以可预知方式变化的测量误差的分量。系统误差包括已定系统误差和未定系统误差。

已定系统误差是指符号和绝对值已经确定的系统误差。例如，用电流表测量某电流，其示值为 5A，若该示值的修正值为+0.01A，而在测量过程中由于某种原因对测量结果未加修正，从而产生−0.01A 的已定系统误差。

未定系统误差是指符号或绝对值未经确定的系统误差。例如，用一只已知其准确度等级指数为 α 与量程为 U_{m} 的电压表去测量某电压 U_{x}，可按式（2.1.9）估计测量结果的最大相对误差 γ_{xm}，因为这时只估计了误差的上限和下限，并不知道测量电压误差的确切大小及符号。因此，这种误差称为未定系统误差。

系统误差产生的原因有测量仪器仪表不准确、环境因素的影响、测量方法或依据的理论不完善及测量人员的不良习惯等。

系统误差的特点如下。

a. 系统误差是一个非随机变量，是固定不变的，或是一个不确定的时间函数，也就是说系统误差的出现不服从统计规律，而服从确定的函数规律。

b. 系统误差的重复性。对于固定不变的系统误差，重复测量时误差显然是重复出现的。系统误差为时间函数时，它的重现性体现在当测量条件实际相同时，误差可以重现。

c. 可修正性。系统误差的重现性决定了它是可以修正的。

② 随机误差是指在同一量的多次测量过程中，以不可预知方式变化的测量误差的

分量。

随机误差就个体而言是不确定的，但其总体（大量个体的总和）服从一定的统计规律（数学上称为具有一定的概率分布）。随机误差服从的统计规律有几种，最常见的是正态分布，服从正态分布的随机误差呈现下述 4 种特性。

a. 有界性。在一定的测量条件下，随机误差的绝对值不会超过一定的界限。

b. 单峰性。绝对值小的误差出现的概率大，而绝对值大的误差出现的概率小。

c. 对称性。绝对值相等的正误差和负误差出现的概率相同。

d. 抵偿性。将全部误差相加时，具有相互抵消的特性。

特性 d 可由特性 c 推导出来，因为绝对值相等的正误差和负误差之和可以互相抵消。对于有限次测量，随机误差的算术平均值是一个有限小的量，而当测量次数 n 无限大时趋近于零。在精密测量中，有时采用取多次测量值的算术平均值的方法来消除随机误差。

③ 粗大误差（简称粗差）是指明显超出规定条件下预期的误差。

这种误差是由实验者粗心而错误读取示值、使用有缺陷的计量器具、计量器具使用不正确或环境的干扰等引起的。例如，用了有故障的仪器，读错、记错或算错测量数据等。含有粗差的测量值称为坏值，应该剔除。

4．测量误差的估计

（1）直接测量中的误差估算

直接测量产生的最大可能误差主要取决于测量仪器的最大相对误差。例如用准确度等级指数为 1.5 的电压表测量电压，若其满刻度值为 100V，示数为 90V，此时最大绝对误差为 $100V×(±1.5\%)=±1.5V$，则测量值的相对误差为 $±1.5/90=±1.67\%$；如果用此挡测量 15V 的电压（电压表的示数为 15V），则测量值的相对误差为 $±1.5/15=±10\%$，这说明要提高测量准确度，减少测量误差，应该根据被测量的大小选择合适的量程。对于指针式仪表，要求指针指示于仪表刻度盘量程的 2/3 位置以上。

（2）间接测量中的误差估算

间接测量由多次直接测量组成，其测量的最大相对误差可按以下几种形式进行计算。

① 被测量为几个测量值的和（或差）：

$$y = x_1 + x_2 + x_3 \tag{2.1.10}$$

取微分，得

$$dy=dx_1 + dx_2 + dx_3 \tag{2.1.11}$$

近似地以变化量代替微分量，即

$$\Delta y=\Delta x_1+\Delta x_2+\Delta x_3 \tag{2.1.12}$$

若将变化量看成绝对误差，则相对误差为

$$\gamma_y = \frac{\Delta y}{y}×100\% = \frac{\Delta x_1 + \Delta x_2 + \Delta x_3}{y}×100\% \tag{2.1.13}$$

或写成

$$\gamma_y = \frac{x_1}{y}\gamma_1 + \frac{x_2}{y}\gamma_2 + \frac{x_3}{y}\gamma_3 \tag{2.1.14}$$

式中，$\gamma_1 = \frac{\Delta x_1}{x_1}×100\%$，$\gamma_2 = \frac{\Delta x_2}{x_2}×100\%$，$\gamma_3 = \frac{\Delta x_3}{x_3}×100\%$，分别为直接测量 x_1、x_2、x_3 的

相对误差。

被测量的最大相对误差为

$$\gamma_{y\max} = \pm\frac{|\Delta x_1| + |\Delta x_2| + |\Delta x_3|}{y} \times 100\% \qquad (2.1.15)$$

或

$$\gamma_{y\max} = \pm\left(\left|\frac{x_1}{y}\gamma_1\right| + \left|\frac{x_2}{y}\gamma_2\right| + \left|\frac{x_3}{y}\gamma_3\right| \right) \qquad (2.1.16)$$

例 两个电阻串联，R_1=1000Ω，R_2=3000Ω，其相对误差均为 1%，求串联后总的相对误差。

解 串联后总的电阻 $\qquad\qquad\qquad R=4000\Omega$

绝对误差 $\qquad\qquad\qquad \Delta R_1 = 1000\Omega \times 1\% = 10\Omega$

$$\Delta R_2 = 3000\Omega \times 1\% = 30\Omega$$

串联后总的相对误差 $\gamma_R = \left(\left|\frac{\Delta R_1}{R}\right| + \left|\frac{\Delta R_2}{R}\right| \right) \times 100\% = 1\%$

可知，相对误差相同的电阻串联后总电阻的相对误差与单个电阻的相对误差相等。

② 被测量为多个测量值的积（或商）

$$y = x_1^m x_2^n \qquad (2.1.17)$$

式中，m、n 分别为 x_1、x_2 的指数。

对上式两边取对数，得

$$\ln y = m\ln x_1 + n\ln x_2 \qquad (2.1.18)$$

再微分，得

$$\frac{\mathrm{d}y}{y} = m\frac{\mathrm{d}x_1}{x_1} + n\frac{\mathrm{d}x_2}{x_2} \qquad (2.1.19)$$

于是被测量相对误差为

$$\gamma_y = \left(\frac{\mathrm{d}y}{y} \times 100\% \right) = m\left(\frac{\mathrm{d}x_1}{x_1} \right) \times 100\% + n\left(\frac{\mathrm{d}x_2}{x_2} \right) \times 100\% = m\gamma_1 + n\gamma_2 \qquad (2.1.20)$$

则被测量的最大测量相对误差为

$$\gamma_{y\max} = \pm\left(|m\gamma_1| + |n\gamma_2| \right) \qquad (2.1.21)$$

由式（2.1.21）可见，当各直接测量的量的相对误差大致相等时，指数较大的量对测量结果误差影响较大。

5．消除系统误差的基本方法

在测量过程中，应对测量误差的产生原因进行深入的分析和研究，采取相应措施设法减少或消除，这样才能获得准确的实验结果。消除系统误差的一般原则和基本方法如下。

（1）从误差的来源上消除系统误差

这是消除系统误差的根本方法，它要求测量人员对测量过程中可能产生系统误差的各种因素进行仔细分析，并在测量之前从根源上加以消除。例如，消除仪表仪器的调整误差，应在实验前正确、仔细地调整好测量用的一切仪表仪器；为了防止外界磁场对仪表仪器的干扰，应对所有实验设备进行合理的布局和接线等。

（2）用修正方法消除系统误差

这种方法是预先将测量设备、测量方法、测量环境（如温度、湿度、电源电压、外界磁场等）和测量人员等因素所产生的系统误差通过检定、理论计算及实验方法确定下来，并取其反号做出修正表格、修正曲线或修正公式。在测量时，可根据这些表格、曲线或公式，对测量所得到的数据引入修正值。这样由以上原因所产生的系统误差就能减小到可以忽略的程度。

（3）应用测量技术消除系统误差

在测量过程中，经多次测量并对测量数据进行认真、仔细的分析，往往可以发现由某些特殊原因而引起的系统误差。这时可以针对不同的情况，采取相应的特殊测量方法来消除和削弱系统误差对测量结果的影响。

① 等值替代法。这种方法是在测量条件不变的情况下，用一个数值已知且可调的标准量来替代被测量。在替代时，仪器的工作状态应保持不变。这样由仪器所引起的恒定系统误差将被消除。

② 正负误差补偿法。在测量过程中，当发现系统误差为恒定误差时，可以对被测量在不同的测量条件下进行两次测量，使其中一次所包含的误差为正，而另一次所包含的误差为负，取这两次测量数据的平均值作为测量结果，就可以消除这种恒定系统误差。

例如，用安培表测量电流时，考虑到外磁场对仪表读数的影响，可以将安培表转动 180° 再测量一次，取这两次测量数据的平均值作为测量结果。如果外磁场恒定不变，那么其中一次的读数偏大，而另一次读数偏小，这样在求平均值时，其正负误差就可以相互抵消，从而消除外磁场对测量结果的影响。

③ 对称观测法。对称观测法是消除测量结果随某影响量线性变化的系统误差的有效方法，对称观测法就是在测量过程中，合理设计测量步骤以获取对称的数据，配以相应的数据处理程序，以得到与该影响量无关的测量结果，从而消除系统误差。此外还有差值法、微差替代法等。

2.2 实验数据的处理

实验数据的处理包括正确记录实验数据、对实验数据进行计算、绘制曲线等。

一、测量读数的处理

1. 有效数字

测量所得到的数据都是近似数。近似数由两部分组成：一部分是可靠数字，另一部分是欠准数字。例如，某仪表的读数为 106.5（格），从标尺上的刻度看，共 150 格，即只能读到个位数，十分位上是估计数。所以 106 是可靠数字，而 5 是估读的欠准数字。通常测量时，应只保留一位欠准数字（一般估读到最小刻度的十分位）。一个近似数中的可靠数字和末位的欠准数字都是有效数字。例如，上面的 106.5 均是有效数字，其有效数字的位数是 4 位。

2. 有效数字的正确表示

（1）有效数字的位数与小数点无关，小数点的位置仅与所用单位有关。例如，2468Ω 与 2.468kΩ 都是 4 位有效数字。

（2）只有在数字之间或在所有数字之后的"0"才是有效数字，在所有数字之前的"0"不是有效数字。

（3）若近似数的右边带有若干个0，通常把这个近似数写成 $a \times 10^n$ 形式，而 $1 \leqslant a < 10$。利用这种写法，可从 a 含有几个有效数字来确定近似数的有效位数，如 5.2×10^3 和 7.10×10^3 分别表示2位和3位有效数字；4.800×10^3 表示4位有效数字。

常数 π、e、$\sqrt{2}$ 等的有效数字位数可认为是无限制的，在计算中根据需要取位。

3. 数值修约规则

若近似值的位数很多，则确定有效位数后，其多余的数字应按下面的规则进行修约：若以保留数字的末位数字为基准位，它后面的数字大于0.5，末位进1；小于0.5，末位不变；恰为0.5，则使末位数凑成偶数，即末位数为奇数时进1，末位数为偶数时不变。

还要注意，拟舍弃的数字若为两位以上的数字，不能连续多次修约，而只能按上述规则一次修约出结果。

例如，按上述修约规则，将下面各个数据修约成3位有效数字。

拟修约值	修约值
32.6491	32.6（5以下舍）
472.601	473（5以上入）
4.21500	4.22（5前为奇数则进1）
4.22500	4.22（5前为偶数则舍去）

4. 有效数字的运算规则

（1）加减运算

以各运算数据中小数点后位数最少的数据为准，其余各数据修约后保留的位数比它多一位数。所得的最后结果的位数与小数点后位最少的数据的位数相同。

例如，13.6+0.0812+1.432 可写成 13.6+0.08+1.43=15.1。

（2）乘除运算

以各运算数据中有效位数最少的为准，其余各数或乘积（或商）的位数均修约到比它的位数多一位，而与小数点位置无关。最后结果的位数应与有效数最少的数据位数相同。

例如，0.0212×46.52×2.07581 可写成 0.0212×46.52×2.076=2.05。

5. 测量结果的填写

测量结果是指由测量所得到的被测量值。

在测量结果完整的表述中，应包括测量误差和有关影响量的值。

电路实验中，最终测量结果通常用测得值和相应的误差共同来表示。

例如，用量程为150mA的0.5级表测得某4个电流分别为0.6mA、9.5mA、84.3mA、106.5mA。在150mA挡可能出现的最大绝对误差为 $\Delta I_m = \pm a\% \times I_m = \pm 0.5\% \times 150mA = \pm 0.75mA$。工程测量中误差的有效数字一般只取一位，并采用进位法（只要后面该舍弃的数字是1～9，都应进一位），则 ΔI_m 应记为±0.8mA。所以最后结果应记为 $I_1=(0.6\pm0.8)mA$，$I_2=(9.5\pm0.8)mA$，$I_3=(84.3\pm0.8)mA$，$I_4=(106.5\pm0.8)mA$。

可见测得值的有效数字取决于测量结果的误差，即测得值的有效数字的末位数与测量误差末位数在同一数位。

二、实验数据的处理方法

1．单次测量数据的处理

在大多数以工程为目的的测量中，对被测量只需进行一次测量。这时测量误差大小与测量方法、选用的仪器有直接关系。对于这种单次测量结果的表达，除测量值外还需标明测量的百分误差。分几种情况简述如下。

（1）在已知被测量实际值 A 的情况下，单次测量的百分误差为 $\gamma_X = \dfrac{X-A}{A} \times 100\%$（$X$ 为测得值）。

（2）当被测量的实际值未知时，采用直接测量法单次测量的最大可能误差应取仪器的容许误差。其相对误差的计算举例如下。

例　用量程为 50V，准确度等级指数为 1.5 级的电压表测量两个电压，读数分别为 7.5V和 10V。求它们各自的相对误差。

因为准确度等级指数为 1.5 级电压表的容许误差为±1.5%，它引入的最大绝对误差为 ΔU=50V×(±1.5%)=±0.75V，故相对误差分别如下。

对于 7.5V，$\gamma = \dfrac{\pm 0.75}{7.5} \times 100\% = \pm 10\%$。

对于 10V，$\gamma = \dfrac{\pm 0.75}{10} \times 100\% = \pm 7.5\%$。

可见，一般情况下，用同一个电压表测量不同电压时，指针越接近满刻度值，测量越准确。

（3）对于用间接法得到的测量结果，需根据测量时依据的函数关系与对中间量的最大误差估值（利用直接测量法估出）进行具体处理。

例　设被测量 $X=A\pm B$，式中 A 和 B 是直接测得的中间量，试估算其相对误差。

设被测量 X 及 A 和 B 的绝对误差分别为 ΔX、ΔA 和 ΔB，则有

$$X+\Delta X=(A+\Delta A)\pm(B+\Delta B)$$
$$\Delta X=\Delta A\pm\Delta B$$

考虑最坏的情况

$$\Delta X=|\Delta A|+|\Delta B|$$

即 X 的最大可能绝对误差等于 A 和 B 的最大误差之算术和。其相对误差

$$\gamma_X = \frac{\pm\Delta X}{X} \times 100\% = \pm\left(\frac{|\Delta A|+|\Delta B|}{A\pm B} \times 100\%\right)$$

必须指出，若 $X=A-B$ 且 A 与 B 二者很接近，相对误差 γ_X 值将很大。故在设计 X 的测量方法时，应避免采用使用了 A 与 B 之差的方法。

例　对于 $X=A\times B$ 的情况，可对等式两边取对数

$$\ln X=\ln A+\ln B$$

微分得

$$\frac{\mathrm{d}X}{X} = \frac{\mathrm{d}A}{A} + \frac{\mathrm{d}B}{B}$$

可表示为

$$\frac{\Delta X}{X} = \frac{\Delta A}{A} + \frac{\Delta B}{B}$$

即得

$$\gamma_X = \gamma_A + \gamma_B$$

考虑最坏的情况，γ_X 应取最大绝对值。

2. 重复多次测量数据的处理

当对测量精度要求较高时，通常要采用多次等精度测量并求取平均值的方法。这种方法对"中和"随机误差有效，却不能减小系统误差。因此，在测量前应尽可能消除能引入系统误差的各种影响因素，以求提高测量准确度。现假定不存在粗差，且系统误差已减小到可以忽略的程度，在这样的条件下来讨论随机误差对等精度测量的影响及数据处理方法。

设对某一物理量进行 n 次等精度测量，随机误差的存在使每次测量的值各不相同，得到 n 个离散的测量数据 X_1，X_2，$\cdots$，X_n。它们的算术平均值为

$$\overline{X} = \frac{1}{n}\sum_{i=1}^{n} X_i \tag{2.2.1}$$

随机误差对测量数据的影响可用标准偏差 σ 来估计。我们取各次测量值 X_i 与算术平均值 $\overline{X}$ 之差为各次测量的剩余误差，表示为

$$V_i = X_i - \overline{X} \tag{2.2.2}$$

则标准偏差定义为

$$\sigma = \sqrt{\frac{1}{n-1}\sum_{i=1}^{n} V_i^2} \tag{2.2.3}$$

σ 值大则表明各测量值相对于平均值的分散性大，测量精度低。反之，σ 值小表明各测量值相对于平均值的分散性小，测量精度高。

由随机误差的正态分布规律得知，在一列等精度测量值中，当 n 足够大时，误差绝对值小于 σ 的数据占总数据的 2/3 以上，误差绝对值小于 2σ 的数据占总数据的 95%，误差绝对值小于 3σ 的数据占总数据的 99.7%。由此可见，只要求出某列等精度测量数据的标准偏差 σ，就可得知其中的任一测量值大致不会超出的误差范围。我们称此误差范围为误差限，表示为

$$\Delta X_m = K_\sigma \tag{2.2.4}$$

式中，系数 K_σ 称为置信因数，它与测量次数 n 及所要求的置信概率有关（可参阅误差理论书籍），其常用值为 2~3。于是任意一次测量值可表示为

$$X_i \pm \Delta X_m = \overline{X}_i \pm K_\sigma \tag{2.2.5}$$

算术平均值 $\overline{X}$ 可作为被测量实际值 A 的最佳估值，故用 $\overline{X}$ 代替 $\overline{X}_i$ 来作为测量结果将具有更高的精度和可靠性。同时，在误差理论中已经证明，算术平均值 $\overline{X}$ 的标准偏差为

$$\sigma_{\overline{X}} = \frac{\sigma}{\sqrt{n}} \tag{2.2.6}$$

故此测量结果可最终表示为

$$X = \overline{X} \pm \overline{K}_{\sigma_{\overline{X}}} \tag{2.2.7}$$

从上式可知，被测量实际值的可能范围是

$$\overline{X} - \overline{K}_{\sigma_{\overline{x}}} \leqslant A \leqslant \overline{X} + \overline{K}_{\sigma_{\overline{x}}} \tag{2.2.8}$$

3．用计算机处理测量数据

一列等精度测量数据往往有 20～50 个数据。一般函数计算器虽有求 $\overline{X}$ 和 σ_{n-1} 等功能，但剩余误差需一个个地计算。运算次数过多难免出现错误，故常借助于计算机解决此类问题。等精度测量数据的一般分析步骤如下。

（1）判断有无恒值系统误差。如有，应查明原因并设法消除或修正它。

（2）求测量数据的算术平均值

$$\overline{X} = \frac{1}{n} \sum_{i=1}^{n} X_i \tag{2.2.9}$$

式中，X_i 为第 i 次测量值，n 为测量数据总数。在此 n 个数据内可能含有粗差。

（3）求剩余误差

$$V_i = X_i - \overline{X} \tag{2.2.10}$$

（4）求标准偏差

$$\sigma = \sqrt{\frac{1}{n-1} \sum_{i=1}^{n} V_i^2} \tag{2.2.11}$$

（5）判断有无粗差。若有，则

$$|V_i| > |3\sigma| \tag{2.2.12}$$

的数据，即认为相应的测量值为坏值，应剔除。

（6）剔除坏值后，重复步骤（3）～（5），至无坏值时止。剔除坏值后求算术平均值 $\overline{X'}$、剩余误差 V_i' 和标准偏差 σ' 时，计算公式稍有变化，分别为

$$\overline{X'} = \frac{1}{n-a} \sum_{i=1}^{n-a} X_i \tag{2.2.13}$$

$$V_i' = X_i - \overline{X'} \tag{2.2.14}$$

$$\sigma' = \sqrt{\frac{1}{n-a-1} \sum_{i=1}^{n-a} (V_i')^2} \tag{2.2.15}$$

式中，a 是坏值个数，X_i 中不含坏值，即 $\sum X_i$ 和 $\sum (V_i')^2$ 中不含与坏值相对应的项。

（7）判断有无变值系统误差（误差理论中有各种判据供引用，本书从略）。若存在变值系统误差，则上述数据无效，需消除误差根源后重新测量数据。

（8）求 $\overline{X'}$ 的标准偏差

$$\sigma_{\overline{X'}} = \frac{\sigma'}{\sqrt{n-a}} \tag{2.2.16}$$

（9）最终测量结果

$$X = \overline{X'} \pm 3\sigma_{\overline{X'}} \tag{2.2.17}$$

以上坏值判据取 3σ（步骤（5））。事实上根据 n 值与对测量的精度要求，坏值判据可选 $2\sigma \sim 3\sigma$。依照上述流程，读者可自行编写程序，上机实习。

4．实验数据的列表处理

列表法是记录实验数据最常用的方法，测量时将测量结果填写在一个经过设计的数据间有一定对应关系的表格中，以便能从表格中清楚地反映各个数据间的相互关系。列表法的关键是表格中测试点的选取，选取的测试点应该能够准确反映被测量之间的关系，例如逐点法测量低通滤波器的频率特性曲线时，所设计的数据表格中各个频率点的选取应该能够全面反映低通滤波器的频率特性，特别是在曲线拐点和截止频率点附近，要多选几组测试点。

5．实验结果的图示处理

实验测量的最终结果除可像前文所述，用经过处理的各种数据表达外，有时还需要从一系列测量数据中求得表明各量之间关系的曲线。利用各种关系曲线表达实验结果的方法属于图示处理方法，这种方法对于研究电网络各参数对其特性（如传输特性）的影响是十分有用的。

以直角坐标系为例，欲根据 n 对离散的测量数据(x_i, y_i)($i=1, 2, \cdots, n$)绘制出表明这些数据变化规律的曲线，并不是简单地在坐标图上把相邻的数据点用直线相连即可。由于测量数据中总会包含误差，要求所求的曲线通过所有数据点(x_i, y_i)，无疑会保留一切误差，显然这不是我们所希望的。因此，曲线的绘制要求不是保证它必须通过每一个数据点，而是要求寻找出能反映所给数据的一般变化趋势的光滑曲线来，我们称为"曲线拟合"。在要求不严的情况下，通常所用拟合曲线的最简方法是观察法，人为地画出一条光滑曲线，使所给数据点均匀地分布于曲线两侧。这种方法的缺点是不精确，不同人画出的曲线可能会有较大差别。用观察法拟合曲线如图 2.2 所示。

工程上常用的曲线拟合方法是分段平均法。先把所有数据点在坐标图上标出，再根据数据分布情况，把相邻的 2～4 个数据点划为一组，共得 m 组数据。然后求取每组数据的几何中心，把它们标于坐标图上，最后根据它们绘制光滑曲线。用分段平均法拟合曲线如图 2.3 所示。这种分段平均法可以抵消部分测量误差，具有一定的精度。

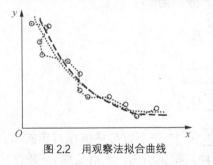 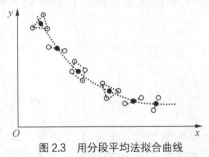

图 2.2　用观察法拟合曲线　　　　　　　图 2.3　用分段平均法拟合曲线

在精度要求相当高的情况下，可采用最小二乘法求数据的拟合曲线。

用最小二乘法，数据的曲线拟合问题可表述为：根据测量得到的 n 组数据(x_i, y_i) ($i=1, 2, \cdots, n$)确定一个近似函数关系式

$$y=f(x_i; a_0, a_1, a_2, \cdots, a_m) \qquad (2.2.18)$$

此函数的图像即所求曲线。式中 a_j($j=0, 1, 2, \cdots, m$)为待定系数。确定式（2.2.18）的工作步骤如下。

（1）确定函数 y，即式（2.2.18）的类型。

y 的类型通常需根据专业知识选择。当不知函数类型时，可根据数据点在坐标图上大致描出一条曲线，找出与此曲线相近的数学表达式。若仍不能写出表达式 y，可用幂级数

来逼近。

$$y = a_0 + a_1 x + a_2 x^2 + \cdots + a_m x^m \quad (m < n) \tag{2.2.19}$$

（2）根据测量数据求待定系数 a_j。

使函数 y 对于给定数据有"最好的满足"（用最小二乘法）。

（3）将求出的系数代入 y，画出它的图像即得所求曲线。

以多项式（2.2.19）为例，具体说明如下。

将式（2.2.19）改写为

$$y_i = \sum_{j=0}^{m} a_j x^j \quad (m < n) \tag{2.2.20}$$

把点 (x_i, y_i) 代入上式，应有

$$y_i = \sum_{j=0}^{m} a_j x_i^j \quad (i = 1, 2, \cdots, n) \tag{2.2.21}$$

因为曲线不通过所有数据点，故式（2.2.21）可改写为

$$R_i = \sum_{j=0}^{m} a_j x_i^j - y_i \tag{2.2.22}$$

而 R_i 不完全为零，称为剩余误差。式（2.2.22）为 n 个误差方程。

最小二乘原理（证明见有关参考书）指出，对于 n 对数据 (x_i, y_i) 求系数 a_j 的最佳值就是能使剩余误差 R_i 的平方和为最小的那些值。即使

$$\sum_{i=1}^{n} R_i^2 = \sum_{i=1}^{n} \left(\sum_{j=0}^{m} a_j x_i^j - y_i \right)^2 = \varphi(a_0, a_1, a_2, \cdots, a_m) \tag{2.2.23}$$

的值最小。根据最小值求法，对上式求偏导数并令其为零，即可求得各系数，于是

$$\frac{\partial \varphi}{\partial a} = 2 \sum_{i=1}^{n} \left(\sum_{j=0}^{m} a_j x_i^j - y_i \right) x_i^k = 0 \quad (j = 0, 1, 2, \cdots, m; \ k = 0, 1, 2, \cdots, m) \tag{2.2.24}$$

或

$$\sum_{i=1}^{n} y_i x_i^k = \sum_{j=1}^{m} a_j \sum_{i=1}^{n} x_i^{k+j} \tag{2.2.25}$$

设

$$\begin{cases} \sum_{i=1}^{n} x_i^k = S_k \\ \sum_{i=1}^{n} y_i x_i^k = T_k \end{cases} \tag{2.2.26}$$

则方程（2.2.25）简化为

$$T_k = \sum_{j=0}^{m} a_j S_{k+j} \quad (j = 0, 1, 2, \cdots, m; \ k = 0, 1, 2, \cdots, m) \tag{2.2.27}$$

上述方程组共有 $m+1$ 个方程，称为正规方程组，用来求解 $m+1$ 个待定系数 a_j。

求解方程组（2.2.26）的工作是相当烦琐的，故多用计算机求解。

2.3　电路基本参数和基本量的测量

一、电阻的测量

电阻是电路的基本参数之一，常在直流条件下测量。电阻的一般测量可用指示仪表或仪器，精确测量则多用电桥或电位差计。

1. 用直读仪表直接测量

万用表、欧姆表和数字欧姆表等都可直接用来测量电阻。

（1）万用表测量

由于万用表的误差以全标尺长度的百分数计，所以选择合适的量限十分重要。测量时应选择中值电阻阻值最接近被测电阻阻值的欧姆挡，即使仪表指针尽可能指在标尺的中间。

（2）欧姆表测量

欧姆表是一种磁电式流比计。这种仪表的测量原理是：测量机构中永久磁铁和其间的柱形铁芯的配置，在气隙中产生不均匀的辐射磁场，气隙上放置两个固定在同一转轴上的活动线圈，这两个线圈都可在气隙的磁场中转动，但它们的相对位置是固定不变的。每个活动线圈通过电流产生力矩使转轴转动，并由连在转轴上的指针指示偏转。

决定仪表活动部分偏转的两线圈电流之比与仪表供电电源的电压无关，这是它比万用表的欧姆挡准确度高的主要原因。

（3）数字欧姆表的测量

数字欧姆表是精度高、测量速度快的直接测量电阻的仪表，适用于在自动控制中快速多点测量。

2. 用间接测量法测量

（1）用电压表、电流表测量

先测出被测元件两端的电压和通过的电流，然后根据欧姆定律求出被测元件的电阻阻值。测量电阻电路如图 2.4 所示。

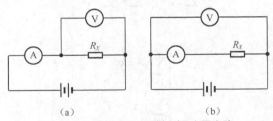

（a）　　　　　　　　　　（b）

图 2.4　用电压表、电流表测量电阻电路

对图 2.4（a）所示的电路有

$$R_X = \frac{U}{I - \dfrac{U}{R_V}}$$

式中，I 和 U 分别为电流表和电压表的读数，R_V 为电压表的内阻。

对于图 2.4（b）所示的电路有

$$R_X = \frac{U}{I} - R_A$$

式中，R_A 为电流表的内阻，当 $R_A \ll R_X$，或 $R_A/(U/I)$ 小于测量要求的相对误差的 1/20 时，可有 $R_X \approx U/I$。这种测量的误差主要取决于电压表和电流表的误差，由于测量误差包括了电压和电流的测量误差，所以一般其准确度不高，仅作为一般测量。

（2）用比较法测量

用比较法测量电阻的一种电路如图 2.5（a）所示，图中 R_X 为被测电阻，R_S 是标准电阻，R 是用于调节工作电流的可调电阻。当用 R 调节好电流后，将双刀双掷开关 K 掷向 11′，读出指示仪表的偏转 α_s，它代表 R_S 两端的电压，再将 K 投向 22′，读取指示仪表的偏转 α_x，则被测电阻 $R_X = \dfrac{\alpha_x}{\alpha_s} R_S$。读取 α_s 和 α_x 的指示仪表可以是检流计、毫伏表或伏特表。这种测量方法要求电压 U_S 稳定，R_S 和 R_X 为同一数量级，且指示仪表的内阻比 R_S 和 R_X 大得多，以避免仪表接入对测量电路产生影响。当 R_S 和 R_X 十分接近时，仪表的接入及仪表的误差对测量结果的影响都大大减小，这时 R_X 的测量误差就主要取决于标准电阻 R_S 的精度。

另一种比较法测量的电路如图 2.5（b）所示，这是为测量大电阻而使用的电路。在测量大电阻时，电源电压 U_S 一般选取得比较大，而工作电流比较小，因此安全防护和测量防护要特别注意。例如为避免泄漏电流通过检流计，测试电路中的检流计部分要加屏蔽保护，其屏蔽范围如图 2.5（b）中的虚线部分所示。

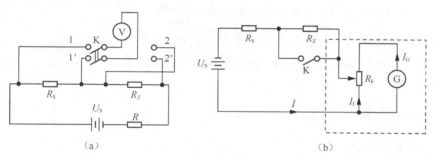

图 2.5　用比较法测量电阻电路

3. 直流电阻的精确测量

（1）用单电桥测量

单电桥测量电路如图 2.6 所示，当电桥平衡时，被测电阻可由下式求得：

$$R_X = \frac{R_1}{R_2} R$$

式中，R_1 和 R_2 称为比率臂电阻，R 称为比较臂（调节臂）电阻。为提高测量准确度，测量时应正确选取比值 R_1/R_2，保证用上 R 并尽可能使电桥接近于等臂条件。单电桥测量电路一般用于测量中值电阻。

（2）用双电桥测量小量值的电阻

在小量值电阻的测量中，接触电阻和引线电阻的影响将是测量的主要问题。为此小量值的被测电阻应制作成四端电阻，并用双电桥测量。双电桥的测量线路可将接触电阻和引线电阻并入电源支路和大电阻桥臂中。双电桥测量电路如图 2.7 所示，其中 P1、P2、Ps1、Ps2 称为电压端钮，C1、C2、Cs1、Cs2 称为电流端钮，R_S 为标准低电阻，R_X 为被测低电阻，电阻 r 为跨桥电阻。

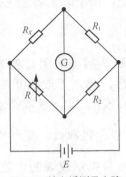
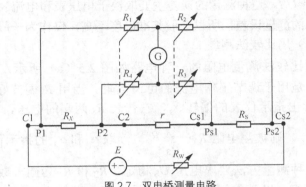

图 2.6　单电桥测量电路　　　　　图 2.7　双电桥测量电路

（3）用电位差计测量

电位差计测量电路如图 2.8 所示，R_X 是被测电阻，R_S 是标准电阻，在 R_S 和 R_X 串联电路中流入电流 I，R_P 用来调节工作电流 I，使之不超过 R_S 和 R_X 的允许电流。当双刀双掷开关 K 掷向 11′时，用电位差计测出 R_S 上的电压 U_S，再将 K 掷向 22′，用电位差计测 R_X 的端电压 U_X，可得被测电阻 $R_X = \dfrac{U_X}{U_S} R_S$。

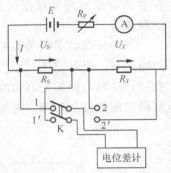

此法要求实验电源和电位差计电源电压必须稳定，但对电位差计的标准电池的准确度要求不高，测量时 R_S、R_X 越接近，测量误差越小。

图 2.8　电位差计测量电路

二、电容的测量

1．用万用表法测量

用万用表可以检测电容器的短路、开路和漏电情况。数字万用表有电容测量挡，可以估测电容量的大小。将万用表拨向合适的电阻挡位，红黑表笔分别接触被测电容器的两个电极，此时万用表屏幕上的示数会从一个较小的数逐渐增加，直至显示溢出符号"1"。在测量电容时，首先必须将电容器短接放电。若万用表显示屏显示"000"，说明电容器已经被击穿、短路；若显示"1"，则说明该电容器断路。但也有可能是所选的电容挡位不合适。测量电解电容时，要注意用红表笔接电容器的正极，用黑表笔接电容器的负极。

2．用交流电桥法测量

若用交流电桥法测量电容，可根据待测电容器介质损耗的大小选择串联电桥或并联电桥，如图 2.9 所示，串联电桥适用于测量损耗小的电容器，并联电桥适用于测量损耗大的电容器。

3．用通用仪器测量

测量方法详见实验：交流等效参数的测量。

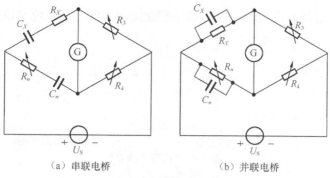

（a）串联电桥　　　　　　　　（b）并联电桥

图 2.9　测量电容的交流电桥

三、电感的测量

1. 用交流电桥法测量

常用测量电感的电桥有海氏电桥和马氏电桥，如图 2.10 所示。海氏电桥适用于测量 $Q>10$ 的电感器，马氏电桥适用于测量 $Q<10$ 的电感器。所以测量电感时，应先估计被测电感器的 Q 值，选用不同的电桥来测量，再根据电感的范围选择量程。电桥法一般适用于测量低频的大电感器。

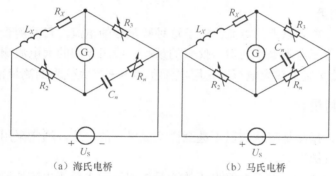

（a）海氏电桥　　　　　　　　（b）马氏电桥

图 2.10　测量电感的交流电桥

2. 用通用仪器测量

测量方法详见实验：交流等效参数的测量。

四、电流的测量

通常把 10^{-7} 级直流电流称为小电流，$10^{-5}\sim10^{2}$ 级称为中等量级电流，$10^{2}\sim10^{5}$ 级称为大电流。中等量级电流常采用指示仪表直接测量。

1. 中等量级电流的测量

用直读仪表测量是测量电流最常见的方法，虽准确度不高，却十分简便。测量电流时，电流表应与负载串联，测量直流时测量电路如图 2.11（a）所示，串入测量的仪表内阻 R_A 应远小于负载电阻，否则仪表串入将改变被测电流值。选用的测量仪表的误差应远小于测量允许误差的 $1/5\sim1/3$。

（1）用直流电位差计测量直流电流

接线如图 2.11（b）所示，图中 P1、P2 是标准电阻的电位端钮，C1、C2 是其电流端钮。用电位差计测此电位差 U_X，即可求得被测电流。使用电流电压转换标准电阻 R_S 时应注意：

通过 R_S 的电流不超过其允许电流；R_S 电流端钮接被测电流，而电位端钮则接电位差计。

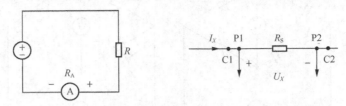

（a）电流表测量直流时测量电路　　　　（b）电位差计测量电路

图 2.11　电流的测量电路

（2）交流电流的有效值精确测量

由于直流量有实物基准，因此有较高的准确度，而交流量没有实物基准。对于交流量有效值的精确测量，可先用交直流比较仪将交流量与直流量进行比较，然后对与其等效的直流电流进行测量，以得到交流电流的精确值。

常用的交直流比较仪有：热电式比较仪、电动式比较仪、静电式比较仪和电子变换器。

2．小电流的测量

小电流的测量通常采用检流计及各类放大器来达到所需要的灵敏度。

3．大电流的测量

大电流通常指 100A 以上的电流。对于这种数量级的电流，目前测量的精度还不高。测量直流大电流可用分流电阻来增加指示仪表的量程，或用专门的大电流测量仪器（如霍尔大电流测量仪）。测量交流工频大电流通常用电流互感器来扩大仪表的测量范围。

五、电压的测量

小电压的测量：指测量毫伏级以下甚至微伏级以下的电压，通常采用检流计及各类放大器来达到所需要的灵敏度。

中等量级电压的测量：中等量级电压的测量类似于中等量级电流的测量。

交流电压的有效值的精确测量类似于交流电流的测量。

高电压的测量：高电压是指 1000V 以上的电压，对于交、直流高电压的测量，都可以用附加电阻或电阻分压器来扩大仪表的测量范围。测量交流电压还可用电容分压器或电压互感器来扩大仪表的测量范围。若用静电系电压表，则直接可测高达 250kV 的交、直流电压。

1．用附加电阻法测量

该方法适用于直流及低频交流电路，一般被测电压不超过 1500V，测量电路如图 2.12（a）所示，其中 R 为附加电阻，R_0 为毫安表的内阻。设毫安表内阻为 R_0，则 $U=I(R+R_0)$，当电压较高时，$U=IR$。

2．用电阻分压器法测量

如图 2.12（b）所示，R_1 和 R_2 为分压电阻，U_1 为被测电压，U_2 为接到测量仪表的分电压。U_1 和 U_2 的关系为

$$U_1 = \frac{R_1 + R_2}{R_2} U_2$$

测出 U_2 即可求得 U_1。

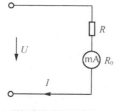　　　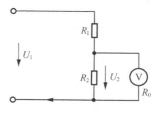

（a）附加电阻法测量电路　　　　　　（b）分压器法测量电路

图 2.12　电压的测量电路

六、功率的测量

　　通常，功率 $P=UI$，为电压 U 与电流 I 的乘积，可利用电压表和电流表间接测量得出功率的值，其接线方法如图 2.13 所示。接法不同，得到的结果也略有差别。图 2.13（a）中电压表所测的是负载和电流表的电压之和，图 2.13（b）中电流表所测的是负载和电压表的电流

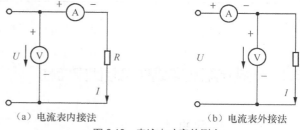

（a）电流表内接法　　　（b）电流表外接法

图 2.13　直流电功率的测定

之和。一般情况下电流表的压降很小，所以多用图 2.13（a）所示的接法。在低电压大电流电路中，电流表的压降比较显著，要用图 2.13（b）所示的接法。

　　交流电路的功率一般分为有功功率 P、无功功率 Q 和视在功率 S。当电路中负载端电压的相量为 $\dot{U}$，电流相量为 $\dot{I}$，且 $\dot{I}$ 滞后于 $\dot{U}$ 的相位为 Ψ 时则负载吸收的有功功率 $P=UI\cos\Psi$，无功功率 $Q=UI\sin\Psi$，视在功率 $S=UI=\sqrt{P^2+Q^2}$。

　　测量视在功率仍可用图 2.13 所示的接法，只需将直流仪表改成交流仪表，但是不管用哪种接法，电流表或电压表影响的修正都较麻烦。

　　有功功率的测量常用电动系或铁磁电动系功率表，类似接法如图 2.14 所示。功率表的接法也有两种，如图 2.14 所示。图 2.14（a）所示的接法称为"功率表电压线圈支路前接法"。此时，功率表电流线圈中的电流等于负载中的电流，功率表电压线圈支路两端的电压等于负载电压与功率表

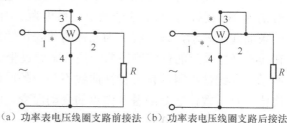

（a）功率表电压线圈支路前接法　（b）功率表电压线圈支路后接法

图 2.14　交流电功率的测量

电流线圈电压之和，所以功率表的读数中包含了电流线圈的损耗。图 2.14（b）所示的接法称为"功率表电压线圈支路后接法"。此时，功率表电流线圈中的电流等于负载中的电流与功率表电压线圈中的电流之和，功率表电压线圈支路两端的电压等于负载电压，所以功率表的读数中包含了电压线圈的损耗。当功率测量的精度要求较高时，应合理选择测量电路，并设法消除相应的附加损耗。在图 2.14 中，1、2 表示电流端钮，3、4 表示电压端钮，*号表示电压线圈和电流线圈间的同名端。接线时，电流端钮是串联接入电路的，应将电流线圈的非*号端接负载，功率表的电压线圈是并联接入电路的，标有*号的电压端钮可以接在电流端钮的任意一端，而非*号端应跨接在负载的另一端。选择功率表的量程时，必须使电流量程大于或等于负载电流，电压量程大于或等于负载电压。

第**3**章　电路分析基础实验

3.1　线性电阻和非线性电阻伏安特性

一、实验目的

1. 掌握直流稳压电源和万用表的正确使用方法。
2. 加深对线性电阻和非线性电阻特性的理解。
3. 学习并掌握线性电阻和非线性电阻伏安特性的测量方法。
4. 初步掌握万用表等效内阻对被测电路的影响及其分析方法。

二、实验原理

　　一个二端元件的特性可用该元件两端的电压 u 与通过该元件的电流 i 之间的函数关系用 $f(u,i)=0$ 来表示，我们把这个函数关系称为二端元件的伏安特性，伏安特性用 $u\text{-}i$ 坐标系上的一条曲线来表示，该曲线称为元件的伏安特性曲线。线性电阻的伏安特性符合欧姆定律，它在 $u\text{-}i$ 坐标系上的伏安特性曲线是一条通过坐标原点的直线，其伏安特性曲线如图 3.1（a）所示。非线性电阻的伏安特性曲线不是一条通过坐标原点的直线，也就是说其电压与电流的比值不是常数，它是随着工作点的变动而变化的。半导体二极管是非线性元件，其正向压降很小（一般锗管为 0.2～0.3V，硅管为 0.5～0.7V），正向电流随正向电压的升高而急剧增大，反向电压从零一直增加到几伏或十几伏，而反向电流增加很小，近似为零，可见二极管具有单向导电性，如果反向电压加得太高，超过二极管的极限值，会导致二极管因反向击穿而损坏。稳压二极管是一种特殊的二极管，其正向特性与普通二极管相似，接正向电压时其等效电阻很小，且电流在较大范围内变化时，其正向电压变化量很小。其反向特性比较特别，接反向电压时等效电阻很大，且电压在较大范围内变化时，反向电流变化量很小，当反向电压达到某一电压（称为该稳压二极管的稳压值）时，电流增加得很快，此时电压在一定范围内基本不变，不随外加反向电压的升高而增大。稳压二极管的伏安特性曲线如图 3.1（b）所示。图中 U_Z 为稳压值，I_{Zmin} 为进入稳压区的最小电流值，I_{Zmax} 为不至于损坏的最大电流值。

　　绘制元件伏安特性曲线的方法：将需测量的元件接入如图 3.2 所示电路，采用逐点测量法，在一定范围内逐渐增加电源电压，测量该元件两端的电压和流过该元件的电流，将所测

得的数据在 u-i 坐标系上描点连线，得到该元件的伏安特性曲线，其中 R 为限流电阻。

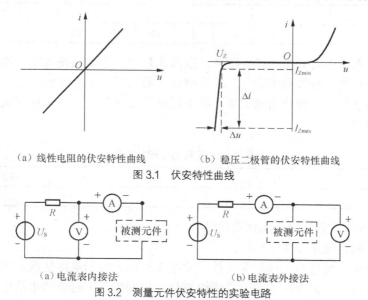

（a）线性电阻的伏安特性曲线　　　（b）稳压二极管的伏安特性曲线

图 3.1　伏安特性曲线

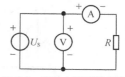

（a）电流表内接法　　　　　　　（b）电流表外接法

图 3.2　测量元件伏安特性的实验电路

三、实验内容

1. 测量电阻的伏安特性

按图 3.3 所示电路接线，图中 $R=1\text{k}\Omega$。调节直流稳压电源的输出电压，使电阻两端的电压缓慢增加，按表 3.1 给定的电压值测量对应的流过电阻的电流值，数据记录于表 3.1 中。

图 3.3　线性电阻测量电路

表 3.1　　　　　　　　　　　　　测量电阻的伏安特性

U_R/V	0	0.5	1	1.5	2	2.5	3	3.5	4	4.5
I_R/mA	0									

2. 测量发光二极管的正反向伏安特性

发光二极管测量电路如图 3.4 所示。

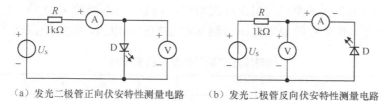

（a）发光二极管正向伏安特性测量电路　　　（b）发光二极管反向伏安特性测量电路

图 3.4　发光二极管测量电路

（1）测量发光二极管的正向伏安特性：按图 3.4（a）所示电路接线，图中 R 为限流电阻，发光二极管的正向工作电压为 1.5～3V，允许通过的电流为 2～20mA，测量发光二极管的正向特性时，其正向电流不能超过发光二极管允许通过的最大电流，否则发光二极管会被烧坏。

调节直流稳压电源的输出电压，使发光二极管两端的电压缓慢增加，按表 3.2 给定的发光二极管两端的电流值测量对应的电压值，数据记录于表 3.2 中。

表 3.2		测量发光二极管的正向伏安特性								
U_D/V	0									
I_D/mA	0	1	2	3	4	5	10	15	20	

（2）测量发光二极管的反向伏安特性：按图 3.4（b）所示电路接线，调节直流稳压电源的输出电压，使发光二极管两端的电压缓慢增加，根据表 3.3 给定的发光二极管两端的电压值测量对应的通过发光二极管的电流值，数据记录于表 3.3 中。注意反向电压不能超过发光二极管的反向击穿电压。

表 3.3	测量发光二极管的反向伏安特性						
U_D/V	0	−1	−2	−3	−5	−10	−20
I_D/μA	0						

3．测量稳压二极管的正反向伏安特性

稳压二极管测量电路如图 3.5 所示。

（1）测量稳压二极管的正向伏安特性：按图 3.5（a）所示电路接线，调节直流稳压电源的输出电压，使稳压二极管两端的电压缓慢增加，根据表 3.4 给定的电流值，测量对应的稳压二极管的正向电压值，数据记录于表 3.4 中。

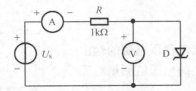
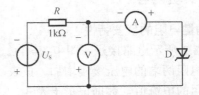

（a）稳压二极管正向伏安特性测量电路　　　　　（b）稳压二极管反向伏安特性测量电路

图 3.5　稳压二极管测量电路

表 3.4		测量稳压二极管的正向伏安特性								
U_D/V	0									
I_D/mA	0	1	2	3	4	5	8	10	15	20

（2）测量稳压二极管的反向伏安特性：按图 3.5（b）所示电路接线，调节直流稳压电源的输出电压，使稳压二极管两端的电压缓慢增加，按表 3.5 给定的电压值，测量对应的稳压二极管的反向电流，然后按给定的电流值测量对应的反向电压，数据记录于表 3.5 中。

表 3.5			测量稳压二极管的反向伏安特性					
U_D/V	0	−1	−3					
I_D/mA	0			−2	−3	−4	−5	−7	−10

4．绘制伏安特性曲线

根据实测数据，绘制电阻、发光二极管和稳压二极管的伏安特性曲线。

四、注意事项

1．正确选择万用表的量程和挡位，以免造成万用表的损坏。

2．接线过程中，直流稳压电源不能短路。调节直流稳压电源的输出电压时，应从零缓慢增加，并适时调整万用表的量程，以免因电流、电压过大而损坏万用表。

3．注意电流表和电压表的接法正确，以减少仪表内阻对测量结果的影响。

五、预习要求

1．了解实验原理及实验步骤，列出实验操作注意事项。

2．阅读相关内容，说明如何用万用表判断稳压二极管的极性与好坏。

3．自拟实验数据表格，能根据测量数据完整地描绘稳压二极管的伏安特性曲线。

4．回答问题。

（1）发光二极管正向伏安特性测量电路图 3.4（a）与发光二极管反向伏安特性测量电路图 3.4（b）有什么不同？试分析原因。

（2）稳压二极管与普通二极管有什么区别？

（3）如果用函数信号发生器和数字示波器观测稳压二极管的伏安特性曲线，请画出测量电路。并说明函数信号发生器的输出波形，幅值和频率应该如何选择。

六、实验报告要求

1．整理实验数据，根据实验数据在 u-i 坐标系下画出电阻、发光二极管、稳压二极管的伏安特性曲线。

2．根据实验数据结果总结元件的特性。

七、思考题

1．稳压二极管的稳压功能表现为伏安特性曲线的哪一部分？为什么？

2．用万用表直流 5mA 挡和 50mA 挡分别测量一个真值为 5mA 的电流。万用表的准确度等级指数为 0.5，试分析每次测量结果可能产生的最大绝对误差（假定无读数误差且不考虑电流表内阻的影响）。

八、实验仪器与器材

1．直流稳压电源。

2．台式数字万用表。

3．实验箱。

4．导线若干。

3.2 基尔霍夫定律、叠加定理的验证

一、实验目的

1．掌握用万用表测量电路电流和电压的方法。

2．加深对电流、电压参考方向的理解。

3．加深对基尔霍夫定律、叠加定理的内容和适用范围的理解。

二、实验原理

1．基尔霍夫定律

基尔霍夫定律是电路普遍适用的基本定律——无论是线性电路还是非线性电路，无论是时变电路还是非时变电路。

基尔霍夫电流定律：集总参数电路中任意时刻，对于任一节点，流进、流出该节点的各支路电流的代数和为零。

基尔霍夫电压定律：集总参数电路中任意时刻，沿任一回路方向，回路中所有支路的压降代数和为零。

2．叠加定理

叠加定理：在线性电路中，每个元件的电流或电压可以看成电路中每个独立源单独作用于电路时在该元件上所产生的电流或电压的代数和。叠加定理只适用于线性电路中的电压和电流，功率是不能叠加的。

三、实验内容

1．基尔霍夫定律的验证

（1）根据图 3.6 所示电路接线，并标出每个支路电流参考方向和电阻压降的正负号。图中参数 U_{S1}=4V，U_{S2}=6V，R_1=200Ω，R_2=200Ω，R_3=100Ω，R_4=220Ω，R_5=100Ω。

（2）在电路中任选两个节点，测量与这个节点相连的各条支路的电流值。例如，要验证 B 节点，可用电流表测量与 B 节点相连的 3 个支路的电流 I_{AB}、I_{BC}、I_{BD}，实验数据填入表 3.6，验证基尔霍夫电流定律 $\sum I=0$。

表 3.6　　　　　　　　　　验证基尔霍夫电流定律实验数据　　　　　　　　单位：mA

测量项目	节点 B				节点 C			
	I_{AB}	I_{BC}	I_{BD}	$\sum I$	I_{BC}	I_{AC}	I_{CE}	$\sum I$
理论值								
仿真值								
实测值								

（3）在图 3.6 所示电路中任选两个回路，标出回路方向，测量这两个回路中各条支路的压降。例如，要验证 ABDA 回路，应分别测量 U_{S1}、U_{AB}、U_{BD} 的电压，实验数据填入表 3.7，验证基尔霍夫电压定律 $\sum U=0$。

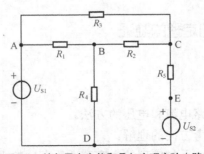

图 3.6　基尔霍夫定律和叠加定理实验电路

表 3.7				验证基尔霍夫电压定律的实验数据				单位：V
测量项目	回路 ABDA				回路 CBDC			
	U_{AB}	U_{BD}	U_{S1}	$\sum U$	U_{BC}	U_{CE}	U_{S2}	U_{BD}	$\sum U$
理论值								
仿真值								
实测值								

（4）根据电路的元件值计算电路中各元件上的电流和电压的理论值，与实验测量值进行比较，分析误差产生的原因。

2．叠加定理的验证

（1）U_{S1} 单独作用，测量各支路电流、电阻压降，将测量值填入表 3.8。

（2）U_{S2} 单独作用，测量各支路电流、电阻压降，将测量值填入表 3.8。

（3）U_{S1}、U_{S2} 共同作用，测量各支路电流、电阻压降，将测量值填入表 3.8。

（4）按表 3.8 的测量结果分析，验证叠加定理。

表 3.8							验证叠加定理的实验数据					
测量项目	U_{S1} 单独作用			U_{S2} 单独作用			叠加后电流、电压			U_{S1}、U_{S2} 共同作用		
电流/mA	I_1'	I_2'	I_3'	I_1''	I_2''	I_3''	$I_1'+I_1''$	$I_2'+I_2''$	$I_3'+I_3''$	I_1	I_2	I_3
理论值												
仿真值												
实测值												
电压/V	U_1'	U_2'	U_3'	U_1''	U_2''	U_3''	$U_1'+U_1''$	$U_2'+U_2''$	$U_3'+U_3''$	U_1	U_2	U_3
理论值												
仿真值												
实测值												

注：表中 I_1、I_2、I_3 可以是任意支路的电流，U_1、U_2、U_3 是对应支路的两端电压。

*3．研究基尔霍夫定律对含有非线性元件网络的适用性，用一个非线性元件二极管代替电路中的一个电阻，实验步骤及数据表格自拟，根据实验结果得出基尔霍夫定律的适用范围。

*4．研究叠加定理对含有非线性元件网络的适用性，用一个非线性元件二极管代替电路中的一个电阻，实验步骤及数据表格自拟，根据实验结果得出叠加定理的适用范围。

四、注意事项

1．在测量前，先设定电路中各被测电流、电压的参考方向，数字万用表的正负极和被测电流、电压的参考方向一致，数字万用表的示数为正时取正值，反之取负值。

2．验证基尔霍夫定律和叠加定理时，所有需要测量的电压值都以数字万用表测量的读数为准，包括电源电压，不能把直流稳压电源上的示数作为测量值。

3．注意数字万用表的内阻对测量值的影响。使用数字万用表时，应选用合适的挡位和量程。

4．一个电压源单独作用时，另一个电压源不接入电路，可用一根导线代替电压源接入原电路，避免稳压电源短路。

五、预习要求

1．认真复习基尔霍夫定律和叠加定理的内容及其适用范围。

2．在图 3.6 所示的电路上标出各个支路的电流、电压的参考方向和回路方向。根据所给元件参数计算各支路的电流、电压的理论值（包含两个电源单独作用和共同作用的理论值），填入数据表格。

*3．根据实验内容 3 的要求，自拟实验方案、实验步骤及数据表格，并且画出实验电路图。

*4．根据实验内容 4 的要求，自拟实验方案、实验步骤及数据表格，并且画出实验电路图。

5．用 EDA 仿真软件进行仿真，记录仿真结果，以便与实验结果分析比较。

6．回答问题：采用图 3.6 所示的电路验证叠加定理时，对于不作用的电压源应如何处理？如果电压源有内阻，又应该如何处理？

六、实验报告要求

1．根据表 3.6 和表 3.7 的实验数据验证基尔霍夫电流定律与基尔霍夫电压定律，分析万用表的内阻对测量结果的影响。

2．根据表 3.8 的实验数据验证叠加定理。

3．分析实验内容 3 的数据，说明基尔霍夫定律的适用范围。

4．分析实验内容 4 的数据，说明叠加定理的适用范围。

5．比较实验测量值和理论值之间的差异，分析误差产生的原因。

七、思考题

1．如果不标出每个支路电流、电压参考方向，通过实验测量能否得出正确的结论？为什么？

2．图 3.6 所示的电路，将电阻 R_3 改为二极管 1N4148，实验结果是二极管支路电流和电压不符合叠加定理，还是所有支路电流和电压均不符合叠加定理？

3．图 3.6 所示的电路，图中各电阻消耗的功率能否用叠加定理计算得到？试用测得的实验数据进行计算并得出结论。

八、实验仪器与器材

1．实验箱。

2．直流稳压电源。

3．台式数字万用表。

4．导线若干。

3.3 戴维南定理与诺顿定理的实验验证

一、实验目的

1．加深对戴维南定理和诺顿定理的理解。

2．掌握线性有源二端网络等效电路参数的测量方法。

3．掌握实验设计的一般方法与步骤。

4．学习自拟实验方案，正确选用元件和仪器仪表。

二、实验原理

1．戴维南定理

戴维南定理是指任何一个线性有源二端网络 N_s，对外电路而言，可以用一条由电压源与电阻串联的支路作为等效电路。其电压源的电压等于该网络的开路电压 U_{OC}，电阻等于该网络所有独立源置零时所得的无源单口网络 N_0 的等效电阻 R_{eq}。

2．诺顿定理

诺顿定理是指任何一个线性有源二端网络 N_s，对外电路而言，可以用一个电流源与电阻并联的支路作为等效电路。其电流源的电流等于该网络的短路电流 I_{SC}，电阻等于该网络所有独立源置零时所得的无源单口网络 N_0 的等效电阻 R_{eq}。

3．线性有源二端网络等效参数的测量方法

（1）线性有源二端网络的开路电压 U_{OC} 与短路电流 I_{SC} 的测量方法

① 用电压表、电流表直接测量开路电压 U_{OC} 或短路电流 I_{SC}。

测量开路电压的方法是：将负载电路拆去，用电压表测量此端口的电压，即电路的开路电压。

测量短路电流的方法是：使负载电路短路，将电流表串接在端口之间测量电流，即短路电流。如果该二端网络等效电阻较小，短路电流较大，则容易损坏该网络内部元件，所以此方法不宜用于等效电阻小的二端网络。

由于电压表与电流表的内阻会影响测量结果，为了减少测量误差，应尽可能选用高内阻的电压表和低内阻的电流表，若仪表的内阻已知，则可以在测量结果中引入相应的校正值，以避免由仪表内阻而引起的误差。

② 在测量具有高内阻有源二端网络的开路电压时，用电压表进行直接测量会产生较大误差，为消除电压表内阻的影响，采用零示法测量，相应电路如图 3.7 所示。零示法的测量原理：将一个低内阻的稳压电源与被测有源二端网络并接在电流表两端，当稳压电源的输出电压与有源二端网络的开路电压相等时，电流表的读数为

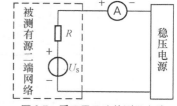

图 3.7　采用零示法的测量电路

零。然后将电路断开，测量此时稳压电源的输出电压，即被测有源二端网络的开路电压。

（2）线性有源二端网络等效电阻 R_{eq} 的测量方法

① 直接法：对于不含受控源的单口网络，只需将独立源置零，用万用表欧姆挡直接测量端口电阻即可。但此法忽略了电源内阻，所以一般适用于电压源内阻较小或电流源内阻较大的场合。

② 外加电压法：独立源置零的单口网络两端接入电压源 U，测量电流 I，则等效电阻 $R_{eq}=U/I$，因为此法忽略了电源内阻，所以测量误差较大。一般也适用于电压源内阻较小或电流源内阻较大的场合。

③ 测量开路电压 U_{OC} 与短路电流 I_{SC}，则等效电阻 $R_{eq} = \dfrac{U_{OC}}{I_{SC}}$，这种方法比较简便。但是，对于不允许将外部电路直接短路或开路的网络（例如有可能因短路电流过大而损坏内部的器

件），不能采用此方法。

④ 半电压法：用一内阻足够大的电压表测出线性有源二端网络开路电压，然后将电压表与一个可调标准电阻并接在该端口上，改变可调电阻的阻值，使电压表的读数降至开路电压的一半，则此时可调电阻的阻值即 R_{eq}。

⑤伏安法：测量电路如图 3.9 所示。在线性有源二端网络外接一可变电阻 R_L，测得 R_L 两端的电压 U_1 和流过 R_L 的电流 I_1 后，改变电阻 R_L 的阻值，测得相应的 U_2、I_2，则可列出方程组来求该有源二端网络的等效参数 U_{OC} 和 R_{eq}。

$$\begin{cases} U_1 = U_{OC} - R_{eq}I_1 \\ U_2 = U_{OC} - R_{eq}I_2 \end{cases} \tag{3.3.1}$$

解得

$$U_{OC} = \frac{U_1 I_2 - U_2 I_1}{I_2 - I_1}$$

$$R_{eq} = \frac{U_1 - U_2}{I_2 - I_1}$$

这种方法克服了前面几种方法的缺点和局限性，因此，在实际测量中经常采用。

三、实验内容

1. 按要求设计一个能验证戴维南定理和诺顿定理的线性有源二端网络，设计时先确定电源大小，再确定电阻阻值。例如图 3.8 所示的电路结构，电源电压取值范围为 3～10V，各个电阻的取值为 R_1=510Ω，R_2=620Ω，R_3=1kΩ，R_4=2kΩ（或根据实验箱上提供的电阻选取）。画出设计的电路图，并标明电路各参数，计算所设计电路的开路电压和等效电阻的理论值。

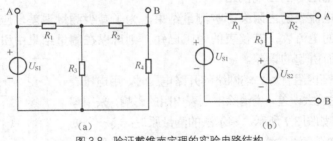

图 3.8 验证戴维南定理的实验电路结构

2. 测出所设计电路的伏安特性，数据填入表 3.9，测量电路可参考图 3.9。图中 R_L 为可调电阻器。

表 3.9 　　　　　　　　　　　　验证戴维南定理的实验数据

R_L/kΩ		0	1	2	5	10	20	∞
原电路	U/V							
	I/mA							
等效电路	U'/V							
	I'/mA							

3. 分别用两种方法测量所设计网络的开路电压 U_{OC}，将实测值与理论值进行比较，分析误差产生的原因。

4．分别用 3 种方法测量所设计网络的等效电阻 R_{eq}，将实测值与理论值进行比较，分析误差产生的原因。

*5．用测得的开路电压和等效电阻组成等效电路，测量该电路的伏安特性。数据填入表 3.9 中，测量电路如图 3.10 所示，图中 R_L 为可调电阻器。

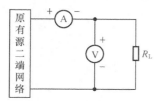
图 3.9　测量原电路伏安特性的电路

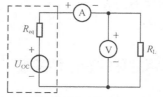
图 3.10　测量等效电路伏安特性的电路

*6．分析比较表 3.9 的实验数据，验证戴维南定理。

*7．设计实验电路，自拟实验步骤和数据表格验证诺顿定理。

四、注意事项

1．若设计的有源二端网络含有两个独立电源，应注意直流稳压电源只能向外提供功率而不能吸收功率。

2．在测量前先设定电路中各被测电流、电压的参考方向，测量时万用表的正负极应和电流、电压的参考方向一致。

3．注意适时调节万用表的量程，以免过载。

五、预习要求

1．认真复习戴维南定理和诺顿定理的相关理论知识。

2．了解有源二端网络等效参数的测量方法及其适用范围。

3．根据实验内容 1 的要求设计一个线性有源二端网络。

（1）画出设计的有源二端网络的电路图，并标出电路参数。

（2）计算该网络等效参数的理论值，画出用各种方法测量等效参数的测量电路图。

4．设计好实验方案，写出简要实验步骤，拟定数据记录表格。

5．运用 EDA 仿真软件进行仿真，记录仿真结果，以便与实验结果分析比较。

六、实验报告要求

1．将实验内容 3、4 测得的开路电压和等效电阻与理论计算结果进行比较，分析误差产生的原因。

2．根据实验内容 2 和 5 所得的实验数据，在同一坐标平面上做出原电路及等效电路的伏安特性曲线。

3．分析实验内容 2 和 5 所得的实验数据，验证戴维南定理。

七、思考题

当电源含有不可忽略的内电阻或内电导时，实验中应如何处理？

八、实验仪器与器材

1. 直流稳压电源。
2. 实验箱。
3. 台式数字万用表。
4. 导线若干。

3.4 研究电路定理的设计性实验

一、实验目的

1. 加深理解特勒根定理和替代定理及其适用范围。
2. 掌握实验设计的一般方法与步骤。
3. 学习自拟实验方案，正确选用元件和仪器仪表。

二、实验原理

特勒根第一定理：对于一个具有 n 个节点 b 条支路的集总参数电路，若其支路电压为 u_k，支路电流为 i_k，且 u_k、i_k 取关联参考方向，则 $\sum_{k=1}^{b} u_k i_k = 0$。特勒根第一定理表达的是功率守恒，故又称特勒根功率定理。

特勒根第二定理：对于具有 n 个节点 b 条支路的两个集总参数电路 N_1、N_2，其拓扑图相同，N_1 的支路电压为 u_{k1}，支路电流为 i_{k1}，N_2 的支路电压和支路电流分别为 u_{k2} 和 i_{k2}，各支路电压和电流取关联参考方向，则 $\sum_{k=1}^{b} u_{k1} i_{k2} = 0$，$\sum_{k=1}^{b} u_{k2} i_{k1} = 0$。

该定理不能用功率守恒来解释，但它仍有功率之和的表达形式，所以称为似功率定理。

特勒根定理本质上是能量守恒原理，在直流电路中，可以直接用直流电压表和电流表测量电路中相应支路上的电压值和电流值来验证特勒根定理。

特勒根定理不仅适用于某网络的一种工作状态，而且适用于同一网络的两种不同工作状态，以及定向图相同的不同网络，它和基尔霍夫定律一样，与网络元件的特性无关。它适用于任何由线性和非线性、时变和非时变元件组成的网络。

替代定理：在具有唯一解的任意集总参数网络中，其第 k 条支路的电压 u_k 和电流 i_k 已知，且该支路与网络中其他支路无耦合，那么这条支路可以用一个具有电压等于 u_k 的独立电压源或者用一个具有电流等于 i_k 的独立电流源替代，替代后电路中全部的电流和电压保持不变。定理中所提到的第 k 条支路可以是无源的，也可以是有源的。替代前后各个支路的电压值和电流值都是唯一确定的。替代定理可以推广到非线性电路。

三、实验内容

1. 设计实验电路，自拟实验步骤和测试数据表格，验证特勒根定理。可以采用线性电阻电路来验证特勒根定理，设计电路时先选择电路形式，设计的电路可以如图 3.11 所示，再确定电源的大小和电阻元件的参数，要保证各个电阻器上消耗的实际功率小于电阻器额定功率的 1/3～1/2，各支路的电流及电阻器上的电压应该在同一个数量级，以便于实验验证。

2．设计线性电阻电路，自拟实验步骤和测试数据表格，验证替代定理。

*3．设计一个包含非线性元件（二极管或晶体管）的实验电路，实验步骤及数据表格自拟，验证特勒根定理和替代定理。

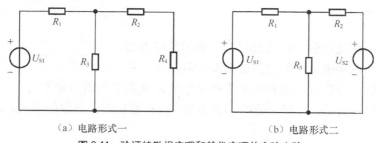

（a）电路形式一　　　　　　　　　　　　（b）电路形式二

图 3.11　验证特勒根定理和替代定理的实验电路

四、注意事项

1．实验中注意直流稳压电源不能短路，直流稳流电源不能开路。

2．在测量前，先设定电路中各被测电流、电压的参考方向，万用表的正负极应和被测电流、电压的参考方向一致，万用表的示数为正时取正值，反之取负值。

3．验证特勒根定理和替代定理时，所有需要测量的电压值都以万用表测量的读数为准，包括电源电压。不能把直流稳压电源上的示数作为测量值。

五、预习要求

1．复习特勒根定理和替代定理的相关理论知识。

2．根据实验内容 1、2 的要求设计实验电路，画出电路图。

3．设计好实验方案，写出简要实验步骤，拟定数据记录表格，并计算出被测参数的理论值。

4．运用 EDA 仿真软件进行仿真，记录仿真结果，以便与实验结果分析比较。

六、实验报告要求

1．根据实验内容要求完成实验数据的处理。

2．通过实验数据的分析，给出特勒根定理和替代定理的相关结论。

七、思考题

1．在直流电路中除了用电压表和电流表测出各相关支路的电压值和电流值来验证特勒根定理外，还可以用什么方法来验证特勒根定理？

2．在正弦交流电路中，是否也可以用测量支路电流和电压的方法验证特勒根定理？

八、实验仪器与器材

1．直流稳压电源。

2．台式数字万用表。

3. 实验箱。
4. 导线若干。

3.5 10Ω和 1MΩ电阻的测量

一、实验目的

1. 掌握直流稳压电源、台式数字万用表的使用方法。
2. 学习电压表和电流表的内阻的来源及其测量方法。
3. 加深理解电流表内接法和电流表外接法的测量原理和测量误差。
4. 能够根据被测元件选择合适的测量电路，分析测量误差产生的原因，理解不同测量方法的适用范围。

二、实验原理

仪表内阻是指仪表在工作状态时，在仪表两个输入端子之间呈现的等效电阻或阻抗。在精确测量中，必须考虑由仪表输入电阻引起的测量误差。电工仪表内阻的表示形式一般有以下几种。

（1）直接表示法：在仪表上标明每个量程的内阻值。

（2）间接表示法：若电流表标明某量程满偏电流下仪表两端的压降，电压表标明某量程满偏时仪表中流过的电流值，则内阻可以通过计算求得。

（3）电压表的内阻可以用电压灵敏度来表示，仪表上注明量程中每伏电压具有的内阻 Ω/V，则该仪表的总内阻可以通过计算求得。

仪表内阻的测量方法有很多，下面以直流电流表内阻的测量方法为例介绍几种常用的测量方法。

（1）电桥法：将仪表的内阻作为被测电阻，用单臂电桥平衡测出。这种方法测量精度高，但仅适合测量大量程的电流表，对于较灵敏的小量程电流表（几十微安至几十毫安），可能在测量时会损坏电流表，因为电桥在工作时会有比较大的电流流过被测电阻，会使仪表元件发热损坏。

（2）电位差计法：这种方法测量精度高，并且可以控制流过电流表的电流，但对设备要求高且测量较复杂。

（3）万用表电阻挡直接测量：使用万用表或欧姆表直接测量，操作简单，但运用这种方法时要确保流过被测表的电流小于该表的量程。

（4）外加电源法：外加电压源或电流源，测量电流表中的电流或两端电压，外加电压源时，一定要串接限流电阻，保证电流表中的电流不过载，同时由于电流表的内阻很小，必须用小量程的电压表测量被测电流表两端的电压。这种方法适用于任何量程的电流表内阻的测量。

（5）半偏法：测量直流电流表内阻的电路如图 3.12（a）所示，图 3.12（b）为实际半偏法测量直流电流表内阻的电路，图中 A1 为总电流监测电流表。测量时，先打开开关 S，选定电流表的某一量程，调节电位器 R_1 使电流表 A 量程满偏；然后闭合开关 S，调节高精度可调电阻 R 的大小使电流表 A 半偏，此时接入的可调电阻 R 的阻值就是电流表的内阻。测量时特别注意要调节电阻 R_1，使总电流表 A1 在前后两次测量中示数保持不变。

测量直流电压表内阻的方法和测量直流电流表内阻的方法类似。图 3.12（c）为用半偏法测量直流电压表内阻的电路，图中 V 是待测内阻的直流电压表。测量时，先闭合开关 S，选定电压表的某一量程，调节直流电源使量程满偏；然后打开开关 S，保持电源电压不变，调节高精度可调电阻 R 的大小使电压表半偏，此时接入的可调电阻的阻值就是电压表的内阻。

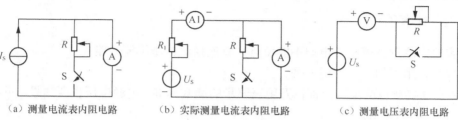

   （a）测量电流表内阻电路   （b）实际测量电流表内阻电路   （c）测量电压表内阻电路

图 3.12 半偏法测仪表的内阻

用伏安法测量电阻时，可以有图 3.13 所示的两种接线方式。理想电压表的内阻趋于无穷大，对被测电路没有分流作用。理想电流表的内阻趋于零，对被测电路没有分压作用。但实验室使用的电流表和电压表都不是理想的仪表，实际电流表的内阻不可忽略，对被测电路具有分压作用，实际电压表的内阻对测量电路也有分流作用。对于图 3.13（a）所示的电流表内接法的电路，其等效电路如图 3.14（a）所示。如果直接用电流表的示数 I 和电压表的示数 U 计算被测电阻的阻值 $R=U/I$，显然就忽略了电压表和电流表内阻对测量结果的影响，这种由测量原理引起的误差称为方法误差。消除方法误差，一般可以通过理论分析对相关参数进行修正。对于图 3.13（a）所示的电路，被测电阻的阻值 $R=U/I-R_A=R'-R_A$，其中 R' 为电阻多次测量的平均值，R 为电阻的真值，R_A 为电流表的内阻。由上式可知，电流表内接法的测量误差 $\delta_A=(R'-R)/R=R_A/R$，由表达式可知，当 $R \gg R_A$ 时，δ_A 比较小，这种接法适合测量阻值较大的电阻。同理，对于图 3.13（b）所示的电流表外接法电路，其等效电路如图 3.14（b）所示。该电路的测量误差为 $\delta_V=(R'-R)/R=-1/(1+R_V/R)$，其中 R_V 为电压表的内阻，当 $R \ll R_V$ 时，δ_V 比较小，电流表外接法电路适合测量阻值比较小的电阻。

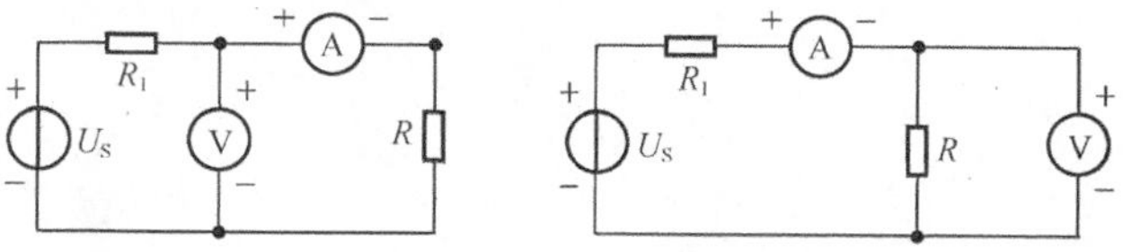

     （a）电流表内接法   （b）电流表外接法

图 3.13 伏安法测量电阻的两种接法

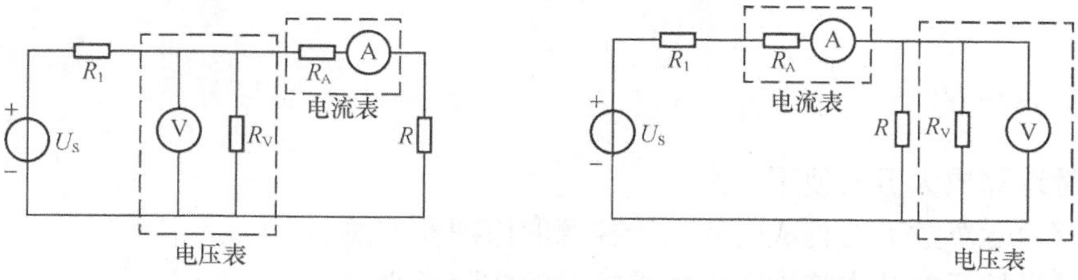

  （a）电流表内接法测量电阻等效电路   （b）电流表外接法测量电阻等效电路

图 3.14 伏安法测量电阻两种接法的等效电路

三、实验内容

1. 设计测试电路，分别测量实验室中直流电压表和直流电流表的内阻。

2．设计两种不同结构的测量电路，测量阻值为 10Ω 和 1MΩ 的电阻器。要求根据电路参数选择合适的激励电压，避免电路元件损坏。自拟实验数据记录表格，对比两种电路下的测量误差，分析误差产生的原因，以提高测量精度为准则给出实验结论。

*3．设计测试电路，测试计算数字万用表中电压表和电流表等效电阻的阻值范围。

四、注意事项

1．实验中注意直流稳压电源不能短路，直流稳流电源不能开路。

2．数字万用表的正确使用方法。

3．所有需要测量的电压值都以万用表测量的读数为准，电源电压也要测量，不能把稳压源上的示数作为测量值。

五、预习要求

1．复习实际电压表和实际电流表的等效电路模型。

2．设计两种结构的实验电路测量阻值为 10Ω 和 1MΩ 的电阻器，画出实验电路图，自拟测试数据表格。

3．运用 EDA 仿真软件进行仿真测试，记录仿真结果，以便与实验结果分析比较。

六、实验报告要求

1．记录实验内容 1、2、3 的测试数据，分析比较两种测试电路的测量误差。

2．根据测量数据，分析两种测量电路的适用范围。

七、实验仪器与器材

1．直流稳压电源。

2．台式数字万用表。

3．实验箱。

4．电阻器。

5．导线若干。

3.6 受控源电路的研究

一、实验目的

1．熟悉运算放大器的使用方法。

2．了解由运算放大器构成的 4 种受控源的原理和方法。

3．熟悉受控源的基本特性，理解受控源的实际意义。

4．掌握测试受控源的特性测试方法。

二、实验原理

运算放大器是一种有源多端元件，图 3.15 表示它的电路符号。它有两个输入端、一个输出端，还有一个相对输入、输出信号的参考地端。信号从 "–" 端输入时，输出信号与输入信号反相，故称 "–" 端为反相输入端。从 "+" 端输入时，输出信号与输入信号同相，故称 "+" 端为同相输入端。除了两个输入端、一个输出端外，运算放大器还有相对参考地端的工作电源端。多数运算放大器具有正电源端和负电源端，运算放大器只有在接有正、负电源的情况下才能正常工作。也有些运算放大器只有一个工作电源端，即单电源工作的运算放大器。不管是双电源还是单电源工作的运算放大器，其基本电路模型是一样的，如图 3.16 所示。其中 U_+ 和 U_- 分别为同相输入端和反相输入端的对地电压，U_o 是输出端对地电压，A 是运算放大器的开环电压放大倍数，在理想情况下，A 和输入端的电阻 R_i 为无穷大，输出电阻 R_o 为零。当运算放大器工作在线性工作区时，输出电压 $U_o=(U_+ - U_-)A$，因为输出电压为有限值，则有 $U_+=U_-$，且有

$$i_+ = U_+/R_i = 0, \quad i_- = U_-/R_i = 0$$

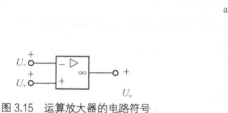

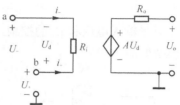

图 3.15　运算放大器的电路符号　　　　图 3.16　运算放大器的电路模型

上式表明：

（1）运算放大器的 "+" 端和 "–" 端之间等电位。若其中一个输入端是接地的，则另一个输入端虽未接地，也可以被认为是零电位。故称此端为 "虚地"，或把同相输入端和反相输入端之间称为 "虚短"。

（2）运算放大器的输入端电流等于零。

这两个重要性质是简化分析含有运算放大器网络的依据。

理想运算放大器的电路模型为一个受控源。当其外部接入不同的电路元件时，可以实现对信号的模拟运算或模拟变换，所以应用极其广泛。

受控源是一种非独立电源，这种电源的电压或电流是电路中其他部分的电压或电流的函数，或者说它的电流或电压受到电路中其他部分的电压或电流的控制。根据控制量和受控量的不同组合，受控源可分为电压控制电压源、电压控制电流源、电流控制电压源、电流控制电流源。本实验将研究由运算放大器组成的 4 种受控源电路的端口特性。

（1）电压控制电压源，如图 3.17 所示。

由理想运算放大器的性质可知，$U_- = U_+ = U_i$

$$I_{R_1} = U_i / R_1 \qquad I_{R_2} = I_{R_1}$$

$$U_o = I_{R_1}R_1 + I_{R_2}R_2 = I_{R_1}(R_1 + R_2) = (U_i / R_1)(R_1 + R_2) = (1 + R_2 / R_1)U_i$$

$$\mu = U_o/U_i = 1 + R_2/R_1$$

该电路的电压转移比 μ 反映了输入电压对输出电压的控制，它的等效电路模型如图 3.18 所示。μ 的大小由 R_2/R_1 控制，μ 称为电压放大系数：

$$\mu = 1 + R_2/R_1 \tag{3.6.1}$$

（2）将图 3.17 中 R_2 看成负载电阻，该电路就成为电压控制电流源，如图 3.19 所示。

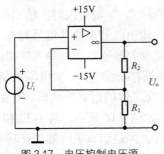

图 3.17 电压控制电压源

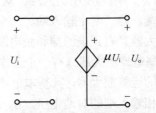

图 3.18 电压控制电压源的电路模型

由理想运算放大器的性质可知

$$I_o = I_{R_1} = U_i / R_1$$

$$g = I_o / U_i = 1 / R_1 \tag{3.6.2}$$

输出电流 I_o 只受输入电压和 R_1 的控制，而与负载无关。g 称为转移电导。电压控制电流源的等效电路模型如图 3.20 所示。

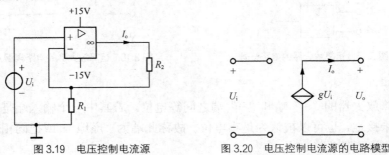

图 3.19 电压控制电流源   图 3.20 电压控制电流源的电路模型

（3）电流控制电压源，如图 3.21 所示。

由理想运算放大器的性质可知：

$$I_1 = I_i = U_i / R_1 = -U_o / R_2$$

$$r = U_o / I_i = -R_2 \tag{3.6.3}$$

输出电压受输入电流和 R_2 的控制，而与负载无关。r 称为转移电阻。电流控制电压源的等效电路模型如图 3.22 所示。

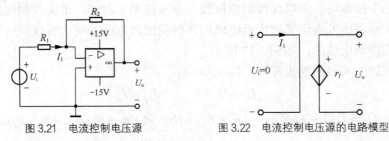

图 3.21 电流控制电压源   图 3.22 电流控制电压源的电路模型

（4）电流控制电流源，如图 3.23 所示。

由理想运算放大器的性质可知：

$$I_1 = I_i = -U_a / R_2 = U_i / R_1$$

$$I_2 = -U_a / R_3 = I_i R_2 / R_3$$

$$I_o = I_1 + I_2 = I_i + I_i R_2 / R_3 = I_i (1 + R_2 / R_3)$$

$$\alpha=I_o/I_i=1+R_2/R_3 \tag{3.6.4}$$

输出电流受输入电流的控制而与负载无关，只与组成电路的参数有关，α 称为电流放大系数。其等效电路模型如图 3.24 所示。

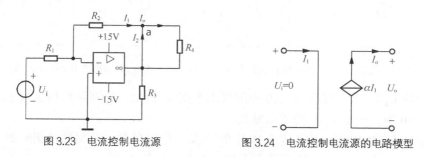

图 3.23　电流控制电流源　　　　　图 3.24　电流控制电流源的电路模型

三、实验内容

1. 测试电压控制电压源的特性

如图 3.25 所示，运算放大器选用 LM358，图中元件参数 $R_1=R_2=10\text{k}\Omega$、$U_i=2\text{V}$。

（1）保持 U_i 为 2V，按照表 3.10 中的要求改变 R_L 的值，分别测量相应的 U_o，数据记录于表 3.10 中，画出 U_o-R_L 的关系曲线。

（2）给定 R_L 为 10kΩ，按照表 3.10 中的要求改变 U_i 的值，分别测量相应的 U_o，数据记录于表 3.10 中，画出 U_o-U_i 的关系曲线，并求出电压转移比 μ。

表 3.10　　　　　　　　　　　测试 4 种受控源的测量数据

步骤	参数	测试条件和测量值						
1-(1)	R_L/kΩ	1	2	4	8	10	20	50
	U_o/V							
1-(2)	U_i/V	0	1	2	3	4	5	6
	U_o/V							
2-(1)	R_L/kΩ	1	2	4	8	10	20	50
	I_o/mA							
2-(2)	U_i/V	1	2	4	6	8	10	12
	I_o/mA							
3-(1)	R_L/kΩ	10	20	30	40	50	60	70
	U_o/V							
3-(2)	I_i/μA	50	100	200	300	400	500	600
	U_o/V							
4-(1)	R_L/kΩ	0	0.1	0.4	0.8	1.5	2.5	4
	I_o/mA							
4-(2)	I_i/μA	50	100	200	300	400	500	600
	I_o/mA							

2. 测试电压控制电流源的特性

如图 3.26 所示，运算放大器选用 LM358，图中元件参数 $R_1=10\text{k}\Omega$，$U_i=2\text{V}$。

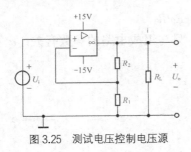

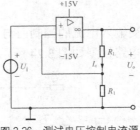

图 3.25　测试电压控制电压源　　　　　图 3.26　测试电压控制电流源

（1）保持 U_i 为 2V，按照表 3.10 中的要求改变 R_L 的值，分别测量相应的电流值 I_o，数据记录于表 3.10 中，画出 I_o-R_L 的关系曲线。

（2）给定 R_L 为 10kΩ，按照表 3.10 中的要求改变 U_i 的值，分别测量相应的电流值 I_o，数据记录于表 3.10 中，画出 I_o-U_i 的关系曲线，并求出转移电导 g。

3．测试电流控制电压源的特性

如图 3.27 所示，运算放大器选用 LM358，图中元件参数 R_1=R_2=10kΩ，U_i=2V。

（1）保持 U_i 为 2V，测量图中 I_i，按照表 3.10 中的要求改变 R_L 的值，分别测量相应的 R_L 两端的电压 U_o，数据记录于表 3.10 中，画出 U_o-R_L 的关系曲线。

（2）给定 R_L 为 10kΩ，按照表 3.10 中的要求改变 I_i 的值，分别测量相应的 R_L 两端的电压 U_o，数据记录于表 3.10 中，画出 U_o-I_i 的关系曲线，并求出转移电阻 r。

4．测试电流控制电流源的特性

如图 3.28 所示，运算放大器选用 LM358，图中元件参数 R_1=R_2=R_3=10kΩ，U_i=2V。

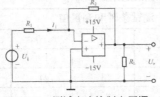

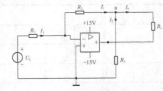

图 3.27　测试电流控制电压源　　　　　图 3.28　测试电流控制电流源

（1）保持 U_i 为 2V，按照表 3.10 中的要求改变 R_L 的值，分别测量相应的电流值 I_o，数据记录于表 3.10 中，画出 I_o-R_L 的关系曲线。

（2）给定 R_L 为 10kΩ，按照表 3.10 中的要求改变 U_i 的值，使 I_i 的示数符合表 3.10 的要求，分别测量相应的电流值 I_o，数据记录于表 3.10 中，画出 I_o-I_i 的关系曲线，并求出电流放大系数 α。

四、注意事项

1．运算放大器必须外接一组直流工作电源才能正常工作，电源电压不能超过规定值，电源极性不能接错，以免损坏运算放大器。

2．运算放大器的输出端不能与地端短接，以免损坏运算放大器。

3．实验电路应检查无误后方可接通供电电源，当运算放大器外部换接元件时，要先断开供电电源。

4．做电流源实验时，不要使电流源负载开路。

5．实验中数据有问题时，应首先检查供电电源是否工作正常，再用万用表检查运算放大器是否工作在线性区。

五、预习要求

1．复习运算放大器与受控源的有关理论知识。

2．根据图 3.25、图 3.26、图 3.27 和图 3.28 中各元件参数值，计算出实验内容 1、2、3、4 中控制系数的理论值。

3．运用 EDA 仿真软件进行仿真，记录仿真结果，以便与实验结果分析比较。

六、实验报告要求

1．整理各组实验数据，根据实验数据在坐标纸上分别画出 4 种受控源的转移特性曲线和外特性曲线，求出相应的转移特性参数。

2．分析测量误差产生的原因。

七、思考题

1．写出受控源与独立源的相同点与不同点。

2．简述 4 种受控源中 μ、g、r、α 的意义，如何测量这几个量？

3．受控源的控制特性是否适用于交流信号？

八、实验仪器与器材

1．直流稳压电源。

2．实验箱。

3．台式数字万用表。

4．导线若干。

5．运算放大器 LM358。

3.7　常用电子仪器的使用

一、实验目的

1．掌握台式数字万用表、函数信号发生器、示波器的基本使用方法。

2．理解电平的概念，学习用台式数字万用表测量电平的方法。

3．初步掌握使用示波器观测交流信号基本参数的方法。

二、实验原理

在电子电路测试和实验中，常用的电子仪器有函数信号发生器、示波器、直流稳压电源、台式数字万用表以及其他仪器，常用电子仪器接线框图如图 3.29 所示。直流稳压电源为实验电路提供必需的直流电压。函数信号发生器为实验电路提供所需交流信号，如方波信号、正弦信号等。示波器用来观测输入输出的信号波形，并且可以测量信号的幅值、周期和输入输出信号之间的相位差。台式数字万用表用来测量正弦输入信号、输出信号的有效值以及直流量。在电子测量中，应特别注意各仪器的"共地"问题，即各台仪器与被测电路的"地"应可靠地连接在一起。合理的接地是抑制干扰的重要措施之一，否则可能引入外来干扰，导致测得参数不稳定，测量误差增大。

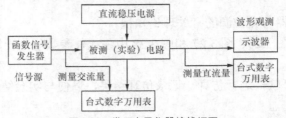

图 3.29 常用电子仪器接线框图

电平是电学理论中一个常用的计量方法。电路中某点的功率（或电压，或电流）与某一基准值的比值的对数关系称为电平，单位为分贝（dB）。由于选取的基准值不同，电平有绝对电平和相对电平之分。

1．绝对电平

在电信技术中，以某一阻抗上获得 1mW 功率为基准值的电平称为绝对电平。用公式表示为

$$功率绝对电平 = 10 \times \lg[P(mW)/1(mW)] \quad (dB) \quad\quad (3.7.1)$$

式中，P 为被测点的功率值。

由于绝对电平的参考功率是以 1mW 为基准的，所以当用电压或电流关系来确定电平时，由于阻抗不同，虽然消耗在该阻抗上的功率都是 1mW，但其对应的电压值 U_0 和电流值 I_0 是不同的。用公式表示为

$$电压绝对电平 = 20 \times \lg(U/U_0) \quad (dB) \quad\quad (3.7.2)$$
$$电流绝对电平 = 20 \times \lg(I/I_0) \quad (dB) \quad\quad (3.7.3)$$

式中，U、I 分别为被测点的电压、电流值，U_0、I_0 分别为被测点负载消耗 1mW 功率时对应的电压、电流基准值。

很多实际应用中，常定义负载电阻为 600Ω，其对应的 $U_0 = 0.7746V$，$I_0 = 1.29mA$。

台式数字万用表进行电平测量时的测量值为绝对电平。

2．相对电平

从广义上来讲，相对电平用来表示两功率的相对大小。功率相对电平用公式表示为

$$功率相对电平 = 10 \times \lg(P_2/P_1) \quad (dB) \quad\quad (3.7.4)$$

式中，P_1 为基准点的功率值，P_2 为被测点的功率值。由于在相同功率情况下，不同负载上的电压值和其通过的电流值是不同的，因此用电压或电流的关系来确定相对电平时，必须看被测点的阻抗与基准点的阻抗是否相同。如果相同，则有

$$电压相对电平 = 20 \times \lg(U_2/U_1) \quad (dB) \quad\quad (3.7.5)$$

式中，U_1 为基准点电压值，U_2 为被测点电压值。

$$电流相对电平 = 20 \times \lg(I_2/I_1) \quad (dB) \quad\quad (3.7.6)$$

式中，I_1 为基准点电流值，I_2 为被测点电流值。

如果阻抗不同，则电压（或电流）相对电平要用电压（或电流）绝对电平的差来表示或计算，即相对电平等于两点的绝对电平之差。

三、实验内容

1．用直流稳压电源输出 5V 电压，用示波器观测该直流信号，测量电路如图 3.30 所示。

用自动测量方法测量该直流信号的幅值，画出该信号的波形。

2．函数信号发生器输出频率为 1000Hz、峰峰值为 0.5V 的方波信号，用示波器观测该信号，测量电路如图 3.31 所示。调节示波器 Volts/Div 旋钮，使波形高度大于 3 格；调节示波器 Sec/Div 旋钮，使示波器屏幕上只显示 1～2 个信号周期，记录此时 Volts/Div 和 Sec/Div 的值。用光标手动测量该信号的周期 $T=$_____ms，脉宽 $\tau=$_____ms，峰峰值=_____V，占空比=_____。画出该信号的波形图。

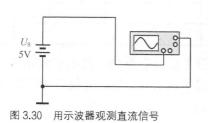

图 3.30　用示波器观测直流信号　　　　图 3.31　用示波器观测交流信号

3．函数信号发生器输出频率为 10kHz、峰峰值为 1V 的三角波信号，用示波器观测该信号，测量电路如图 3.31 所示。调节示波器 Volts/Div 旋钮，使波形高度大于 3 格；调节示波器 Sec/Div 旋钮，使示波器屏幕上只显示 1～2 个信号周期，记录此时 Volts/Div 和 Sec/Div 的值。用自动测量方法测量该信号的频率 $f=$_____Hz，周期 $T=$_____ms，峰峰值=_____V。画出该信号的波形图。

4．函数信号发生器输出脉冲信号，频率为 1MHz，高电平为 5V，低电平为 0，占空比为 50%，用示波器观测该信号，测量电路如图 3.31 所示。调节示波器 Volts/Div 旋钮，使波形高度大于 3 格；调节示波器 Sec/Div 旋钮，使示波器屏幕上只显示 0.5 个信号周期，如图 3.32 所示。脉冲波形上升时间是指从脉冲幅值的 10%上升到幅值的 90%所经历的时间。根据脉冲波形上升时间的定义，用光标手动或光标追踪测量该脉冲信号的上升时间。

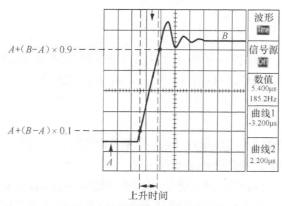

图 3.32　示波器测量脉冲上升时间

5．函数信号发生器输出频率 f 为 1kHz、峰峰值为 20V 的正弦波，用台式数字万用表测量该信号的电压有效值和电平值；用示波器测量该信号的电压峰峰值、有效值（均方根值）和周期。按表 3.11 中要求，调整函数信号发生器输出电压的频率和峰峰值，重复上述步骤，将数据记入表 3.11 中。

表 3.11 数据表格

函数信号发生器频率/kHz	1	10	100
函数信号发生器输出幅度指示值/V	20	2	0.2
台式数字万用表测量电压有效值/V			
台式数字万用表测量电平值/dB			
示波器测量电压峰峰值/V			
示波器测量电压有效值/mV			
示波器测量周期/ms			

6. 用函数信号发生器输出一个信号，该信号是高电平为 2V、低电平为 0、频率为 10kHz、占空比 τ/T=20% 的矩形脉冲信号，在示波器上显示该信号。写出各仪器的调试步骤，画出波形图，图上标出高、低电平值，周期和占空比。

四、注意事项

注意示波器和函数信号发生器的公共端"共地"。

五、预习要求

1. 复习周期信号频率、周期、峰峰值、有效值、脉宽、占空比、上升时间、绝对电平、相对电平等基本概念。列出相关的计算公式。

2. 了解函数信号发生器各旋钮和控制开关的作用。写出使函数信号发生器输出一个频率 f=1000Hz、电压峰峰值 U_{pp}=5V 的正弦信号的操作步骤。

3. 了解示波器各旋钮的作用，写出用示波器测量直流电压值的操作步骤。

4. 写出用示波器测量交流电压峰峰值的操作步骤。

六、实验报告要求

1. 总结示波器、台式数字万用表、函数信号发生器的使用方法和注意事项。

2. 整理测试数据，画出实验内容 1、2、3、4、6 的波形图。

七、思考题

1. 用示波器某一通道观测信号波形时，示波器荧光屏上的波形不断移动不能稳定，试分析其原因。调节哪些旋钮才能使波形稳定不变？

2. 调节函数信号发生器幅度调节旋钮和调节示波器 Volts/Div 旋钮都能使示波器屏幕上显示的波形的垂直高度发生变化，请说明其实质性的差别和适用范围。

八、实验仪器与器材

1. 示波器。

2. 函数信号发生器。

3. 台式数字万用表。

3.8　一阶电路的阶跃响应

一、实验目的

1. 研究一阶电路阶跃响应和方波响应的基本规律和特点。
2. 掌握用示波器观察一阶电路过渡过程的方法。
3. 掌握测量一阶电路的时间常数的方法。
4. 了解微分电路和积分电路的电路形式和电路参数条件。

二、实验原理

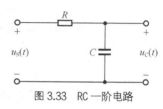

图 3.33　RC 一阶电路

将含有一个 L、C 储能元件的电路（动态电路）称为一阶电路。最简单的 RC 一阶电路如图 3.33 所示，当电路的结构或元件的参数发生变化时，电路需要经历一个过渡过程才能从原来的工作状态转换到另一种工作状态。如何用实验的方法观测这个过渡过程的变化规律呢？对于时间常数 τ 比较长的零状态响应、零输入响应和全响应的一次过程，$u_C(t)$ 和 $i_C(t)$ 的波形可以用长余辉示波器直接显示出来。

对于时间常数 τ 比较小的一阶电路，要用示波器来观测过渡过程，就必须使输入信号具有可重复性，从而使电路的响应可重复。用什么信号可以作为观测时间常数比较小的一阶电路的激励信号呢？方波信号可以看成一系列阶跃信号 $U(t)$ 和延时阶跃信号 $U(t-t_0)$ 的叠加，电路对方波信号的响应也就是该电路的一系列阶跃响应和延时阶跃响应的叠加。所以我们选用方波信号作为观测一阶电路响应的激励信号。工程上认为过渡过程在 $4\tau \sim 5\tau$ 时间内结束。当方波的半周期远大于电路的时间常数时，即方波周期 T 大于 10 倍的电路时间常数 τ（$T \geqslant 10\tau$）时，就可以认为方波某一边沿（上升沿或下降沿）到来前，前一边沿所引起的过渡过程已经结束。这样，电路对上升沿的响应就是零状态响应，电路对下降沿的响应就是零输入响应。因此，方波响应是多次零状态响应和零输入响应的过程。根据图 3.34 所示可知，当方波信号的半周期 $T_1=T/2 \geqslant 5\tau$ 时，电容上的电压响应为

$$u_C(t)=U_S(1-\mathrm{e}^{-t/\tau})(\mathrm{V}) \quad (0 \leqslant t < T/2) \tag{3.8.1}$$

$$u_C(t)=U_S \times \mathrm{e}^{-(t-T/2)/\tau}(\mathrm{V}) \quad (T/2 \leqslant t < T) \tag{3.8.2}$$

由式（3.8.1）可知，当 $t=\tau$ 时，$U_C=0.632U_S$。

由式（3.8.2）可知，当 $t=T/2+\tau$ 时，$U_C=0.368U_S$。

（1）电容充电经过一个 τ 的时间，电容上所充的电压为电源电压的 63.2%。

（2）电容放电经过一个 τ 的时间，电容上所剩电压为电源电压的 36.8%。所以，对于一阶 RC 电路，当该电路的时间常数 τ 值满足 $T \geqslant 10\tau$ 时，可以用示波器直接测量该 RC 电路的时间常数。具体方法是：用示波器观测电容两端的电压波形，取电压波形从 0 到纵向最大高度的 63.2%（充电时）或 36.8%（放电时）在横轴（时间轴）上的投影，该段投影长度即时间常数 τ 值，如图 3.35 所示。

当时间常数 τ 很小时，$u_C(t) \gg u_R(t)$，所以 $u_C(t) \approx u_S(t)$，则输出电压 u_o 为电阻上的电压

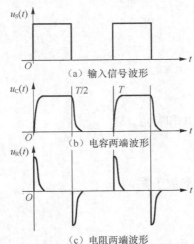

（a）输入信号波形

（b）电容两端波形

（c）电阻两端波形

图 3.34 RC 一阶电路的响应波形

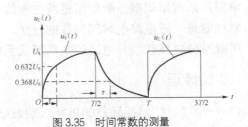

图 3.35 时间常数的测量

$$u_o = Ri = RC \frac{du_C}{dt} \approx RC \frac{d}{dt} u_S \qquad (3.8.3)$$

可见，输出电压是输入电压的微分，所以这种电路称为 RC 微分电路。微分电路的微分条件是 $\tau \ll T/2$，一般取 $\tau < T/10 \sim T/6$。当 R、C 一定时，取输入信号频率 $f < \tau/10$，也满足微分条件。当输入信号频率一定时，τ 越小，脉冲信号的波形越尖。输出波形如图 3.34（c）所示。

当时间常数 τ 很大（一般取 $\tau = 5T \sim 10T$）时，由于 $u_C(t) \ll u_R(t)$，因此 $u_R(t) \approx u_S(t)$，则输出电压 u_o 为电容上的电压

$$u_o(t) = \frac{1}{C} \int i(t)\, dt = \frac{1}{RC} \int u_R(t)\, dt \approx \frac{1}{RC} \int u_S(t)\, dt \qquad (3.8.4)$$

显然，输出电压是输入电压的积分，所以这种电路称为 RC 积分电路。积分条件是 $\tau \gg T/2$。当输入信号频率一定时，τ 越大，输出信号幅值越小；反之，幅值越大，但线性越差。输出波形如图 3.36（b）所示。

当方波的半周期等于或小于电路的时间常数时，在方波的某一边沿到来时，前一边沿所引起的过渡过程尚未结束，这样，充、放电过程都不可能完成，如图 3.36（b）所示。

因为当 $0 \leq t \leq T/2$ 时，信号源以电压 U_S 加在电路上，$t=0$ 时电容开始充电并趋于稳态值 U_S。由于 τ 较大，当 $t=T/2$ 时充电尚未结束，但信号源的输出电压跃变为零，电容开始放电并趋于零。$t=T$ 时放电亦未结束，输入又跃变为 U_S，电容又开始充电，这次充电 $u_C(t)$ 的初始值不为零，充电起点高了。到 $3T/2$ 时电容电压高于 $T/2$ 时的电容电压，电容又开始放电并趋于零。到 $2T$ 时电容电压高于 T 时的电容电压。这段时间内电容充电多、放电少，且随着每次充电的初始值不断提高，充电量逐次减少；随着放电的初始值不断提高，放电量逐次增大。若干周期（$t \geq 5\tau$）后，电容充放电量相等，进入周期性稳定状态，即如图 3.36（b）所示。

根据三要素法，电容充电电压为

$$u_C(t) = U_S + (U_1 - U_S) e^{-t/\tau}$$

则

$$U_2 = U_C(T_1) = U_S + (U_1 - U_S)\, e^{-T_1/\tau}$$

由此可得到

$$\tau=T_1/\ln[(U_1-U_S)/(U_2-U_S)] \tag{3.8.5}$$

同理，在电容充电期间电阻上的电压为

$$u_R(t)=U_2e^{-t/\tau}$$

则

$$U_1=u_R(T_1)=U_2e^{-T_1/\tau}$$

可得

$$\tau=T_1/\ln(U_2/U_1) \tag{3.8.6}$$

电阻上的电压波形如图 3.36（c）所示。

所以，对于一阶 RC 电路，当该电路的时间常数 τ 值满足 $T_1\leqslant\tau$ 时，可以用示波器间接测量该电路的时间常数。具体方法是：用示波器观测电容两端的电压波形，如图 3.36（b）所示，用示波器测出 U_1、U_2、U_S，将其代入式（3.8.5），求得电路时间常数 τ 值。或用示波器观测电阻两端的电压波形，如图 3.36（c）所示，用示波器测出 U_1、U_2、U_S，将其代入式（3.8.6），求得电路时间常数 τ 值。

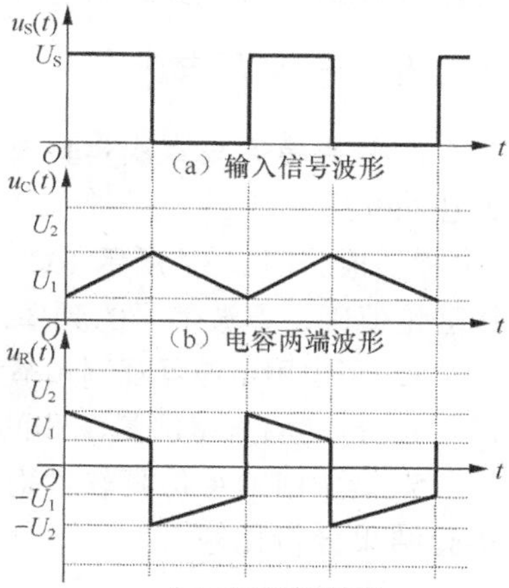

图 3.36　RC 积分电路的响应波形

三、实验内容

1. 观测 RC 一阶电路的零输入响应和零状态响应，用直接法测量时间常数。

实验电路如图 3.37 所示，图中 R_o 是信号源内阻。输入信号为图 3.38 所示的方波信号。根据图 3.37 所示元件参数，选择合适的方波信号频率，观测并记录该 RC 一阶电路的 $u_C(t)$ 和 $u_R(t)$ 的响应波形，用示波器直接测量法测量该电路的时间常数。实验方案与步骤自拟。

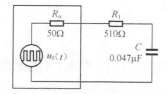

图 3.37　一阶 RC 电路响应的实验电路

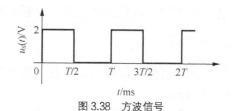

图 3.38　方波信号

2. 观测 RC 一阶电路的全响应并用间接测量法测量时间常数。

根据图 3.37 所示电路，$u_S(t)$ 代表信号发生器产生的周期 T 为 1ms、高电平为 2V、低电平为 0 的方波信号。改变图示元件 R 和 C 的参数，取 $C=1\mu F$，$R=3k\Omega$，观测 $u_S(t)$、$u_C(t)$ 和 $u_R(t)$ 波形变化，记录 $u_S(t)$、$u_C(t)$ 和 $u_R(t)$ 的波形，并用示波器间接测量法测量该电路的时间常数。

观测输入信号 $u_S(t)$ 和输出信号 $u_C(t)$ 波形的关系，分析这种电路参数设置是否满足积分电路输入与输出波形的关系。

*3. 观测 RL 一阶电路的全响应，用直接测量法、间接测量法测量该电路的时间常数。

模仿实验内容 1、实验内容 2，观测并记录 RL 一阶电路的零输入响应与零状态响应波形，用示波器直接测量法和间接测量法测量该电路的时间常数。实验方案及步骤自拟。

四、注意事项

1．示波器的公共端和函数信号发生器的公共端要连接在一起，保证"共地"。

2．在观测 $u_C(t)$ 和 $u_R(t)$ 波形时，由于其幅值相差很大，因此要注意调节示波器 Volts/Div 旋钮，使波形容易观察。

3．在用示波器观测 $u_C(t)$ 波形时，要保证电容的一端与函数信号发生器的地端相连。而观测 $u_R(t)$ 波形时，要保证电阻的一端与函数信号发生器的地端相连，这样才能保证"共地"。

五、预习要求

1．认真复习与本次实验内容相关的理论知识，仔细阅读实验原理部分关于时间常数测试方法的介绍。

2．根据图 3.37 所示 RC 一阶电路的元件参数，计算该电路的时间常数的理论值。根据该理论值确定方波信号的频率，以便观测 RC 一阶电路的零输入响应、零状态响应。

3．写出用示波器观测频率为 1000Hz、高电平为 2V、低电平为 0 的方波信号的调试步骤。

4．拟定用直接测量法和间接测量法测量时间常数 τ 的实验步骤。

5．运用 EDA 仿真软件对实验内容 1、实验内容 2 进行仿真，记录仿真结果，以便与实验结果分析比较。

六、实验报告要求

1．在坐标纸上画出实验内容 1 中输入信号 $u_S(t)$ 和 $u_C(t)$、$u_R(t)$ 的波形图，在图上标出电压的上下峰值和周期，并标出时间常数 τ 的位置。

2．在坐标纸上画出实验内容 2 中输入信号 $u_S(t)$ 和 $u_C(t)$、$u_R(t)$ 的波形图，在图上标出电压的上下峰值和周期。

3．将 τ 的测量值与理论值比较，分析误差产生的原因。

七、思考题

1．什么样的信号可以作为示波器观测 RC 一阶电路零输入响应、零状态响应和全响应的激励信号？为什么？

2．什么是积分电路和微分电路？它们满足什么条件？这两种电路有什么功用？

3．用一只标准电阻设计一个测量未知电容的实验方案，画出测试电路，写出电容参数的计算过程。

八、实验仪器与器材

1．示波器。

2．函数信号发生器。

3．实验箱。

4．导线若干。

3.9　二阶电路的响应

一、实验目的

1．了解 RLC 串联电路的零输入响应、零状态响应的规律和特点，以及元件参数的变化对响应的影响。

2．掌握用示波器观测 RLC 串联电路方波响应的方法。

3．学会用示波器测量 RLC 串联电路衰减振荡角频率和衰减系数的方法。

4．观察分析各种响应模式的状态轨迹，加深对二阶电路响应的认识和理解。

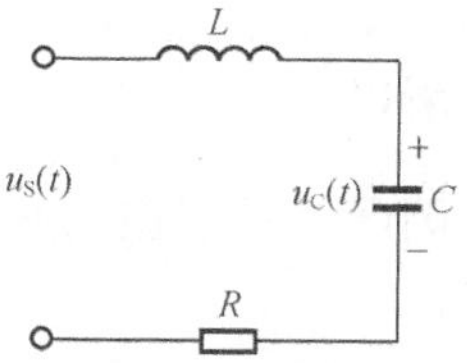

二、实验原理

1．凡是可用二阶微分方程来描述的电路称为二阶电路。图 3.39 所示的线性 RLC 串联电路是一个典型的二阶电路，它可用线性二阶常系数微分方程来描述。

图 3.39　二阶电路

$$LC\frac{\mathrm{d}^2 u_C}{\mathrm{d}t^2} + RC\frac{\mathrm{d}u_C}{\mathrm{d}t} + u_C = U_s \tag{3.9.1}$$

初始值
$$u_C(0^+) = u_C(0^-) = U_O$$
$$i_L(0^+) = i_L(0^-) = I_O$$
$$\frac{\mathrm{d}u_C(t)}{\mathrm{d}t}\bigg|_{t=0} = \frac{i_C(0^+)}{C} = \frac{I_O}{C}$$

通过解微分方程可求得电容上的电压 $u_C(t)$，再根据 $i_C(t) = C\dfrac{\mathrm{d}u_C(t)}{\mathrm{d}t}$ 求得 $i_C(t)$。改变初始状态和输入激励可以得到 3 种二阶时域响应，即零输入响应、零状态响应和全响应，不管哪种响应，其响应模式均由微分方程的两个特征根 $S_{1,2} = -\dfrac{R}{2L} \pm \sqrt{\left(\dfrac{R}{2L}\right)^2 - \dfrac{1}{LC}}$ 决定。

定义衰减系数 $\alpha = R/(2L)$，谐振频率 $\omega_0 = \dfrac{1}{\sqrt{LC}}$，则：

（1）当 $\alpha > \omega_0$，即 $R > 2\sqrt{\dfrac{L}{C}}$ 时，响应是非振荡的，称为过阻尼情况。

（2）当 $\alpha = \omega_0$，即 $R = 2\sqrt{\dfrac{L}{C}}$ 时，响应是临近振荡的，称为临界阻尼情况。

（3）当 $\alpha < \omega_0$，即 $R < 2\sqrt{\dfrac{L}{C}}$ 时，响应是振荡的，称为欠阻尼情况，其振荡角频率为

$$\omega_d = \sqrt{\omega_0^2 - \alpha^2} = \sqrt{\frac{1}{LC} - \frac{R^2}{4L^2}} \tag{3.9.2}$$

（4）当 $R = 0$ 时，响应是等幅振荡的，称为无阻尼情况，振荡频率即 ω_0。

图 3.40 所示为二阶电路 3 种响应情况的响应曲线。

2. 对于欠阻尼情况，衰减振荡角频率 ω_0 和衰减系数 α 可以从响应波形中测量出来，因为

$$u_C(t)=Ae^{-\alpha t}\sin(\omega_d t) \tag{3.9.3}$$

故

$$u_C(t_2) = Ae^{-\alpha t_2} = u_{Cm2}$$

$$u_C(t_1) = Ae^{-\alpha t_1} = u_{Cm1}$$

所以

$$\frac{u_{Cm1}}{u_{Cm2}} = e^{-\alpha(t_1-t_2)} = e^{-\alpha(t_2-t_1)}$$

显然

$$T_d = t_2 - t_1, \quad 即周期 T_d = \frac{2\pi}{\omega_d} \tag{3.9.4}$$

所以

$$\alpha = \frac{1}{T_d}\ln\frac{u_{Cm1}}{u_{Cm2}} \tag{3.9.5}$$

因此，只要在示波器上测出 t_2-t_1 和 u_{Cm1}、u_{Cm2}，就可以求出 ω_d 和 α，如图 3.41 所示。

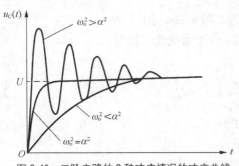
图 3.40　二阶电路的 3 种响应情况的响应曲线

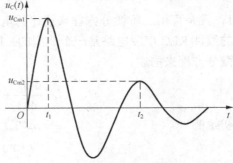
图 3.41　测量 α 的 $u_C(t)$ 的响应波形

实验中采用方波信号，就能方便地观察 RLC 串联电路的零输入响应和零状态响应，当方波信号的半周期远大于电路的固有周期 $T_0 = \frac{2\pi}{\sqrt{LC}}$ 时，可以认为方波信号某一边沿（上升沿或下降沿）到来前，前一边沿所引起的过渡过程已经结束。这样，电路对上升沿的响应就是零状态响应，电路对下降沿的响应就是零输入响应。此时，方波响应是多次零状态响应和零输入响应的过程。调节电路中的电阻阻值，就可以在实验中定性观测到过阻尼、临界阻尼和欠阻尼这 3 种情况的响应。在欠阻尼响应曲线上定量测量衰减振荡周期 T_d 和衰减系数 α。

3. 对于二阶电路，常选电感中电流 i_L 和电容上的电压 u_C 为电路的状态变量，把每个状态变量作为一个坐标形成的空间称为状态空间。二阶电路的状态空间是一个平面。对于所有 $t \geqslant 0$ 的不同时刻，都用状态空间中的点来描述，随着时间的变化，点的移动就形成状态空间中的一个轨迹，叫作状态轨迹。因为示波器是电压输入，所以 i_L 的变化可由 R 上的电压 $u_R = i_L R$ 来反映。如将 u_C 和 u_R 分别加到示波器的 X 轴和 Y 轴，则荧光屏上将显示出状态变量轨迹。图 3.42 所示为在阶跃信号作用下 RLC 串联电路的状态轨迹，图 3.42（a）为振荡状态，图 3.42（b）为过阻尼状态。

三、实验内容

1. 观测 RLC 串联电路的零输入响应和零状态响应，电路如图 3.43 所示，L= 5.6mH，C = 0.047μF，R 用一个 100Ω 的电阻器和一个 1kΩ 的电位器串联得到，方波信号的高电平为 3V、低电平为 0、频率为 300 Hz，用示波器分别观测信号源的输出电压和电容器两端的电压波形，改变

R 的阻值，观测过阻尼、临界阻尼、欠阻尼情况下的零输入响应和零状态响应，记录响应波形。

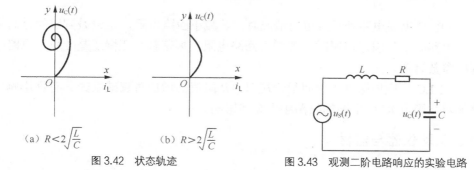

(a) $R<2\sqrt{\dfrac{L}{C}}$ (b) $R>2\sqrt{\dfrac{L}{C}}$

图 3.42　状态轨迹　　　　　　　图 3.43　观测二阶电路响应的实验电路

2．使电路处于欠阻尼情况，记录此时的元件参数，观测并记录欠阻尼零输入响应和零状态响应波形，在响应波形上，如图 3.41 所示测量 u_{Cm1}、u_{Cm2} 和 T_d，按式（3.9.4）和式（3.9.5）计算欠阻尼情况下的振荡角频率和衰减系数 α，将测量计算值和理论值进行比较，分析误差产生的原因。

3．观测并记录过阻尼、欠阻尼情况下的方波响应与相应的状态轨迹。电路如图 3.44 所示，r 是取样电阻，$r=51\Omega$，示波器 CH_1、CH_2 的接法如图 3.44 所示，适当调节 X 轴、Y 轴旋钮，示波器显示方式选为 X-Y 方式，可在屏幕上观察到状态轨迹的图形。改变 R 的值，观测欠阻尼和过阻尼情况下的状态轨迹。

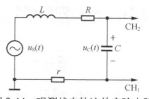

图 3.44　观测状态轨迹的实验电路

四、注意事项

1．示波器的公共端和信号发生器的公共端要连接在一起，保证"共地"。

2．在观测 $u_C(t)$ 和 $u_r(t)$ 波形时，其幅值相差很大，注意调节示波器 Volts/Div 旋钮，使波形容易观察。

3．回路总电阻包含电感线圈的内阻和电流取样电阻。

五、预习要求

1．复习二阶电路的相关基本知识，预习观测二阶电路方波响应的实验方法。

2．根据实验内容 1 中的元件参数，估算满足过阻尼、临界阻尼和欠阻尼情况的电阻阻值。估算欠阻尼情况时的振荡角频率和衰减系数的理论值。

3．根据实验电路中的元件参数，试确定输入方波信号的频率，以便观测过阻尼、欠阻尼情况下的响应。

4．写出测量振荡角频率和衰减系数 α 的测试步骤。

5．运用 EDA 仿真软件进行仿真，记录仿真结果，以便与实验结果分析比较。

六、实验报告要求

1．在坐标纸上画出过阻尼、临界阻尼、欠阻尼情况下的响应波形。

2．在坐标纸上画出过阻尼和欠阻尼情况下的状态轨迹，并用箭头表明轨迹运动方向。

3．整理实验数据并与仿真值、理论值比较，回答下述思考题，并注意在实验中观察验证。

七、思考题

1．当 RLC 串联电路处于过阻尼情况时，若减小回路电阻，u_C 衰减到零的时间变长还是变短？当电路处于欠阻尼情况时，若增大回路电阻，振荡频率变慢还是变快？电路的过渡过程与哪些参数有关？

2．当 RLC 串联电路处于欠阻尼情况时，R 阻值的增加对衰减系数 α 有何影响？C 的容量的增加对欠阻尼 RLC 电路的振荡频率有何影响？

八、实验仪器与器材

1．示波器。
2．函数信号发生器。
3．实验箱。
4．导线若干。

3.10　传输网络频率特性的研究

一、实验目的

1．加深理解低通、高通、带通、带阻电路的频率特性。
2．掌握传输网络频率特性的测试方法。

二、实验原理

研究电路的频率特性，即分析、研究不同频率的信号作用于电路所产生的响应函数与激励函数的比值关系。通常情况下，研究具体电路的频率特性，并不需要测试构成电路的所有元件上的响应与激励之间的关系，只需要研究某个元件或支路的响应与激励之间的关系。本实验主要研究一阶低通、高通，二阶带通、带阻滤波器电路的频率特性。

1．RC 低通网络

图 3.45（a）所示为 RC 低通网络，它的传输函数为

$$H(j\omega) = \frac{U_2}{U_1} = \frac{1/(j\omega C)}{R + 1/(j\omega C)} = \frac{1}{1 + j\omega RC}$$

$$= \frac{1}{\sqrt{1 + (\omega RC)^2}} \angle -\arctan(\omega RC) \tag{3.10.1}$$

$$|H(j\omega)| = \frac{1}{\sqrt{1 + (\omega RC)^2}} \tag{3.10.2}$$

$$\phi(\omega) = -\arctan(\omega RC) \tag{3.10.3}$$

式（3.10.2）中，$|H(j\omega)|$ 为幅频特性，显然它随着频率的增高而减小，说明低频信号可以通过，而高频信号被衰减或被抑制。

当 $\omega = 1/RC$ 时，$|H(j\omega)|\big|_{\omega=\frac{1}{RC}} = \frac{1}{\sqrt{2}} = 0.707$，即 $U_2/U_1 = 0.707$，有

$$201g|H(j\omega)|\big|_{\omega=\frac{1}{RC}} = 201g\frac{U_2}{U_1}\bigg|_{\omega=\frac{1}{RC}} = -3(dB) \qquad (3.10.4)$$

通常把 U_2 降低到 $0.707U_1$ 时的角频率 ω 称为截止角频率 ω_C，即 $\omega = \omega_C = \frac{1}{RC}$。图 3.45 （b）、图 3-45（c）分别为 RC 低通网络的幅频特性曲线和相频特性曲线。低通滤波器的截止频率为 $f_C = \frac{1}{2\pi RC}$。此时输入、输出信号之间的相位差为 $-45°$。

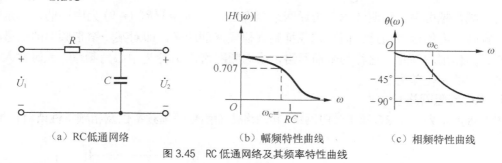

（a）RC低通网络　　　　（b）幅频特性曲线　　　　（c）相频特性曲线

图 3.45　RC 低通网络及其频率特性曲线

2．RC 高通网络

图 3.46（a）所示为 RC 高通网络，它的网络传输函数为

$$H(j\omega) = \frac{\dot{U}_2}{\dot{U}_1} = \frac{R}{R+1/(j\omega C)} = \frac{j\omega RC}{1+j\omega RC} = \frac{1}{\sqrt{1+\frac{1}{(\omega RC)^2}}} \angle 90° - \arctan(\omega RC) \qquad (3.10.5)$$

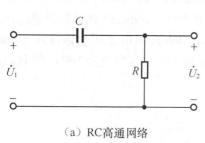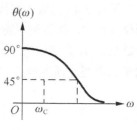

（a）RC高通网络　　　　（b）幅频特性曲线　　　　（c）相频特性曲线

图 3.46　RC 高通网络及其频率特性曲线

可见，$|H(j\omega)|$ 随着频率的降低而减小，说明高频信号可以通过，低频信号被衰减或被抑制。网络的截止角频率仍为 $\omega_C = \frac{1}{RC}$，当 $\omega = \omega_C$ 时，$|H(j\omega)| = 0.707$。它的幅频特性和相频特性分别如图 3.46（b）、图 3.46（c）所示。高通滤波器的截止频率为 $f_C = \frac{1}{2\pi RC}$。此时输入、输出信号之间的相位差为 $45°$。

3．RC 带通网络（又称 RC 选频网络）

图 3.47 所示为 RC 带通网络，它的网络传输函数为

$$H(j\omega) = \frac{\dot{U}_2}{\dot{U}_1} = \frac{\dfrac{R}{1+j\omega RC}}{R + \dfrac{1}{j\omega C} + \dfrac{R}{1+j\omega RC}} = \frac{1}{3 + j\left(\omega RC - \dfrac{1}{\omega RC}\right)}$$

$$= \frac{1}{\sqrt{3^2 + \left(\omega RC - \dfrac{1}{\omega RC}\right)^2}} \angle \arctan\frac{\dfrac{1}{\omega RC} - \omega RC}{3} \qquad (3.10.6)$$

显然，当信号频率 $\omega = \dfrac{1}{RC}$ 时，对应的模 $|H(j\omega)| = \dfrac{1}{3}$ 最大，信号频率偏离 $\omega = \dfrac{1}{RC}$ 越远，信号被衰减得越厉害。说明该 RC 带通网络允许以 $\omega = \omega_0 = 1/RC\,(\neq 0)$ 为中心的、一定频率范围（频带）内的信号通过，而衰减或抑制其他频率的信号，即对某一窄带频率的信号具有选频通过的作用。因此将它称为带通网络，或选频网络，ω_0 称为中心角频率。此时输入、输出信号之间的相位差为 0°。

4．RC 带阻网络

图 3.48 所示为一个 RC 双 T 带阻网络，其网络传输函数的幅频特性及相频特性请自行推导。

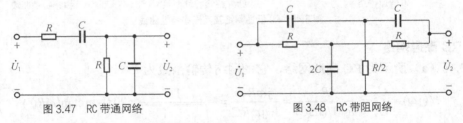

图 3.47 RC 带通网络   图 3.48 RC 带阻网络

5．测试电路的截止频率 f_C 和 f_C 对应的相位差的方法

按图 3.45 完成电路接线，双击波特图仪图标，展开波特图仪面板。如图 3.49 所示，在波特图仪面板中，按下幅频特性测量选择按钮（Magnitude）。垂直坐标（Vertical）的坐标类型选择为对数（Log），其起始值（I）、终止值（F）即幅度量程分别设置为-100dB 和 0；水平坐标（Horizontal）的坐标类型选择为对数（Log），频率范围的起始值（I）和终止值（F）分别设置为 1mHz 和 1GHz。

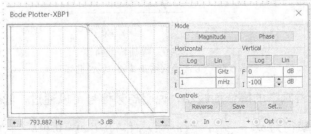

图 3.49 波特图仪

单击仿真开关，单击波特图仪读数游标移动按钮"→""←"或者直接拖曳读数游标，使读数游标与曲线交点处垂直坐标的读数非常接近-3dB，即对应的网络函数的模值 $|H(j\omega)|$，此时交点处水平坐标的读数即 f_C 的数值。为了提高读数的精度，将水平坐标轴的起始值（I）、终止值（F）即频率范围设置为接近初步测试频率 f_C 的 $\pm 0.1 f_C$ 的范围，展开测试段的显示曲线，

重新启动仿真程序，读出 f_C 的精确值。

按下相频特性选择按钮，垂直坐标的起始值（I）、终止值（F）即相位角量程设定分别设置为-90 和 0。重新启动仿真程序，使读数游标与曲线交点处水平坐标的读数非常接近 f_C，此时交点处垂直坐标的读数为 f_C 点对应的相位角（φ）的值。

三、实验内容

1. 测试一阶 RL 低通滤波器的频率特性

电路如图 3.50 所示，用波特图仪测试该电路的幅频特性时，将垂直坐标的坐标类型选择为线性（Lin），起始值（I）、终止值（F）分别设置为 0 和 1，将水平坐标类型选为对数，起始值（I）和终止值（F）分别设为 1mHz 和 1GHz；测试相频特性时，将垂直坐标起始值（I）、终止值（F）分别设置为-90 和 0。测量该低通滤波器的截止频率 f_C 和 f_C 对应的相位差以及电压比。

$f_C=$_____ $\theta=$_____ $|H|=$_____

2. 测试一阶 RC 高通滤波器的频率特性

电路如图 3.51 所示，用波特图仪测试该电路的幅频特性时，将垂直坐标的坐标类型选择为线性（Lin），起始值（I）、终止值（F）分别设置为 0 和 1，水平坐标的设置同实验内容 1；测试相频特性时，将垂直坐标起始值（I）、终止值（F）分别设置为 0 和 90。测试该电路的截止频率 f_C 和 f_C 对应的相位差以及电压比。

$f_C=$_____ $\theta=$_____ $|H|=$_____

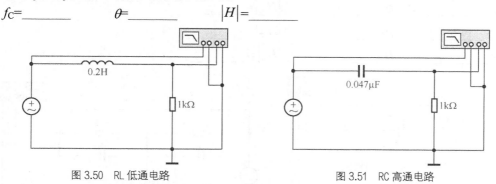

图 3.50　RL 低通电路　　　　　　　　图 3.51　RC 高通电路

3. 测试二阶 RC 带通滤波器的频率特性

电路如图 3.52 所示，用波特图仪测试该电路的幅频特性时，将垂直坐标的坐标类型选择为线性（Lin），起始值（I）、终止值（F）分别设置为 0 和 1，水平坐标的设置同实验内容 1；测试相频特性时，将垂直坐标起始值（I）、终止值（F）分别设置为-90 和 90，测试该电路的谐振频率 f_0、上限截止频率 $f_上$、下限截止频率 $f_下$ 和与之相对应的相位差、电压比。

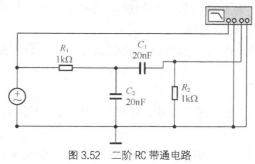

图 3.52　二阶 RC 带通电路

$f_上$=_____ $\theta_上$=_____ $|H_上|$=_____ $f_下$=_____ $\theta_下$=_____

$|H_下|$=_____ f_0=_____ θ_0=_____ $|H_0|$=_____

4．测试 RLC 带通电路的频率特性和品质因数

电路如图 3.53 所示，用波特图仪测试该电路的幅频特性时，将垂直坐标的坐标类型选择为对数（Log），其起始值（I）、终止值（F）即幅度量程分别设置为–200dB 和 0dB；水平坐标的设置同实验内容 1；测试相频特性时，将垂直坐标起始值（I）、终止值（F）分别设置为 –90 和 90，测试谐振频率 f_0、上限截止频率 $f_上$、下限截止频率 $f_下$ 和与之相对应的相位差、电压比，并计算 Q。$Q=f_0/(f_上-f_下)$。

$f_上$=_____ $\theta_上$=_____ $|H_上|$=_____ $f_下$=_____ $\theta_下$=_____

$|H_下|$=_____ f_0=_____ θ_0=_____ $|H_0|$=_____ Q=_____

5．测试带阻电路的频率特性

电路如图 3.54 所示，用波特图仪测试该电路幅频特性时，将垂直坐标的坐标类型选择为线性（Lin），将垂直坐标起始值（I）、终止值（F）分别设置为 0 和 1，水平坐标的设置同实验内容 1；测试相频特性时，将垂直坐标起始值（I）、终止值（F）分别设置为–90 和 90，测试该电路的中心频率 f_0、上限截止频率 $f_上$、下限截止频率 $f_下$ 和与之相对应的相位差、电压比。

$f_上$=_____ $\theta_上$=_____ $|H_上|$=_____

$f_下$=_____ $\theta_下$=_____ $|H_下|$=_____

f_0=_____ θ_0=_____ $|H_0|$=_____

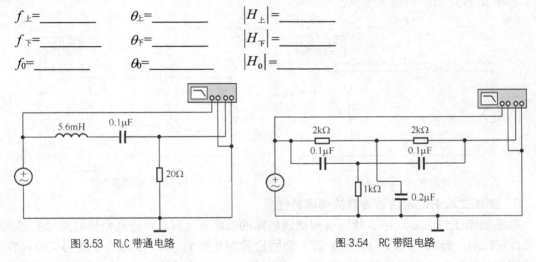

图 3.53 RLC 带通电路   图 3.54 RC 带阻电路

四、注意事项

1．测试频率特性时，为了提高测试的精度，应缩小水平坐标起始值（I）、终止值（F）的设置范围，展开测试段的显示曲线。

2．波特图仪面板参数修改后，应重新启动仿真程序，以确保曲线显示精确与完整。

五、预习要求

1．复习电路频率特性的相关理论知识，计算出实验内容中各电路的截止频率及谐振频率的理论值。

2．阅读第 8 章相关内容，了解波特图仪的连接方法、面板按钮功能以及使用方法。

六、实验报告要求

1. 设计测试数据表格，记录测试结果，画出各电路的幅频特性曲线和相频特性曲线，并标注特征频率点。

2. 分析二阶 RLC 带通电路的品质因数 Q 对电路选频特性的影响。

七、思考题

电路中输入信号源起什么作用？改变信号源的参数（峰值和频率）对测试结果有无影响？

八、实验仪器与器材

计算机等。

3.11 RLC 串联谐振电路

一、实验目的

1. 熟悉 RLC 串联谐振电路的特点，加深对串联谐振电路特性的理解。
2. 掌握 RLC 串联谐振电路各参数的测量方法。
3. 掌握用实验方法测量、绘制 RLC 电路频率特性曲线的方法。
4. 研究电路元件参数对谐振频率、品质因数和通频带的影响。

二、实验原理

对于含有动态元件的 RLC 串联电路，回路中的总阻抗随着电路输入信号的频率改变而改变，当频率达到某个值时，回路中的容抗和感抗相等，电路呈纯阻性，此时加在电路两端的输入电压和回路中的总电流同相，这种现象称为谐振。此时的输入信号频率就是谐振频率。

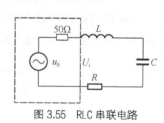

图 3.55　RLC 串联电路

1. RLC 串联电路

RLC 串联电路（见图 3.55）的阻抗是电源角频率 ω 的函数，即

$$Z = R + \left(j\omega L - \frac{1}{j\omega C} \right) = |Z| \angle \theta \qquad (3.11.1)$$

当 $\omega L - \dfrac{1}{\omega C} = 0$ 时，电路处于串联谐振状态，谐振角频率为

$$\omega_0 = \frac{1}{\sqrt{LC}} \qquad (3.11.2)$$

谐振频率为

$$f_0 = \frac{1}{2\pi\sqrt{LC}} \qquad (3.11.3)$$

显然，谐振频率仅与 L、C 的数值有关，与电阻 R 无关。当 $\omega < \omega_0$ 时，电路呈容性，阻

抗角 $\varphi > 0$；当 $\omega > \omega_0$ 时，电路呈感性，阻抗角 $\varphi < 0$。

2．电路处于谐振状态时的特性

（1）谐振时，由于回路总电抗 $X_0 = \omega_0 L - \dfrac{1}{\omega_0 C} = 0$，因此回路阻抗 $|Z_0|$ 为最小值，整个回路相当于一个纯电阻电路，激励电源的电压 u_S 与回路的响应电流同相位。

（2）在激励电压（有效值）不变的情况下，回路中的电流 $I = \dfrac{U_i}{R}$ 为最大值。

（3）谐振时感抗（或容抗）与电阻 R 之比称为品质因数 Q，即

$$Q = \frac{\omega_0 L}{R} = \frac{\dfrac{1}{\omega_0 C}}{R} = \frac{\sqrt{\dfrac{L}{C}}}{R} \tag{3.11.4}$$

品质因数 Q 是一个只与电路参数 R、L、C 有关的量，它的大小反映了谐振电路的特征。在 L 和 C 为定值的条件下，Q 值仅由回路电阻 R 的大小决定。

（4）谐振时，由于感抗 $\omega_0 L$ 与容抗 $\dfrac{1}{\omega_0 C}$ 相等，所以电感器上的电压 U_L 与电容器上的电压 U_C 数值相等，且等于输入电压的 Q 倍，它们的相位差为 $180°$。

3．电路发生谐振的判别方法

（1）用示波器观察激励电源的电压与回路的响应电流的波形（电阻两端的电压波形），当两个波形相位差为 $0°$，即电流、电压同相时，电路发生谐振。

（2）在激励电压（有效值）不变的情况下，谐振时，回路中的电流 $I = \dfrac{U_i}{R}$ 为最大值。即用台式数字万用表测量电阻两端的电压达到最大值时，电路发生谐振。

4．串联谐振电路的频率特性

回路的响应电流与激励电压的角频率的关系称为电流的幅频特性（表明其关系的曲线称为串联谐振曲线），表达式为

$$I(\omega) = \frac{U_i}{\sqrt{R^2 + \left(\omega L - \dfrac{1}{\omega C}\right)^2}} = \frac{U_i}{R\sqrt{1 + Q^2\left(\dfrac{\omega}{\omega_0} - \dfrac{\omega_0}{\omega}\right)^2}} \tag{3.11.5}$$

当电路的 L 和 C 保持不变时，改变 R 的大小，可以得到不同 Q 值时电流的幅频特性曲线（见图 3.56）。显然 Q 值的大小影响曲线的尖锐程度。

为了反映一般情况，通常研究电流比 I/I_0 与角频率比 ω/ω_0 等之间的函数关系。

$$\frac{I}{I_0} = \frac{1}{\sqrt{1 + Q^2\left(\dfrac{\omega}{\omega_0} - \dfrac{\omega_0}{\omega}\right)^2}} \tag{3.11.6}$$

式中，I_0 为谐振时的回路响应电流，I 为回路的响应电流，ω_0 为谐振角频率，ω 为输入信号的角频率。

串联谐振电路的电流谐振曲线可以由式（3.11.6）计算得出，也可以用实验方法测量。具体测量方法是：保持输入信号电压有效值不变，在较宽的频率范围内合理选择频率点，改变

信号频率后，测量电阻两端电压的有效值，再计算出相应的电流，然后在以电流比为纵坐标、频率比为横坐标的坐标系下描点画线得到的曲线即串联谐振电路的电流谐振曲线。

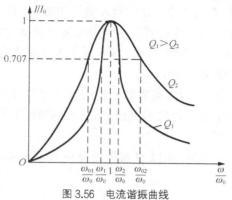

图 3.56　电流谐振曲线

图 3.56 展示出了不同 Q 值下串联谐振电路的电流谐振曲线。从图中可以看出，信号角频率在 ω_0 附近时电路的电流大，而远离 ω_0 时电路的电流小，电路的这种性质称为选择性。显然，Q 值越高，曲线越尖锐，电路的选择性越好。为了衡量谐振电路对不同频率信号的选择能力，定义电流幅频特性曲线中幅值下降至峰值 0.707 倍时的频率范围为通频带（以 BW 表示），即

$$BW = f_2 - f_1 = \frac{f_0}{Q} \tag{3.11.7}$$

式中，f_2 为上截止频率，f_1 为下截止频率（也称半功率点频率）。

5. 谐振电路的测量

（1）谐振频率的测量：与判别电路发生谐振的方法相对应，测量谐振频率的方法有以下两种。

① 用示波器观察激励电源的电压与回路的响应电流的波形（电阻两端的电压波形），保持输入信号电压有效值不变，改变输入信号的频率，当两个波形同相位，即两个波形的相位差为 0° 时，电路发生谐振。此时输入信号的频率就是谐振频率。

② 保持输入信号电压有效值不变，改变输入信号的频率，用台式数字万用表测量电阻两端的电压，当电压达到最大值时，电路发生谐振。此时输入信号的频率就是谐振频率。

（2）串联电路电流谐振曲线的测量：采用逐点测量法，保持输入信号电压的有效值不变，先测出谐振频率 f_0，再分别测出两个截止频率点 f_1、f_2；然后，依次从低到高选择若干频率点，改变输入信号的频率，测量电阻两端的电压，计算出相应的电流值；最后，在以 $\dfrac{f}{f_0}$ 为横坐标，以 $\dfrac{I}{I_0}$ 为纵坐标的坐标系下描点画线得到的光滑曲线即串联电路电流谐振曲线。

频率点 f_1、f_2 是当电阻两端的电压幅值下降到最大值（谐振时电阻两端的电压）的 0.707 倍时所对应的输入信号的频率，称为下半功率点频率和上半功率点频率，通频带 $BW = f_2 - f_1$。在输入信号频率为 f_1 时，电路中电流相位超前电压 45°，电路呈容性；在输入信号频率为 f_2 时，电路中电压相位超前电流 45°，电路呈感性。根据这两个特征可以用如下两种方法测量半功率点频率。

① 用示波器观察激励电源的电压和电阻两端的电压波形，保持输入信号电压有效值不变，改变输入信号的频率，测量激励电源的电压和电阻两端的电压波形的相位差。当两个波

形的相位差等于 45°时，输入信号的频率即下半功率点频率或上半功率点频率。（在测量时注意区分下半功率点频率和上半功率点频率）。

② 保持输入信号电压有效值不变，改变输入信号的频率，用台式数字万用表测量电阻两端的电压有效值，当电阻两端的电压有效值达到最大值（谐振时电阻两端的电压有效值）的 0.707 倍时，输入信号的频率就是下半功率点频率或上半功率点频率。

（3）品质因数 Q 的两种测量方法。

① 谐振时，电感器两端的电压和电容器两端的电压相等并且等于输入电压 U_i 的 Q 倍。所以 Q 可以通过测量谐振时电容器两端的电压 U_C 或电感器两端的电压 U_L 以及输入信号的电压 U_i 得到，即 $Q=U_C/U_i=U_L/U_i$。

② 因为品质因数 $Q=f_0/(f_2-f_1)$，所以 Q 可以通过测量谐振频率和通频带后计算得到。

三、实验内容

1．按图 3.55 所示电路组成实验电路，图中 $R=100\Omega$，$L=5.6\text{mH}$，$C=0.047\mu\text{F}$，输入信号是电压有效值 $U_i=0.5\text{V}$ 的正弦信号。

2．用示波器和台式数字万用表测量该电路的谐振频率。

3．用示波器和台式数字万用表测量该电路的通频带。

4．按表 3.12 的数据表格，合理选择频率点，得出该电路的电流谐振曲线。

5．用两种方法测量该电路的 Q 值，比较这两种方法的测量误差及其产生原因。

表 3.12　逐点法得出电路谐振曲线的数据

f/kHz	2.0			f_1		f_0		f_2				30
U_R/V												
I/mA												

*6．保持 L、C 值不变，改变 R 的值，使 $Q=3.5$，测量该电路的谐振频率、通频带、Q 值和电流谐振曲线，数据表格自拟。通过实验数据，分析电阻阻值对谐振频率、品质因数、通频带、电流谐振曲线的影响。

*7．按照预习要求 4 所设计的电路参数连接电路，测试该电路的谐振频率、通频带 BW 和品质因数 Q，验证该电路能否满足设计要求。

四、注意事项

1．每次改变信号源频率后，注意调节函数信号发生器的输出电压值，用示波器观测 U_i 的有效值，使其保持为定值。

2．改变参数后，应先调试频率找到谐振点。

3．在计算串联谐振电路的总电阻时，应考虑电感线圈内阻和信号源的内阻。

4．在测量 U_C 和 U_L 时，注意信号源和测量仪器"共地"。

五、预习要求

1．认真复习 RLC 串联谐振的相关内容，理解实验原理，了解 RLC 串联电路的谐振频率、品质因数和通频带的含义，以及这些物理量与各元件参数的关系。

2．在计算串联谐振电路的总电阻时，应考虑电感线圈内阻，实验前请先测量电感线圈的内阻。

3．估算元件参数为 $R=100\Omega$，$L=5.6mH$，$C=0.047\mu F$ 时电路的谐振频率 f_0、通频带 BW 和品质因数 Q，画出实验电路图。写出测量这个电路的谐振频率、品质因数、通频带的测试步骤。

*4．某 RLC 串联电路的谐振频率为 21.26kHz，$Q=7.5$，$L=5.6mH$，试确定该电路的元件参数。

5．运用 EDA 仿真软件进行仿真，记录仿真结果，以便与实验结果分析比较。

6．回答预习思考题。

预习思考题：

（1）谐振时电路有哪些特征？可以用哪些实验方法判别电路处于谐振状态？

（2）谐振频率、通频带和品质因数与电路元件参数的关系是什么？

（3）串联谐振电路的阻抗随频率如何变化？

六、实验报告要求

1．根据实验数据，在坐标纸上绘出串联谐振电路的电流谐振曲线。

2．将实验测量值 Q、BW、f_0 分别与理论值进行比较，分析误差产生原因。

3．分析比较两种方法测量 Q、f_0 的误差产生原因。

4．分析电阻阻值的大小对谐振频率、品质因数、通频带和电流谐振曲线的影响。

七、思考题

1．当 RLC 串联电路发生谐振时，实验中是否有 $U_R=U_S$ 和 $U_C=U_L$？若关系不成立，试分析其原因。

2．在测试 RLC 串联电路频率特性时，函数信号发生器的输出电压会随着频率的变化而变化，为什么？为什么要保证函数信号发生器的输出电压有效值恒定？

3．要提高 RLC 串联电路的品质因数，电路参数应如何改变？

4．用一个标准电容器，运用谐振原理，设计测试未知电感器参数的实验方案，画出测试电路，写出电感器参数的计算过程。

八、实验仪器与器材

1．函数信号发生器。

2．示波器。

3．台式数字万用表。

4．实验箱。

3.12　交流等效参数的测量

一、实验目的

1．加深理解电容器、电感器在交流电路中的特性。

2．加深理解正弦交流电路中电压和电流的相量概念。

3．掌握单相交流电路中电流、电压、功率的测量方法。

4．掌握用交流电流表、交流电压表、单相功率表、单相调压器测量元件的交流等效参数的方法。

5．掌握用示波器、函数信号发生器、台式数字万用表测量元件交流等效参数的方法。

二、实验原理

交流无源一端口网络的等效参数的测量方法很多，一般分为两大类：一类是直接测量法，运用专用的方法或仪器仪表，如交流电桥、Q 表法或高精度的 R、L、C 测量仪表直接测出元件的参数值；另一类是间接测量法，就是在网络端口加一定的工作电压或电流，测量元件工作时的电压、电流值，通过计算得到端口网络的等效参数。下面介绍几种间接测量交流无源一端口网络等效参数的方法。

1．三表法

交流电路中，对于元件的阻抗值或无源端口的等效阻抗值，可以用交流电压表、交流电流表和单相功率表分别测出元件两端的电压 U、流过的电流 I 与消耗的有功功率 P，然后通过计算得到等效参数的值。这种方法称为三表法，测量电路原理图如图 3.57 所示，具体关系如下。

总阻抗的模 $$|Z| = \frac{U}{I} \tag{3.12.1}$$

功率因数 $$\cos\theta_z = \frac{P}{UI} \tag{3.12.2}$$

等效电阻 $$R = P/I^2 = |Z|\cos\theta_z \tag{3.12.3}$$

等效电抗 $$X = |Z|\sin\theta_z$$

若被测阻抗元件是感性元件，则

$$L = \frac{X}{\omega} = \frac{|Z|\sin\theta_z}{\omega} \tag{3.12.4}$$

若被测阻抗元件是容性元件，则

$$C = \frac{1}{X\omega} = \frac{1}{\omega|Z|\sin\theta_z} \tag{3.12.5}$$

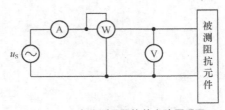

图 3.57　三表法测量阻抗的电路原理图

2．三电压法

测量交流等效参数的另一种方法是三电压法，测试电路如图 3.58（a）所示，将一个已知电阻 R 与被测元件 Z 串联，当通过已知频率的正弦交流信号时，用交流电压表分别测出电压 U、U_1、U_2，根据这三个电压构成的矢量三角形，可求出元件 Z 的阻抗参数。

$$\cos\theta_z = \frac{U^2 - U_1^2 - U_2^2}{2U_1U_2} \qquad r = \frac{RU_r}{U_1} \tag{3.12.6}$$

$$U_\mathrm{r} = U_2 \cos\theta_Z \qquad\qquad L = \frac{RU_x}{\omega U_1} \qquad\qquad (3.12.7)$$

$$U_x = U_2 \sin\theta_Z \qquad\qquad C = \frac{U_1}{\omega RU_x} \qquad\qquad (3.12.8)$$

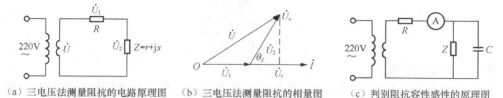

（a）三电压法测量阻抗的电路原理图　　（b）三电压法测量阻抗的相量图　　（c）判别阻抗容性感性的原理图

图 3.58　三电压法测量阻抗的电路原理图及相量图

用三表法、三电压法测出的阻抗值不能判别出是容性的还是感性的，需要通过下面几种方法来判定。

（1）在被测元件两端并接一个电容器，电路如图 3.58（c）所示。若电流表的读数增大，则被测元件是容性的；若电流表的读数减少，则为感性的。采用这种判别方法时，并接的电容值 $C < 2Z\sin\theta_Z/\omega$，否则电流表的读数还是增大，从而无法判断元件的性质。

（2）用示波器观察电路中电压和电流的波形相位关系，判别元件的性质。电流电压相位差为 0°，该元件为电阻；电流超前电压，则该元件为容性的；电流滞后电压，则该元件为感性的。

（3）直接用功率因数表测量，读数超前该元件为容性的，读数滞后该元件为感性的。

三表法和三电压法只适用于工频情况，这是因为测量仪器的内阻会产生一定的测量误差。除了这两种方法外，测量交流等效参数还可以用直流交流法、谐振法、示波器测量法等。

3．直流交流法

如图 3.59 所示，在直流激励下测量 U_1、I_1，在交流激励下测量 U_2、I_2。当被测阻抗为容性时，电路参数

$$r = \frac{U_1}{I_1}$$

$$X_\mathrm{c} = \sqrt{Z^2 - r^2} = \sqrt{\left(\frac{U_2}{I_2}\right)^2 - r^2}$$

$$C = \frac{1}{\omega X_\mathrm{c}} = \frac{1}{\omega\sqrt{Z^2 - r^2}} = \frac{1}{\omega\sqrt{\left(\dfrac{U_2}{I_2}\right)^2 - r^2}} \qquad (3.12.9)$$

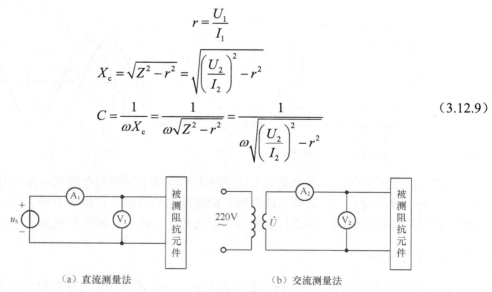

（a）直流测量法　　　　　　　　　　　（b）交流测量法

图 3.59　直流交流法测量

4．谐振法

当被测阻抗为容性时，取已知电阻阻值的电阻器和电感器，组成 RLC 串联电路，接入信号源，测出该电路的谐振频率，则

$$f_0 = \frac{1}{2\pi\sqrt{LC}}$$
$$C = \frac{1}{(2\pi f_0)^2 L}$$

（3.12.10）

5．示波器测量法

用示波器观测元件的电压、电流波形，并由测得的电压、电流幅值计算等效参数，将被测元件与取样电阻 r 串联后接成图 3.60 所示的电路。取样电阻是为测量元件的电流而加入的，因此，取样电阻要选择精度高，相对于被测元件阻值小的电阻。示波器与信号源共地连接，两个通道分别测量 U_r（正比于元件电流值）和（$U_r + U_z$），因为 $U_r \ll U_z$，所以该通道的电压值近似为元件两端的电压值。运用示波器两个通道减法运算功能可以得到元件上的电压信号 U_z，用示波器可以测出该元件两端电压的有效值 U_z 和电流的有效值 $\frac{U_r}{r}$，则该元件的阻抗为 $|Z| = \frac{rU_z}{U_r}$。电流、电压之间的相位差也就是该元件的阻抗角，可以通过示波器测量得到。

用示波器测量电压、电流的相位差可以采用双迹法。双迹法测量相位差的方法是：将电压 $u_1(t)$ 和 $u_2(t)$ 分别加到示波器的两个输入端"CH1"和"CH2"，调节示波器 Volts/Div 旋钮，使波形高度大于 3 格；调节示波器 Sec/Div 旋钮，使示波器屏幕上只显示 1 个信号周期；调节示波器垂直位移旋钮，使两个波形的零线重合，并使这两个波形都对称于零线，如图 3.61 所示。用示波器光标手动测量方式，测出波形半周期的时间 T_1 和两波形过零线的时间差 t，则相位差

$$\theta = 180° \times \frac{t}{T_1}$$

（3.12.11）

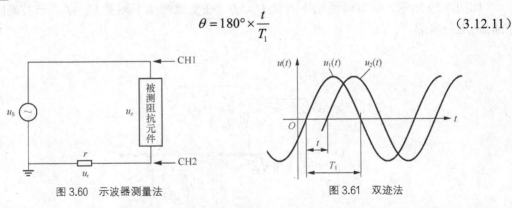

图 3.60　示波器测量法　　　　　　图 3.61　双迹法

这种方法使用方便，但测量精度主要取决于示波器 Y 通道两个输入电路自身的相移特性和视差。为了减少误差，在调整示波器时，应使波形的周期 T 在屏幕上所占的长度尽量长，这样可以提高时基分辨率。目前很多型号的示波器可以用自动测量方式测量相位差。

三、实验内容

1．在只有交流电压表、电阻箱、调压器的情况下，用实验的方法测量电阻器 R、电容器

C 的值。自拟实验方案及电路图，记录测量结果。

2．现有交流电流表、交流电压表、单相功率表、滑动变阻器和单相调压器，用实验的方法测量某电感线圈的等效参数，并用实验的方法判别其阻抗性质。设计出实验方案及电路图，记录测量结果。

*3．用示波器和函数信号发生器测量未知电感（或电容器，与电阻器串联的值），设计出两种实验方案和实验电路，记录测量结果。

四、注意事项

1．在使用单相调压器前应将电压调节手轮放在零位，接通电源后从零逐渐增加，做完每一个实验后，调压器归到零位，然后断电。调压器的输入端、输出端不能接错，否则会烧毁调压器。

2．本次实验所用电压较高，注意人身安全和设备安全。调压器输出电压范围为 10～20V。

3．测量电压、电流、功率时应分别读数。

4．正确使用单相功率表，功率表的电流线圈和电压线圈不能接错。

五、预习要求

1．了解功率表、调压器的使用方法。

2．认真复习与本次实验内容相关的理论知识，预习交流等效参数的测量原理和测量方法。

3．设计好实验内容中要求的实验方案、步骤、电路图和测量数据表格。

4．运用 EDA 仿真软件进行仿真，记录仿真结果，以便与实验结果分析比较。

六、实验报告要求

1．写出实验内容 1、实验内容 2 的实验方案、实验电路及测试步骤。

2．记录测试数据和波形。

3．根据实验数据计算各被测元件的参数值。

七、思考题

1．实验时，若单相调压器原边和副边接反，会出现什么情况？为什么？

2．是否可以用串联电容器的方法判别阻抗的性质？试定性分析回路电流随串联电容器的变化而变化的规律。

3．比较各种测量方法的适用范围和条件。

八、实验仪器与器材

1．实验箱。

2．单相调压器。

3．电感线圈。

4．台式数字万用表。

5．单相功率表。

6．示波器。

7．函数信号发生器。

8．导线若干。

3.13 黑箱中的电路与参数的探究

一、实验目的

1．巩固简单交流无源网络端口特性的相关理论。

2．掌握无源网络端口特性的基本测试方法。

3．掌握无源网络端口等效参数的测量方法，能够通过测量数据分析计算等效参数；

4．培养综合运用所学知识解决实际问题的能力。

二、实验原理

电路测量中，很多时候都是已知电路结构和电路参数，测量电路端口的响应。而本次实验是通过测量电路的端口电量逆向得出电路的结构和电路元件参数。这个未知的电路结构和电路元件参数称为"黑箱"。黑箱中无源元件 R、L、C 大致可构成"I"形、"T"形，"△"形、倒"L"形 4 种结构，其中"I"形是二端网络，可能是 RL 串联、RL 并联、RC 串联、RC 并联、LC 串联、LC 并联、RLC 串联、RLC 并联结构。"T"形、"△"形和倒"L"形是三端网络，其中倒"L"形的一条支路上可能存在两个元件的串联或并联，另一条支路是单个元件，而"△"形和"T"形的 3 条支路上分别只有一个元件。

电容器 C 隔直流通交流，而电感含有小"电阻"，通直流也通交流。随着信号频率的变化，电阻器、电容器、电感器的频率特性具有明显的区别，所以，判别黑箱的电路结构可以通过下列方式。

1．三端网络

（1）通过端口的短路或开路，可以区分电路结构是"T"形、"△"形还是倒"L"形。

（2）用万用表和示波器判断各支路元件的类型。

（3）倒"L"形结构可转化为两个独立的二端网络，进一步的测量可以按照二端网络的分析方法进行。

（4）"T"形结构，在端口开路的情况下，可转化为两个均由"两个元件串联"的二端网络，进一步的测量可以按照二端网络的方法进行。

（5）"△"形结构，在端口短路的情况下，可转化为两个均由"两个元件并联"的二端网络，进一步的测量可以按照二端网络的方法进行。

2．二端网络

（1）判断黑箱内元件的连接方式。

由于呈"I"形的是二端网络，可能是 RL 串联、RL 并联、RC 串联、RC 并联、LC 串联、LC 并联、RLC 串联、RLC 并联 8 种接法，所以首先应该区分元件的接法，判断方法如下。

① 用万用表测量端口电阻：当测出电阻为无穷大时，可能是 RC 串联、LC 串联、RLC 串联 3 种接法；当测出电阻为有限值时，则可能是 RL 串联、RL 并联、RC 并联、LC 并联、RLC 并联 5 种接法。

② 用信号源和示波器：在端口输入正弦信号，并外接取样电阻，逐渐增大正弦信号的频率，用示波器观测电压和电流的相位差变化，可以判断电路是容性的还是感性的，是 LC 串联还是 LC 并联接法。

③ "LC 串联"和"RLC 串联"接法以及"LC 并联"和"RLC 并联"接法：可以通过谐振点的测量值加以区分。

④ RL 串联、RL 并联接法的区分：随着频率的增加，RL 串联的等效阻抗从 R 单调增加，而 RL 并联时的等效阻抗则从 0（理想电感器）或很小（非理想电感器）增加到 R。

通过上述方法就可以区分出元件可能的连接方式。

（2）估算黑箱内的元件参数。

根据一次测量数据的计算得到电路参数，由于无源一端口网络等效参数的测量方法多种多样，因此可以根据具体情况选择合适的测量方法。三表法、三电压法、谐振法、示波器法等测量方法在 3.12 节中都有详细的叙述，可以运用这些方法进行电路参数的测量。还可以用示波器观测电路动态响应、测量端口电压、电流的频率特性来得到电路参数。

（3）曲线拟合黑箱中的参数。

测量时改变端口的测量条件（如改变频率，改变串联电阻的阻值，改变电源参数等），可测量一系列采样点，将这些采样点拟合成曲线，算出等效参数或元件参数的大小。

三、实验内容

1. 运用三表法、三电压法、谐振法、示波器测量法、频率特性法、动态响应法等无源交流等效参数的测量方法，对黑箱中的电路进行反演，根据端口的测试数据判断黑箱内真实电路结构。

*2. 记录端口的一系列测量数据，估算黑箱中的各个元件参数，并与实际黑箱中的元件参数比较。分析不同测量方法和测量步骤对黑箱电路反演精度的影响。

四、注意事项

1. 黑箱安全工作的条件和限制条件由实验室给出，实验前应该了解黑箱中电路结构的分类情况和特点，并熟悉各种测量方法的特点。

2. 正确设置测量时输入信号的幅值以及仪表的量程。

五、预习要求

1. 了解 R、L、C 元件的基本特性及其在交、直流激励下时域和频域的响应特点。

2. 复习三电压法、三表法、谐振法、示波器测量法、频率特性法、动态响应法等无源交流等效参数的测量原理及测量方法。

3. 选择适当的测量方法，利用 EDA 软件进行仿真，初步拟定实验方案、测试步骤和测试数据表格，以及设计实验电路。

六、实验报告要求

1. 写出实验内容 1、实验内容 2 的实验方案、实验电路及测试步骤。

2. 记录测试数据和实验波形。

3．黑箱中电路结构判断依据和元件参数估算及误差分析。

4．分析不同测量方法和测量步骤对黑箱中无源电路的结构以及各个元件的参数反演的精度的影响。

七、实验仪器与器材

1．函数信号发生器。

2．示波器。

3．台式数字万用表。

4．实验箱。

5．导线若干。

3.14 互感线圈及变压器参数的测定

一、实验目的

1．加深理解互感电路的原理。

2．掌握耦合线圈和变压器同名端的判别方法。

3．掌握耦合线圈自感系数、互感系数、耦合系数的测量方法。

二、实验原理

耦合线圈的等效电路如图 3.62 所示，图中 L_1、L_2 是耦合线圈的自感系数，R_1、R_2 是耦合线圈的内阻，M 是互感系数。对于具有耦合关系的线圈，判别耦合线圈的同名端在理论分析和工程实际中都具有很重要的意义。例如变压器、电动机的各相绕组，LC 振荡电路中的振荡线圈等都要根据同名端的极性进行连接。实际中，若耦合线圈的绕向和相互位置无法判断，就需要根据同名端的定义用实验的方法确定；还需要测量耦合线圈的等效参数 L_1、L_2、R_1、R_2、M，这样才能在实际应用中正确使用耦合线圈或变压器。

1．判断互感线圈和变压器同名端

同名端可以定义为：互感电压的正极性端和产生该互感电压的线圈电流的流入端是同名端。根据同名端的定义，可以用以下几种方法来判断。

（1）直流通断法。

直流通断法实验电路如图 3.63 所示，当开关 K 闭合瞬间，线圈 N_2 的两端将产生一个互感电动势，用数字万用表的直流电压挡测量 3、4 两端的电压，若示数为正，则万用表接正端与电源接"+"端为同名端，即 1、3 端为同名端；若示数为负，则 1、4 端为同名端。

（2）次级开路法。

次级开路法实验电路如图 3.64 所示，图中 u_S 是频率为 1kHz 的正弦信号，$R=1\text{k}\Omega$。调节输入信号电压幅值，使电阻 R 两端的电压 $U_R=0.1\text{V}$，测量 U_{12}、U_{34} 和 U_{13}，当 U_{12}、U_{34} 和 U_{13} 电压关系满足 $U_{13}=U_{12}+U_{34}$ 时，根据同名端的定义，可得 1、4 端为同名端；当 U_{12}、U_{34} 和 U_{13} 电压关系满足 $U_{13}=U_{12}-U_{34}$ 时，根据同名端的定义，可得 1、3 端为同名端。

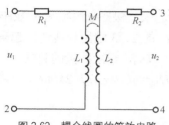

图 3.62 耦合线圈的等效电路

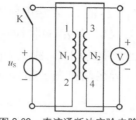

图 3.63 直流通断法实验电路

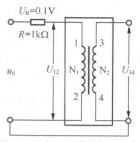

图 3.64 次级开路法实验电路

（3）等效电感法。

设两个耦合线圈自感系数分别为 L_1 和 L_2，它们之间的互感系数为 M。若两个线圈同名端相连，称为反相串联，其等效电感 $L_{反}=L_1+L_2-2M$。若两线圈的异名端相连，称为正相串联，其等效电感 $L_{正}=L_1+L_2+2M$。显然，等效电抗 $X_{正}>X_{反}$，利用这个关系，当两个线圈串联方式不同时，在电路中加上相同的正弦电压，根据回路中电流值的不同，即可判断出同名端。同样地，当回路中流过相同的电流时，通过测量端口的电压值大小也可判断出同名端。

2. 测定耦合线圈的自感系数 L_1、L_2，互感系数 M，耦合系数 k

互感系数的大小与线圈的匝数、几何尺寸、相对位置与媒介有关，而与电流无关。在同名端确定后，可采用次级开路法、正反相串联法等方法测量互感系数。

（1）次级开路法。

如图 3.65（a）所示电路，输入信号 u_S 是频率为 4kHz 的正弦信号，调节输入信号的电压幅值使得 $U_R=1V$，则 $I_1=1mA$，测量 U_1、U_2，当电压表内阻足够大时，则有

$$|Z_1|=U_1/I_1 \tag{3.14.1}$$

$$L_1=\sqrt{Z_1^2-R_1^2}/\omega \tag{3.14.2}$$

$$M=U_2/(\omega I_1) \tag{3.14.3}$$

如图 3.65（b）所示电路，输入信号 u_S 是频率为 4kHz 的正弦信号，调节电源电压使得 $U_R=1V$，则 $I_2=1mA$，测量 U_1'、U_2'，当电压表内阻足够大时，则有

$$|Z_2|=U_2'/I_2 \tag{3.14.4}$$

$$L_2=\sqrt{Z_2^2-R_2^2}/\omega \tag{3.14.5}$$

$$M=U_1'/(\omega I_2) \tag{3.14.6}$$

则耦合系数 $k=M/\sqrt{L_1 L_2}$。

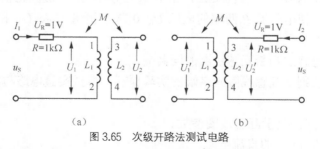

（a） （b）

图 3.65 次级开路法测试电路

当输入信号频率不是很高时，可将万用表测得的线圈直流电阻近似地看成 R_1 或 R_2。

（2）正反相串联法。

按图 3.66（a）所示，将线圈 L_1、L_2 的 2、4 端用导线连接起来，保持电源频率为 2kHz，调节电源电压使得 U_R=1V，测量 U_1、U_2、U_{13}；再将线圈 L_1、L_2 的 2、3 端用导线连接起来，如图 3.66（b）所示，调节电源电压使得 U_R=1V，测量 U_1'、U_2'、U_{14}，记录测量的数据。

则正串 $U_{13}=\omega L_1 I+\omega L_2 I+2M\omega I$（异名端接在一起），反串 $U_{14}=\omega L_1 I+\omega L_2 I-2M\omega I$（同名端接在一起）。

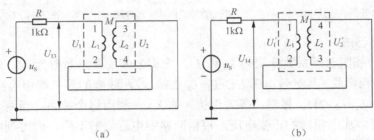

图 3.66 正反相串联法测量

$$U_{13}-U_{14}=4\omega MI$$

$$M=\frac{U_{13}-U_{14}}{4\omega I} \tag{3.14.7}$$

由上述实验值计算 L_1 和 L_2 的值。

当输入电源电压的频率足够高时，就可以忽略线圈 L_1、L_2 内阻的影响，所以：

正串时： $U_1=\omega(L_1+M)I$

反串时： $U_2'=\omega(L_2+M)I$

则

$$L_1=(U_1/I\omega)-M \qquad L_2=(U_2'/I\omega)-M \tag{3.14.8}$$

三、实验内容

1. 直流通断法判别变压器的同名端。

实验电路如图 3.63 所示，按图接线后，在合上开关的瞬间，观察并记录实验现象，写出判别原理和结论。

2. 次级开路法判断变压器的同名端。

实验电路如图 3.64 所示，按图接线，图中 u_S 是频率为 1kHz 的正弦信号，R=1kΩ，调节输入信号电压幅值，使电阻器 R 两端的电压 U_R=0.1V，测量 U_{12}、U_{34} 和 U_{13}，写出判别原理和结论。

*3. 采用等效电感法判断互感线圈的同名端。

根据等效电感法判别互感线圈同名端的实验原理，自拟实验电路与实验步骤，判别互感线圈的同名端。

4. 采用次级开路法测量互感线圈参数。

（1）分别测量 L_1 和 L_2 的直流电阻。

R_1=_____Ω，R_2=_____Ω。

（2）电路如图 3.65（a）所示连接，图中输入信号 u_S 是正弦信号，f=4kHz，R=1kΩ，调节输

入信号 u_S 的幅值，使测量电阻上的电压为 1V，然后测量 U_1、U_2；电路如图 3.65（b）所示连接，保证电阻上的电压为 1V，测量 U'_1、U'_2。将 U_1、U_2、U'_1、U'_2 代入式（3.14.1）、式（3.14.2）、式（3.14.3）、式（3.14.4）、式（3.14.5）、式（3.14.6），即可求出 L_1、L_2、M。

*5．采用正反相串联法测量互感线圈的自感 L_1 和 L_2、互感系数 M，以及耦合系数 k，自拟实验方案，设计实验电路，自拟实验数据表格。

四、注意事项

用直流通断法判断同名端时，只在接通线圈的瞬间可以看到直流电压表示数为正或者为负的现象。

五、预习要求

1．复习实验内容相关理论知识，预习本节同名端的判别方法和耦合线圈自感系数、互感系数和耦合系数的测量方法。

2．拟定采用直流通断法和次级开路法判断互感线圈的同名端的实验方案和测试步骤。自拟实验数据表格，画出实验电路图。

*3．拟定采用等效电感法判断互感线圈同名端的实验方案和测试步骤。自拟实验数据表格，画出实验电路图。

4．拟定采用次级开路法测量互感线圈的自感 L_1 和 L_2、互感系数 M，以及耦合系数 k 的实验方案和测试步骤。自拟实验数据表格，画出实验电路图。

*5．拟定采用正反相串联法测量互感线圈的自感 L_1 和 L_2、互感系数 M，以及耦合系数 k 的实验方案和测试步骤。自拟实验数据表格，画出实验电路图。

六、实验报告要求

1．根据实验内容 1、实验内容 2、实验内容 3 的实验结果，在测定耦合线圈同名端的各实验电路中标出同名端。

2．根据实验内容 4、实验内容 5 的实验数据进行计算，将由实验数据计算得到的 M、k 值与由线圈标明的参数比较，分析误差产生的原因。

七、思考题

1．有哪几种方法判别耦合线圈同名端？

2．在用次级开路法测量互感线圈的参数时，为何要保证 $U_R=1V$？该实验对电源电压的频率有什么要求？

3．互感系数与激励信号的频率有什么关系？

4．还可以用什么方法测互感系数？

5．本实验中，测量电压除了用台式数字万用表，可否使用示波器？

八、实验仪器与器材

1．函数信号发生器。

2．台式数字万用表。

3．实验箱。

4．导线若干。

3.15　三相电路的研究

一、实验目的

1．掌握三相电路的基本特征和相序判定方法。

2．学习三相负载星形和三角形连接的方法，以及在这两种接法下，线电压、相电压、线电流、相电流的测量方法。

3．研究三相负载星形和三角形连接时，在对称负载和不对称负载情况下线电压和相电压、线电流和相电流的关系。

4．学习三瓦特表法（简称三瓦法）和二瓦特表法（简称二瓦法）测量三相负载的有功功率的方法。

二、实验原理

三相四线制电源是由一组频率相同、幅值相等、相位互差 120° 的 3 个对称电动势构成的电路。三相电路中，负载的连接方式有星形连接和三角形连接。采用星形连接时，根据需要可以采用三相三线制或三相四线制供电；采用三角形连接时，只能用三相三线制供电。三相电路中的负载有对称和不对称两种情况。

三相电源并网时，其相序必须一致才能正常工作，所以确定电源相序极为重要。确定三相电源相序的仪器称为相序指示器，电路如图 3.67 所示，它是一个星形连接的不对称负载，一相接电容器 C，另两相分别接大小相同的电阻器。如果把该指示器接入对称的三相电源上，且认定接电容器的相是 A，则其余两相中相电压较高的相一定是 B 相，相电压较低的是 C 相。为了便于观察，电阻器采用两个相同的白炽灯替代。为了观测白炽灯的亮暗区别，应该合理选择电容器、电阻器和电源。

1．负载的星形连接

图 3.68 所示为负载的星形连接，负载对称时，线电压的有效值是相电压的 $\sqrt{3}$ 倍，各相电流等于线电流，中线电流为零。负载不对称且星形连接有中线时，$U_L = \sqrt{3}U_P$，各相电流不对称，所以中线电流不为零。当负载不对称且无中线时，线电压和相电压之间不再是 $\sqrt{3}$ 倍的关系，各相负载电压不对称，造成各相负载不能正常工作，甚至会损坏器件。

2．负载的三角形连接

图 3.69 所示为负载的三角形连接，负载对称时线电压等于相电压，线电流有效值等于相电流的 $\sqrt{3}$ 倍，即 $I_L = \sqrt{3}I_P$。负载不对称时，线电压仍然等于相电压，线电流和相电流之间不再是 $\sqrt{3}$ 倍的关系，但线电流仍然是相应相电流的矢量和，这时只能通过矢量图计算它们的大小和相位。

3．三相负载的有功功率

① 如图 3.70 所示，在三相四线制负载电路中，可以用一只功率表分别测量三相负载的有功功率，设测量结果分别为 P_A、P_B、P_C，负载总功率为 $P_{\equiv} = P_A + P_B + P_C$，这种方法称为

三表法。对于三相对称负载四线制电路，可以只测一相功率 P，则三相功率为 $P_{\equiv}=3P$。

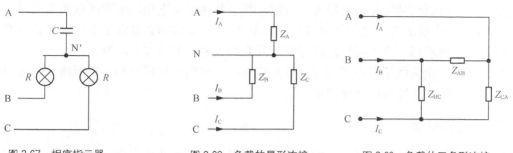

图 3.67　相序指示器　　　　　图 3.68　负载的星形连接　　　　图 3.69　负载的三角形连接

② 如图 3.71 所示，在三相三线制负载电路中，不管负载是哪种接法，对称与否，均可采用二瓦法测量三相三线制负载电路的总功率，即 $P_{\equiv}=P_1+P_2$（是代数和）。二瓦法对于三相四线制电路一般不适用。

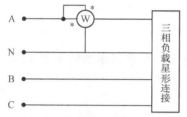
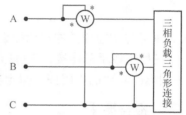

图 3.70　三瓦法测量三相负载的有功功率　　　　图 3.71　二瓦法测量三相负载的有功功率

二瓦法与三瓦法概念上的区别：对于三瓦法，每只功率表接负载的相电压和相电流，测负载的一相功率；对于二瓦法，每只功率表接负载线电压和线电流，读数只反映总功率的一部分。

两只功率表读数正负的说明：在两只功率表接法均正确的情况下，视负载性质，若为电阻性则两只功率表读数均为正；若为电感性，则两只功率表读数一只是始终为正的，另一只出现 3 种情况，即 $\cos\varphi>0.5$ 读数为正，$\cos\varphi=0.5$ 读数为 0，$\cos\varphi<0.5$ 读数为负，其原因可由电流相量图分析得到。这时，应将功率表电流线圈的两端头换接，或将电压线圈的转换开关反拨（由 "+" → "−"），都可以使功率表指针正偏。

二瓦法的一般接线原则如下。

（1）两只功率表的电流线圈分别串入任意两条相线中，电流线圈的对应端必须接在电源侧。

（2）两只功率表的电压线圈的对应端必须各自接到电流线圈的任意一端，而两只功率表的电压线圈的非对应端必须同时接在没有接入功率表电流线圈的第三条相线上，如图 3.71 所示。

三、实验内容

1. 三相负载星形连接：单相负载采用两个 25W/220V 灯泡并联组成，按照星形连接的原则，自拟实验电路，测量线电流、线电压、相电压、负载有功功率和有中线情况下的中线电流。要求分别测量负载对称无中线、负载对称有中线、负载不对称有中线和负载不对称无中线 4 种情况。

2. 三相负载三角形连接：单相负载采用两个 25W/220V 灯泡并联组成，按照三角形连接的原则，自拟实验电路，测量线电压、线电流、相电流和负载有功功率。要求分别测量对称负载和不对称负载两种情况，根据实验数据分析这两种情况下相电流和线电流的关系。

3．电源相序的测定：现有 25W/220V 灯泡 4 个，2μF/400V 电容 1 个，试设计一个三相交流电的相序指示器，要求用灯泡的亮暗差异判断相序，并通过实验验证。

*4．测量三相负载星形连接和三角形连接方式下出现一相短路和一相断路时，线电流、线电压、相电流、相电压的变化情况。

四、注意事项

1．实验所用电压为线电压 220V，进行接线操作时务必注意安全，严禁带电接线。

2．合理选择交流电压表、交流电流表、功率表的量程，防止误将电流表当作电压表去测电压而烧毁电流表。

3．实验中要认真检查接线，防止负载短路。

五、预习要求

1．认真复习与实验相关的理论知识。

2．画出三相负载星形连接、三角形连接的实验电路，相序指示器的电路及用二瓦法、三瓦法测量三相电路功率的电路图。拟定实验数据记录表格。

六、实验报告要求

1．在负载对称和负载不对称的情况下，根据实验数据分析三相负载线电流与相电流、线电压与相电压的关系。

2．根据实验数据和实验现象说明中线的作用。

3．根据实验数据，按比例画出三角形接法不对称负载电流相量图。

七、思考题

1．对于照明负载来说，为什么在中线上不允线接熔断器？

2．负载星形连接无中线时，若其中两相断路，余下一相能否正常工作，为什么？若一相短路，其余两相能否正常工作？

3．为什么在星形连接有中线时，负载一相变动不会影响其他两相，而在三角形连接时，负载一相变动对其他两相有影响？

八、实验仪器与器材

1．单相功率表。
2．台式数字万用表。
3．实验箱。
4．导线若干。

第 **4** 章 模拟电路的设计与调测

4.1 模拟电路的设计

一、模拟电路的特点

在设计模拟电路时，必须充分了解它的特点，只有这样才能在设计过程中正确地把握设计思路并采取合理的设计步骤。模拟电路的设计有以下几个特点。

1. 器件模型和计算方法做了较多的简化

在关于模拟电路的教科书中，器件模型和分析公式都已经做了较大程度的简化。例如，在晶体管电路中，计算静态工作点时，一般取 $U_{BEQ}=0.7V$，计算频率特性时重点考虑极点和零点处的情况，在中频段小信号的情况下，认为晶体管是线性器件，在求解电路的各项参数时，大多数情况下采用线性方程组。所以模拟电路的设计与计算是一种工程估算。

在采用计算机辅助设计时，所用的晶体管模型是非线性的，电路参数的关系是用微分方程描述的，对相关方程求解则是对微分方程求解，这样求得的电路参数更接近实际值。

2. 模拟电路的种类较多

模拟电路的种类繁多，如放大、振荡、调制、滤波等，同一种类又有多种不同的电路形式。例如，同是正弦振荡器，却有 LC 振荡器、RC 振荡器、晶体振荡器等多种电路形式。这些电路形式根据一些具体电路指标又有各自的特点，如晶体振荡器具有很高的频率准确度和稳定度，文氏桥 RC 振荡器具有较高的频率覆盖系数等。模拟电路种类繁多的特点为设计者提供了选择余地。但是各种电路指标的差异要求设计者对各种电路有深入的了解和丰富的电路设计经验，否则无法从众多电路中做出合理的选择。

3. 模拟电路的技术指标多

模拟电路除了有功能上的指标要求外，还有许多其他指标要求，如放大器的常规指标就有电压放大倍数、功率放大倍数、电源效率、幅频特性、相频特性、输入阻抗、输出阻抗、噪声、非线性失真要求等，许多指标之间又有相互制约的关系，在进行电路设计时，设计者必须兼顾所有的指标。这些要求使得在设计一些结构并不复杂的电路时却有相当大的难度。或者说，模拟电路设计的难易程度往往并不取决于电路的规模，而取决于电路技术指标要求的高低。

4. 模拟器件种类繁多

数字电路处理的只有"0""1"两种状态量，故可以用门电路作为基本单元，所有的逻辑功能都可以由基本门电路完成。因此，数字电路集成度高，器件的通用性也很强。与数字电路相比，模拟电路要处理多种电参数，因此很难确定以哪种电路作为基本单元电路，并通过对这种基本单元电路进行组合来完成各种电路指标。尽管已有集成电路生产厂家将运算放大器作为模拟电路的基本单元，通过编程来构成具有用户所要求功能的电路，但是，因为其构成的电路还仅限于低频的放大、滤波等少数电路，技术还不成熟，所以，模拟电路的集成度受限，能通用的器件不多，器件的专用性较强。为了达到不同的设计目的，必须选用不同的器件。模拟器件的这一特点，要求设计者必须全面深入地了解各种模拟器件，能够比较器件之间的差异，从中选择最为合适的器件。这对设计者提出了较高的要求。

5. 分布参数和干扰对模拟电路的影响较大

模拟电路可同时处理多种电路参数，电路中的一些分布参数对电路有着不可忽视的影响，高频段电路尤其如此。这些分布参数在很多情况下难以定量分析，这使电路的调试难度加大。在电子电路中，除了被处理的信号外，还不可避免地存在由外界引入的干扰信号，同时电路内部也会产生一些干扰信号，如器件本身的噪声、电源的纹波、地线引起的共阻干扰等。各种干扰信号对模拟电路和数字电路的影响程度不同，一般来说它们对模拟电路的影响更为严重，所以在设计模拟电路时还必须考虑抗干扰问题。由于这些干扰信号难以定量描述、随机性强，所以模拟电路的调测比数字电路的调测困难。

6. 要求设计者有较高的综合素质

由上述模拟电路的特点可知：在模拟电路的设计阶段，首先要求设计者具有深厚的电路知识和丰富的设计经验，以保证选定合理的电路结构；其次要求设计者具备完善的器件知识，以保证选用合适的器件。在电路调测阶段，由于在设计中不可能周全地考虑所有的因素，设计值和实际值必定存在差异，这就要求设计者具有灵活运用知识和综合分析问题的能力，以便在调测过程中找出问题所在，采取有效的改进措施。在电路知识、器件知识、知识的灵活运用和综合分析能力上的欠缺，都会影响设计水平和电路调测工作进度，所以说模拟电路的设计对设计者的综合素质有很高的要求。

二、模拟电路的设计手段

目前，模拟电路的设计手段有两种：手工设计和借助电子电路自动化设计软件设计。模拟电路手工设计的特点是模型精度不高和设计过程试凑性强。手工设计具有一定的可操作性，对采用的器件模型和设计公式均作了较大简化。这样，设计出的电路与其实际特性存在一定的误差，模拟电路的电路综合（电路综合是指根据电路的外部参数导出电路结构和元件参数的设计过程）水平远不及数字电路，模拟电路结构的选取和元件参数的确定都需要反复试凑才能完成。得到初步设计结果后，还必须反复进行测试、调整才能实现最终设计。

使用 EDA 软件设计模拟电路的特点是：电路结构确定，元件参数的初步选取仍由设计人员手工完成，而各项电路指标的详细核算则由计算机完成。计算机在分析电路时采用较精确的器件模型，使用有效的算法，分析结果比较接近实际情况。另外，EDA 软件还可以用来分析一些手工设计时难以分析的参数，如灵敏度、极限参数、幅频特性等。EDA 软件建立了各种分立器件的模型和少数集成电路的宏观模型（不涉及内部电路而只从外部进行描述的模型），但还没有描述所有模拟集成器件模型的有效方法。值得指出的是，不管采用哪种方法，在模拟电路设计过程中，电路结构、元件参数的选定以及电路参数的调整等创造性的工作都必须由设计人员来完成。所以，模拟电路的设计和调测对培养学生的创新能力和实践能力是非常重要的。

三、基于分立元件的模拟电路设计

目前，模拟电路的整体设计大都采用分立器件和集成器件相结合的方法，完全由分立器件构成的电路已不多见，但局部电路仍有分立器件是常见的。由于模拟电路的结构众多，电路参数各不相同，因此没有统一的规范的设计步骤和方法，大都采用试凑法。

试凑法的设计原则如下。

（1）根据功能要求初步选定电路结构，分析所有的电路指标，找出关键指标或难以实现的指标，以此指标为起点开始设计，在设计过程中尽量兼顾其对其他指标的影响。

（2）在完成关键指标的设计之后，选择另一个较为重要的指标进行设计。

（3）由于各个指标之间相互影响，设计满足当前指标后，前项设计的指标可能会受影响，因此必须核算前一项或前几项指标是否符合要求。

（4）反复进行第（1）～（3）步，直到所有的指标均设计完成，并且经核算所有的指标同时都能满足要求，书面设计才算初步完成。电路指标的核算可以利用 EDA 软件完成，因为在计算出某个元件值后，一般应取它的标称值。取标称值后也会给原定的值带来误差。所以模拟电路的书面设计一般是无法一次完成的，必须在得出初步设计值之后反复进行核算和调整，使设计值逐步逼近指标要求值。核算时一般按照先直流、后交流开环，最后交流闭环的顺序进行计算和调整。在发现某个电路指标未达到要求时，要认真分析元件和电路参数对指标的影响、元件所起的作用，再更改这个元件。在更改某个元件时，还应考虑它对其他参数有无影响，尽量避免顾此失彼。

（5）通过实验测出各项指标，如不符合要求则需要再修改设计，直至所有指标实测都符合设计要求。

试凑法要求设计者对电路理论有深刻的理解。具体来说就是：必须了解各种电路的功能，否则无法正确选择电路结构；必须了解所有电路指标的含义，否则无从分析关键指标和难点指标；必须了解电路中各个元件的作用以及对相关指标的影响，否则不能判断实现指标的可行性。初学者在学习模拟电路理论时有一个较为普遍的问题是只注意分析公式的记忆，忽略了对电路工作原理的理解，不清楚电路指标的物理意义，不清楚各个元件的作用和对指标的影响。因此，初学者用试凑法设计电路时会感到十分困难。

四、基于集成运算放大器的模拟电路的设计

随着微电子技术的发展，原先以分立元件为主的模拟电路大都由集成器件所替代，但是与数字电路相比，模拟电路结构众多、参数繁多的特点限制了其集成度和通用性的提高。所以在模拟电路中大部分集成电路都有其专用性，例如，乘法器主要用于信号的调制，直流稳压集成电路主要用于直流稳压。目前，模拟集成电路种类繁多、性能各异，在应用模拟集成器件设计电路时首先要做到两点：选择适用的器件；根据电路功能要求和器件参数特点，设计合理的电路结构和选择合理的外围元件参数。

　　模拟集成电路中通用性较强的是集成运算放大器，它不仅可以完成加法、减法、乘法、积分、微分等数学运算，还可以实现信号的产生、信号的变换与信号的处理等多种功能。运用集成运算放大器构成电路时，不需要研究运算放大器的内部电路，只需要根据设计要求选择性能指标满足要求的芯片，因为在运算放大器的基本性能确定后很难靠外部电路来修正某一运算放大器的不足。因此，深入了解运算放大器的类型及其特点，理解运算放大器主要性能参数的物理意义、这些参数与外围元件的关系以及设计时应注意的事项是正确选用运算放大器的基础。由于运算放大器参数较多，下面只介绍一些基本参数。

1. 运算放大器主要参数

（1）电源

　　运算放大器的电源有双电源和单电源之分，双电源大都是对称的（正负电源电压绝对值相等）。运算放大器的电源参数一般有一个范围，如 $V_{CC}=\pm3V\sim\pm16V$，表示用户可以根据需要在 $\pm3V\sim\pm16V$ 取合适的对称电源电压。一般选用标称电压值，如 3V、6V、7.5V、9V、12V等，电源参数的另一种表示方式是+6V～+32V，说明该运算放大器可以在单电源条件下工作。

（2）输入失调电压

　　对于理想的运算放大器，当输入电压为零时，输出电压也应为零。但实际上输入电压为零时，输出电压不为零。在输入电压为零时，为了使输出电压为零，在输入端加的补偿电压称为失调电压。输入失调电压对运算放大器工作的影响是，使得运算放大器在无输入的情况下有电压输出，造成运算误差或使输出动态范围减小。为此可采用调零电路或选用自动调零的运算放大器，减小失调电压的影响。

（3）输入失调电流

　　当运算放大器的输出电压为零时，流入放大器两输入端的静态基极电流的差称为输入失调电流。输入失调电流将引起输出端电压的偏移，输入端等效电阻越大，由输入失调电流引起的输出端电压偏移越大。所以设计电路时，输入回路的直流电阻阻值不宜过大。

（4）最大差模输入电压 U_{idmaxM}

　　最大差模输入电压 U_{idmaxM} 是指运算放大器两个输入端之间所能承受的最大电压值，若超过 U_{idmaxM}，运算放大器输入级将被击穿。U_{idmaxM} 一般在几伏之内。

（5）最大共模输入电压 U_{icmaxM}

　　最大共模输入电压 U_{icmaxM} 是指运算放大器所能承受的最大共模输入电压，若超过 U_{icmaxM}，运算放大器的共模抑制比将显著下降。

（6）开环电压增益

　　开环电压增益是指运算放大器在开环时输出电压与输入电压的比值，它是运算放大器诸多参数中最重要的一个，在闭环增益一定的条件下，开环增益越大，反馈深度越大，对电路性能改善也越好。但考虑到电路的稳定度要求，反馈越深引入的附加相移越大，越会引起电路的不稳定。所以要结合实际需要综合选取。

（7）开环带宽 BW

　　开环带宽是指在运算放大器开环幅频特性曲线上，开环增益从开环直流增益 A_o 下降 3dB（电压放大倍数下降到 $0.707A_u$）时对应的频率宽度。

（8）单位增益带宽 BWG

　　它对应于开环增益 A_{VO} 频率响应曲线上增益下降到 $A_{VO}=1$ 时的频率。运算放大器的增益和带宽的乘积是常数，增益越高，带宽越窄。因此，通过负反馈可以降低增益，扩展运算放大器的带宽。

（9）转换速率 SR

转换速率 SR 也称为电压摆速，定义为运算放大器在额定负载与输入阶跃大信号时输出电压的最大变化率。即

$$SR = \Delta V / \Delta t$$

它表明在大信号条件下输出电压达到额定值时的电压上升速率。这一指标反映了大信号条件下运算放大器的时间特性。当放大器输出大振幅的高频信号时，转换速率对实际带宽起约束作用。假设运算放大器的转换速率为 SR，欲输出信号的振幅为 U_{omax}，则与大振幅相对应的频率带宽可以由下式计算：

$$f_{p(max)} = SR / (2\pi U_{omax})$$

如果运算放大器处理的是矩形脉冲信号，转换速率越大，输出矩形脉冲的前后沿越窄。

2．集成运算放大器的分类

（1）通用型运算放大器是以通用为目的设计的，这类器件的主要特点是价格低、产品量大、覆盖面广，其适合一般性使用，如 TL084、LM324、LM358。

（2）高阻型运算放大器的差模输入阻抗非常高，输入偏置电流非常小，具有高速、带宽和低噪声等优点，但输入失调电压大，如 LF356、LF355、LF347。

（3）低温漂型运算放大器的失调电压小，并且不随温度的变化而变化，主要运用在精密仪器、弱信号检测等自动控制仪表中，如 OP-07、OP-27。

（4）高速运算放大器的转换速率 SR 高，单位增益带宽 BWG 足够大，常见的运算放大器有 LM318、μA715。

（5）低功耗型运算放大器主要运用于低电源电压供电、低功耗的场合，常用运算放大器有 TL-022C、TL-060C。

（6）普通运算放大器的输出电压最大值一般只有几十伏，输出电流仅几十毫安，高功率型运算放大器外部无须附加任何电路就可以输出高电压和大电流。

常用的通用型运算放大器有 μA741（单运算放大器）、LM358（双运算放大器）、LM324（四运算放大器）。

3．正确使用集成运算放大器

（1）集成运算放大器的选择

集成运算放大器按性能指标可分为通用型和专用型两大类。通用型运算放大器的指标比较均衡，专用型是指运算放大器的某一项指标具有较好的特性，以适应专门的应用场合，如自动调零运算放大器，高速型、高阻型、高精度型、低功耗型、低噪声型等运算放大器。一般根据设计要求，首先选择通用型运算放大器，这类器件直流性能好，种类齐全，价格低廉。当通用型运算放大器难以满足要求时，则选择专用型运算放大器。如果系统对功耗有要求，可选用低功耗的运算放大器，如 CMOS 运算放大器；如果系统的工作电压很高并且运算放大器的输出电压也很高，应选用高压型运算放大器；如果应用于采样/保持电路、峰值检波电路、高阻抗信号源电路，则需要采用高输入阻抗运算放大器；如果应用于微弱信号检测、高增益直流放大电路、自动控制仪表中，就应选用高精度、低漂移、低噪声的运算放大器；如果应

用于数模、模数转换电路，锁相电路，高速采样/保持电路，应选用高速与宽带运算放大器。

（2）使用集成运算放大器应注意的问题

① 正确选择性能参数。运算放大器的各种性能参数都是在一定条件下测得的，当外部条件变化时，其性能参数也会发生变化，使用运算放大器时应注意。

② 设计使用时，要深刻理解运算放大器各项性能参数的含义和使用条件。如果运算精度要求较高，而且采用直接耦合电路形式，则应选用 V_{IO}、I_{IO} 均较小，同时 K_{CMR} 较大的运算放大器。若采用阻容耦合的电路形式，输入失调参数的大小就无关紧要。

（3）集成运算放大器的保护电路

① 输入端保护电路。运算放大器的输入失效分两种情况，差模电压过高和共模电压过高，任何一种情况都会使器件因输入电压过高而损坏。因此，在使用运算放大器时，要注意差模电压范围和共模电压范围，并根据情况采用合适的保护电路，如图 4.1 所示。

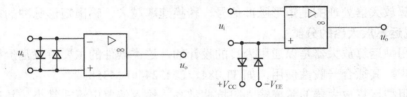

（a）差模电压过高时的保护电路　　　（b）共模电压过高时的保护电路

图 4.1　运算放大器的输入端保护电路

②电源接反保护电路。电压极性接反采用图 4.2 所示保护电路，通常采用双电源供电时，两路电源应同时接通或断开，不允许长时间采用单电源供电，不允许电源接反。

③ 输出端保护电路。为使运算放大器不因输出过载而损坏，一般运算放大器的输出电流应限制在 5mA 以下，即所用的负载不能太小，一般应大于 2kΩ。运算放大器使用时严禁过载，其输出端严禁对地短路或接到电源端。

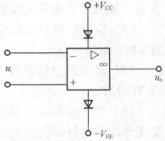

图 4.2　运算放大器电源保护电路

（4）注意电源对称性

电源对称性是指两个电源的极性相反但绝对值相同。如果两个电源绝对值不等，运算放大器输入为零时输出不为零，当处理的信号含有直流分量时，由电源不对称造成的静态输出偏移将引入误差。

（5）输入端

输入端必须有直流通路。

（6）调零消除失调误差

使用运算放大器时，必须掌握"调零"技术，特别是在运算放大器作为直流放大器时，由于输入失调电压和失调电流的影响，当运算放大器的输入为零时，输出不为零，这就会影响运算放大器的精度。

（7）相位补偿消除高频自激

运算放大器通常是高增益的多级放大器组件，应用时一般接成闭环负反馈电路，当工作频率升高时，运算放大器会产生附加相移，可能使负反馈变成正反馈而引起自激振荡。自激振荡可以用加补偿网络的方法消除。

（8）反馈深度

注意反馈深度的限制。

4.2 模拟电路的装配

将分散电子元件组装成满足要求的电路是实验的第一步。初学者在实验中遇到的大多数故障是由装配不当造成的，因此，装配中合理的元件布局、正确的连线是完成实验任务的基本保证，也是实验者必须具备的基本技能。

装配实验电路时，要考虑总体的布局、布线、元件的装配处理等方面的问题，现分述如下。

1．布局

布局就是根据电路原理图在实验板上安排元器件的位置，布局的具体要求如下。

（1）电路中各个部分的位置应与电路原理图的信号流方向一致。电路原理图中信号流的方向一般是从左到右、从上到下的，故元件在实验板上的整体布局也应该遵循从左到右、从上到下的顺序。

（2）以基本单元电路或功能集成电路为单位，分块放置元器件，各个电路之间应留有适当的距离，以便查找和调试。

（3）元件之间的间隔要疏密合理，既不能太密，以免调整和测试不便，也不能太疏，以免连线过长。

（4）一些产生磁场的元件相邻时，应分析磁力线方向，尽量使两者间的磁力线方向为 90°，以减少干扰。

（5）对于一些高输入阻抗的元件（如场效应晶体管）的输入端，尽量避免长导线的存在，以防干扰。

（6）元件摆放整齐、美观。

2．布线

布线的基本要求是导线尽量短。因为长导线的电阻大，容易引入干扰信号，影响电路正常工作。布线的顺序是先接地线和电源线，再按电路图中信号流动的方向从输入到输出依次接线。应避免输入、输出信号之间交叉接线，电源应接在大信号一侧（不要让输出的大电流流过输入端的地线，避免地线电阻对输入信号的影响）。

3．元件的装配处理

元件在装配前必须逐一测试，以免使失效的元件接入电路。经验表明，假设在装配前逐一筛选、检测每个元件，找出不合格元件所花的时间为 1 个单位时间，而如果不经检测就装配，一旦装好的实验板上出现因元件不合格而引起的故障，则要花费 10 个单位时间才能找出故障元件。所以装配前的检测很重要。

4.3 模拟电路的调测

1．静态工作点的调测

静态工作点是否合适对放大器的性能和输出波形有很大影响，静态工作点偏高或偏低会造成输出波形产生饱和失真或截止失真。改变图 4.3 中电路参数 V_{CC}、R_c、R_{b1}、R_{b2}，都会引起静态工作点的变化。例如，R_{b1} 减小，则静态工作点沿直流负载线向上移动，容易产生饱和失真；R_{b1} 增大，则静态工作点沿直流负载线向下移动，容易产生截止失真。所以，采用调节上偏电阻 R_{b1} 的方法来改变静态工作点，使静态工作点基本处于负载线的中点，使输出信号的动态范围最大。此时，集电极与发射极之间的电压大约是电源电压的一半。

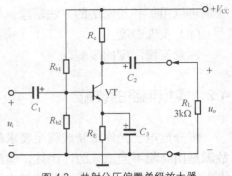

图 4.3　共射分压偏置单级放大器

图 4.3 所示为共射分压偏置单级放大器，测量该电路的静态工作点，就是测量 I_{CQ}、U_{CEQ}、U_{BQ}、U_{CQ} 这几个参数，它们可以根据参数的定义直接测量。具体方法是，电路接通直流电源，放大器输入端接地，即 $u_i=0$ 时，用万用表的直流电压挡分别测量 U_{BQ}、U_{CEQ}、U_{CQ}，为减少测量误差，应选用内阻较高的万用表。测量 U_{BQ} 时要考虑万用表的内阻对被测电路的影响，当万用表的内阻不高时，万用表内阻并联在 R_{b2} 两端将会使基极下的偏置电阻大大减小，严重影响静态工作点，使 U_{BQ} 下降，所以此时测量得到的 U_{BQ} 是不真实的。因此，当万用表内阻不高时，测量 U_{BQ} 采用间接测量法，即先测量电阻 R_E 两端的电压 U_{EQ}，再由 $U_{BQ}=U_{EQ}+U_{BEQ}$ 得到。测量 U_{CEQ} 可直接用万用表直流电压挡测量集电极-发射极的电压（或分别测 U_C 与 U_E，然后相减）得到。

测量晶体管静态集电极电流 I_{CQ} 有下述两种方法。

（1）直接测量法：将万用表置于适当量程的直流电流挡，断开集电极回路，将两表笔串入回路中（注意正、负极性）测读。此法测量精度高，但比较麻烦。

（2）间接测量法：用万用表直流电压挡先测出 R_C（或 R_E）上的压降，然后由 R_C（或 R_E）的标称值算出 I_{CQ}（$I_{CQ} = U_{RC} / R_C$）或 I_{EQ}（$I_{EQ} = U_{EQ} / R_E$）值。此法简便，是测量中常用的方法。直接测量 I_{EQ} 时，当电流表串接在发射极和 R_E 之间时，电流表的内阻增大了直流发射极的反馈电阻，会使 I_{EQ} 下降，因而测出的 I_{EQ} 是不可靠的。因此测量 I_{EQ} 采用间接测量法，先测量 U_{EQ}，再由 $I_{EQ} = U_{EQ} / R_E$ 计算出电流值。

测直流参数的注意点如下。

① 输入无信号，输出也应无信号。

② 注意万用表的量程和极性。

③ 必须考虑万用表的内阻对被测点的影响。

直流参数也可以用示波器测量。因为示波器的输入阻抗比较高，所以可以用示波器直接测量 U_{BQ}、U_{CQ}、U_{EQ}，再由 $I_{EQ} = U_{EQ} / R_E$ 计算出 I_{EQ} 的值。U_{CEQ} 可以由 $U_{CEQ}=U_{CQ}-U_{EQ}$ 计算得到。

2. 放大器的主要性能指标及其测量方法

放大器的主要交流指标有：放大倍数、输入电阻、输出电阻、最大不失真输出电压、上限频率、下限频率等。所有交流参数的测量都必须是在输出信号不失真的情况下进行的。在进行动态指标的测量时，各个仪器的公共接地端应和被测电路的公共接地端接在一起。

（1）电压放大倍数 A_u 的测量

A_u 的定义是输出电压的有效值 U_o 与输入电压的有效值 U_i 之比，用交流毫伏表或台式数字万用表交流挡测出输出电压的有效值 U_o 和输入电压的有效值 U_i，即 $A_u = \dfrac{U_o}{U_i}$。

测量 A_u 时，首先要选择合适的输入信号，输入信号的频率必须在频率特性的中频段，所以在测量前应该核算放大器的 3dB 带宽，在 3dB 带宽内选择输入信号的频率；其次，必须保证放大器在线性状态下工作，输出信号不能失真。所以要根据放大器的放大倍数选择输入信号的幅值，以保证输出信号不出现失真。为确保在不失真的条件下测量 A_u，必须用示波器观察输出波形。通常当正弦信号失真度大于 5%时，可以用示波器观测出来。当失真度要求严格时，应采用失真度仪来测量放大器的失真度。

（2）输入电阻 R_i 的测量

放大器的输入电阻反映了放大器本身消耗输入信号源功率的大小。测量输入电阻有以下几种方法。

① 串联电阻法。用串联电阻法测量 R_i 的电路如图 4.4 所示，图中 u_s 为正弦信号源，根据被测电路的输入信号要求选择信号源的频率和幅值，u_s 的频率应选在放大电路的中频段，选取的幅值应能保证放大电路不会出现失真。R 是测量用的附加串联电阻。测量前应该估算被测放大电路的输入电阻 R_i 的值，按 $R \approx R_i$ 的原则选取 R，这样取值可以减少测试误差。

用台式数字万用表交流挡或者交流毫伏表分别测出 U_s、U_i，用万用表欧姆挡测出 R 值，由下式计算出输入电阻 R_i：

$$R_i = \frac{U_i}{I_i} = \frac{U_i R}{U_R} = \frac{U_i R}{U_s - U_i}$$

测量注意事项如下。

a. 由于 R 两端均无接地点，通常交流毫伏表是测量对地交流电压的，所以在测量 R 两端的电压时，必须先分别测量 R 两端的对地电压 U_s 和 U_i，再求其差值 $U_s - U_i$。

b. 在测量时尽可能用同一量程测量 U_s 和 U_i。

c. 输入阻抗是线性电路参数，测量时输出信号不应有失真现象。

d. 被测量电路是电压串联负反馈电路时不能用此方法测量。

② 替代法。用替代法测量 R_i 的电路如图 4.5 所示，按 $R \approx R_i$ 的原则选取 R，$R_w = (1.2 \sim 1.5)R_i$。先将 K 打在"1"的位置，用台式数字万用表交流挡测出 U_i，再将 K 置于"2"的位置，保持 U_s 不变，调节 R_w，使 U_{R_w} 与 K 处于"1"时的 U_i 相等，测出 R_w 的值，则 $R_i = R_w$。

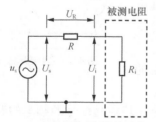 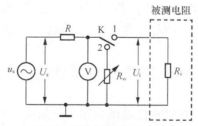

图 4.4 用串联电阻法测量输入电阻 　　　图 4.5 用替代法测量输入电阻

③ 半电压法。用半电压法测量 R_i 的电路如图 4.6 所示，图中 u_s 和 R_w 的选取与替代法相同。测量时，先调节电位器 R_w，使其阻值为零，用台式数字万用表或交流毫伏表测得 U_o，再调节电位器 R_w，使 $U_o' = 0.5U_o$。注意，需保持信号发生器输出为 U_s 不变。这时 R_w 的值与

R_i 相等，测出 R_w 便可得到 R_i。

上述 3 种输入电阻的测量方法各有特点：用串联电阻法需要测量 R、U_s、U_i3 个参数，输入电阻的测量精度取决于电压和电阻的测量精度；用替代法测量时，电压表仅作为指示器，只要记住表头指示的位置即可，输入电阻的测量精度由电阻的测量精度决定；用半电压法只需测量 U_o、R_w，输入电阻的测量精度取决于电压和电阻的测量精度，但使用这种方法不需要测量输入回路，所以这种方法适用于高输入阻抗的测量。实验时，应根据测量的条件和要求选择合适的测量方法。

（3）输出电阻 R_o 的测量

输出电阻的大小反映了放大器带负载的能力，输出电阻越小，带负载的能力越强。输出电阻有以下几种测量方法。

① 开路电压法。电路如图 4.7 所示，图中 U_o' 和 R_o 为被测电路等效的开路输出电压和输出电阻，R 为测量用的外接附加电阻，按 $R \approx R_o$ 选取。测量时，u_s 的频率应选在放大电路的中频段，幅值应能保证放大电路不会出现失真。首先在 K 断开情况下测量输出电压，即 U_o'，保持 U_s 不变，然后在 K 合上的情况下测量 R 两端的电压，即 U_o，最后计算出 R_o 值。由图 4.7 可知，测出 U_o'、U_o、R 后，可由下式得到输出阻抗 R_o 的值。

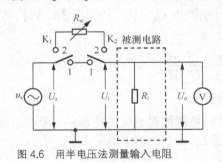

图 4.6　用半电压法测量输入电阻　　　图 4.7　用开路电压法测量输出电阻

$$U_o = \left(\frac{U_o'}{R_o + R} \right) R, \quad 则 \quad R_o = \left(\frac{U_o'}{U_o} - 1 \right) R。$$

② 半电压法。用半电压法测量 R_o 的电路如图 4.8 所示。测量前应估算 R_o 并按 $R_w = (1.2 \sim 1.5) R_o$ 选取 R_w。测量时先断开 K，调节 U_s 使测出的开路电压为 U_o'，然后保持 U_s 不变，再合上 K，将 R_w 接入，调节 R_w 并观测其电压 U_{R_w}，当 $U_{R_w} = U_o'/2$ 时，则 $R_o = R_w$。测出 R_w 后即可得到 R_o 的值。

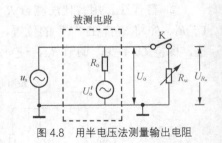

图 4.8　用半电压法测量输出电阻

（4）放大器的幅频特性、下限频率 f_L 和上限频率 f_H 的测量

放大器的幅频特性是指在输入正弦信号时放大器电压增益随信号源频率的改变而变化的特性。当输入信号幅值保持不变时，放大器的输出信号幅值将随着信号源频率高低的变化而变化。通常称增益下降到中频增益的 0.707 倍时所对应的上限频率和下限频率之差为放大器的通频带。即

$$BW = f_H - f_L$$

一般采用逐点法测量幅频特性，具体方法为：保持输入信号电压的幅值不变，逐点改变输入信号的频率，测量放大器对应于该频率的输出电压，再计算得到对应于该频率下的放大器的电压增益，描点画线即可画出幅频特性曲线（注意：测量时，每改变一次信号源频率，必须调节信号源的幅值以保证 U_s 不变）。

下限频率 f_L 和上限频率 f_H 的测量：调节输入信号电压的频率为放大器中频段的频率，调节输入信号的幅值，使输出信号的电压幅值为 U_o，保持输入信号幅值不变，减小输入信号的频率，用示波器或台式数字万用表测量输出信号的幅值，当输出信号电压的幅值下降到 $0.707U_o$ 时，所对应的输入信号的频率即下限频率 f_L，保持输入信号幅值不变，增大输入信号的频率，当输出信号电压的幅值下降到 $0.707U_o$ 时，所对应的输入信号的频率即上限频率 f_H。

（5）最大不失真输出电压 U_{oppmax} 的测量

要得到最大不失真输出电压的动态范围，就应该将静态工作点调在交流负载线的中点。具体调测方法：先将放大器的静态工作点调在线性工作区，用示波器观测输入、输出波形，逐步增大输入信号幅值。同时适当调节静态工作点，当观测到输出波形同时出现"削顶"和"削底"失真时，说明静态工作点已经调到交流负载线的中点。然后减小输入信号的幅值，使输出信号最大且不失真，此时用示波器直接测出 U_{oppmax} 的值，这就是最大不失真输出电压，其相应的范围也就是最大动态范围。

4.4 噪声干扰及其抑制

噪声是指有用信号以外的无用信号，在测量过程中它严重影响有用信号的测量，特别是对微弱信号测量的影响尤为突出。噪声是很难消除的，但可以通过降低噪声的强度，消除或减小它对测量的影响。

一、噪声的来源及其耦合方式

1. 噪声的三要素

要抑制噪声干扰，就要了解噪声的来源，接收电路是什么，以及噪声源和接收电路是如何耦合的。这就是通常所说的噪声三要素，即噪声源、对噪声敏感的接收电路和耦合通道。要想抑制噪声干扰，就从这 3 方面采取相应的措施。对于噪声源，应该抑制其产生噪声；对于接收电路，应使该类电路对噪声不敏感；对于耦合通道，应切断其传输通道。

2. 噪声的来源

噪声的来源很多，归纳起来可分为系统内部元件产生的随机噪声（也称固有噪声）和系统外部引入的干扰。

（1）随机噪声：电路中各种元件本身就是噪声源，如电阻的随机噪声主要是由电阻内部的自由电子无规则的热运动造成的。晶体管的散粒噪声、低频噪声、高频噪声等也都是随机噪声。

（2）系统外部引入的干扰：其产生的因素较多也较复杂，如频率为 50Hz 的电源所产生的干扰，各种设备所产生的干扰、无线电波、电磁辐射等。

3. 噪声的耦合方式

噪声的耦合方式通常有传导耦合、经公共阻抗的耦合和电磁场耦合 3 种。

（1）传导耦合：导线经过具有噪声的环境时，拾取到噪声并传送到电路造成的干扰。噪声经电路输入引线或电源引线传至电路的情况较常见。

（2）经公共阻抗的耦合：通过地线和电源内阻产生的寄生反馈部分。

（3）电磁场耦合：由感应噪声产生的干扰包括电场、磁场和电磁感应。电磁场耦合根据辐射源的远近可分为近场感应（包括电场线通过电容耦合传播的电容性感应和磁感线通过电感耦合传播的电感性耦合）和远场的辐射（以电磁波方式传播）。

二、抑制噪声干扰的方法

抑制噪声干扰一般从产生噪声干扰的三要素出发，寻找相应的解决方法。

1．在噪声发源处抑制噪声

解决问题从源头开始，将噪声抑制在发源处。因此，在遇到干扰时，首先查找噪声源，然后研究如何将噪声源的噪声抑制下去。常见的噪声源有电源变压器、继电器、白炽灯、电动机、集成电路处于开关工作状态等。应根据不同情况采取适当措施，如对电源变压器采取屏蔽措施，使继电器线圈并接二极管等；改善电子设备的散热条件，分散设置稳压电源，避免电源内阻引进干扰；在配线和安装时尽量减少不必要的电磁耦合等。总之，在噪声发源处采取措施抑制噪声传播。

2．使接收电路对噪声不敏感

使接收电路对噪声不敏感有两方面的含义：一是将易受干扰的元器件甚至整个电路屏蔽起来，如对多级放大器中第一级用屏蔽罩罩起来，使外来的噪声尽量少地进入放大器；二是使放大器本身随机噪声尽量小，因此通常选用噪声系数小的元器件，并通过合理布线来降低前置放大器的噪声。

3．根据噪声传播途径抑制噪声

根据噪声传播途径的不同，可采用相应的手段将传播切断或削弱，从而达到抑制噪声的目的。

（1）噪声传导耦合中最常见的是经输入引线和电源引线引入。对于不同的传导方式，抑制噪声时采用不同的方法。对于输入引线，通常采用屏蔽的方法来抑制噪声，如采用电缆线。为防止电源引线引入噪声，通常给对噪声敏感的某一级或几级或整个电路的直流供电线加入 R、C 去耦合。另外，使引线远离噪声源也是一种有效的方法。

（2）公共阻抗耦合，其有两种方法：电源内阻和地线。其抑制噪声的方法和抑制自激振荡的方法相同。

（3）抑制电磁场耦合噪声。抑制电磁场耦合噪声的方法是采用屏蔽技术和接地技术。

三、屏蔽技术、接地技术及浮置、滤波、隔离技术

1．屏蔽技术

所谓屏蔽，就是对两个指定空间区域进行金属隔离，以抑制电场和磁场由一个区域对另一个区域产生感应和传播的效应。具体来讲，就是用屏蔽体将元器件、电路、组合件、电缆或整个系统的干扰源包围起来，防止干扰电磁场向外扩散，或者用屏蔽体将接收电路、设备、系统包围起来，防止它们受到外界电磁场的干扰。因为屏蔽体对来自导线、电缆、元器件、电路、设备、系统等外部的干扰电磁波和内部电磁波均起着吸收能量（涡流损耗）、反射能量（电磁波在屏蔽体

上的界面反射）和抵消能量（电磁感应在屏蔽层上产生反向电磁场，可以抵消部分干扰电磁波）的作用，所以屏蔽体具有减弱甚至防止干扰的功能。屏蔽一般有静电屏蔽和电磁屏蔽两种。

静电屏蔽的作用是消除两个电路之间由于分布电容的耦合而产生的干扰。例如，在变压器的原边和副边的两个线圈间插入铜箔屏蔽层并将其接地，这样就构成了静电屏蔽，其原理是在屏蔽体接地后，干扰电流经屏蔽体短路入地。另外，在两个导体之间放置一个接地导体，会减弱导体之间的静电耦合，所以说接地的导体具有屏蔽作用。屏蔽线是最常用的导线静电屏蔽形式，它用金属网将导线包围起来，当外层金属网用适当形式接地后，不仅可以保护导线不受外界电场的影响，而且可以防止导线上产生的电场对外产生影响。

电磁屏蔽主要用于消除高频电磁场对外部的影响。可用低电阻率的金属材料做成屏蔽体，使电磁场在屏蔽体内部产生涡流从而起到屏蔽作用。屏蔽体通常被做成矩形或圆柱形，将电路元件完全包围起来，其中圆柱形屏蔽体的屏蔽效果最佳。如果将屏蔽体接地，则它同时兼有静电屏蔽的作用。

2．接地技术

接地与屏蔽一样是抑制干扰的有效方法之一，如果把屏蔽技术与接地技术正确结合起来使用，就能解决大部分干扰问题。

接地就是选择一个等电位点，它是系统或电路的基准电位，即参考点，但并不一定是大地电位。一般仪器的外壳要接大地，这种接地方式称为保护地线，主要目的是保护人身安全。这里说的接地是指电路的信号地线，它不一定与大地相连。

电路接地方式如下。

① 信号地线接地。信号地线的接地方式有一点接地和多点接地两种。一点接地又有两种接法，即串联接地和并联接地，分别如图 4.9 和图 4.10 所示。

图 4.9　串联接地　　　　　　　　　　图 4.10　并联接地

从防止干扰的角度来说，串联接地是不合理的。因为各点地线串联，地线呈现的电阻容易形成公共地线干扰。但由于这种接地方法比较简单，当各电路的电平相差不大时使用得较多。

并联接地多用于低频电路。并联接地没有公共阻抗支路，由于其连线较多，当连线较长时，地线阻抗就比较大，因此不适用于高频电路。

多点接地是一种将电路中所用的地线分别连接到最近的地线排上的方法。地线排一般是机壳，这样可以降低地线阻抗，比较适用于高频电路。

特别要注意的是，交流电源的地线不能用作信号地线，因为在一段电源地线的两点间有数百毫伏甚至几伏的电压，这对低电平电路来说是一个非常严重的干扰源。

② 系统接地。一般把信号电路地、功率电路地和机械地都称为系统地。为了避免大功率电路流过地线、地线回路的电流对小信号电路的影响，通常功率地和机械地必须接在各自的地线上，然后一起接到机壳上，如图 4.11 所示。

系统接地的另一种方法是：把信号电路地和功率电路地接到直流电源地线上，而机壳单独安全接地，这种接法称为系统浮地，如图 4.12 所示。系统浮地也起到抑制干扰和噪声的作用。

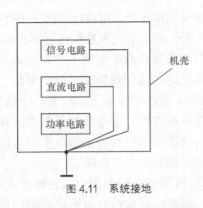

图 4.11 系统接地

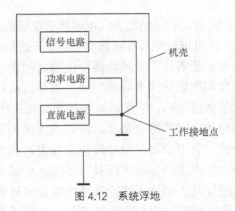

图 4.12 系统浮地

③ 模拟地与数字地。在较大的电子系统中往往既有模拟电路也有数字电路，数字电路输出的数字量一般是高低电平或矩形波，抗干扰能力强，但可能对小信号的模拟电路部分造成干扰。为了防止数字信号（大信号）对模拟电路产生干扰，一般将两者的地线分开，采用模拟地线和数字地线，将模拟量和数字量的引脚分别接到模拟地和数字地上，使模拟电路和数字电路各自形成回路，从而减小数字量和模拟量之间的干扰。

3. 浮置、滤波、隔离技术

（1）浮置

浮置又称浮空、浮接，泛指测量仪表的输入信号放大器公共地（模拟信号地）不接。浮置的作用和屏蔽接地的相反，是阻断干扰电流的通路。电路被浮置后，加大了系统的信号处理器公共线与大地之间的阻抗，因此浮置能减小共模干扰。图 4.13 所示的数字电压表，它的信号输入与信号处理部分采用两层浮地屏蔽，测量为浮地测量。这类仪表面板上有"COM"与"地"两个端子，"COM"就是浮地端子。

（2）滤波

这里的滤波泛指对电源滤波，而不是对信号滤波。使用滤波器可以抑制噪声干扰，特别是抑制导线传导耦合的噪声干扰。在交流电源进线处加装滤波器可以有效抑制电源的噪声干扰。当一个直流电源对几个电路同时供电时，为避免直流电源内阻造成几个电路之间相互干扰，需要在每个电路的直流电源进线与地线之间加退耦滤波器。当一个直流电源对几个电路同时供电时，为了抑制公共电源在电路间造成的噪声耦合，在直流电源输出端需要加高频滤波器和低频滤波器。

（3）隔离

光电耦合是一种隔离措施，对切断接地环路电流干扰十分有效，光电耦合隔离电路如图 4.14 所示。由于两个电路之间采用光束来耦合，因此若能把两个电路的地电位完全隔离开，两电路的地电位即使不同也不会造成干扰。光电耦合常用于强电与弱电之间的隔离。

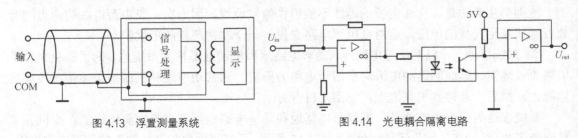

图 4.13 浮置测量系统   图 4.14 光电耦合隔离电路

第5章 模拟电路基础实验

5.1 晶体二极管及其基本应用

一、实验目的

1. 测试晶体二极管（简称二极管）正向偏置电压、电流关系。
2. 了解限幅电路的构成，掌握限幅电路的工作原理和分析方法。
3. 设计并验证二极管限幅电路和钳位电路。

二、实验原理

根据制造时采用的材料不同，二极管可大致分为硅二极管和锗二极管两种；根据功能的不同，二极管可分为整流二极管、检波二极管、变容二极管、发光二极管、稳压二极管等。二极管具有单向导电性，被广泛应用于限幅、整流、稳压、开关及显示等电路中。

1. 二极管下限幅电路

在图 5.1（a）所示的限幅电路中，因为二极管是串接在输入和输出之间的，故称它为串联限幅电路。图中，若二极管具有理想的开关特性，忽略二极管导通电压，那么当 u_i 低于 E 时，VD 不导通，此时 $u_o=E$；当 u_i 高于 E 时，VD 导通，此时 $u_o=u_i$。当输入图 5.1（b）所示的正弦波时，输出波形如图 5.1（c）所示。可见，该电路将输出信号的下限电压限定在某一固定值 E 上，所以称这种电路为下限幅电路。若将电路图中二极管的极性对调，则得到将输出信号的上限电压限定在某一数值上的上限幅电路。

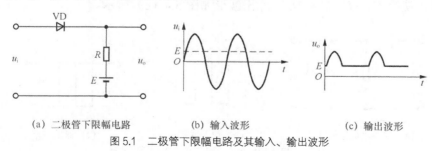

      （a）二极管下限幅电路   （b）输入波形   （c）输出波形

图 5.1 二极管下限幅电路及其输入、输出波形

2．二极管上限幅电路

在图 5.2（a）所示二极管上限幅电路中，当输入信号电压低于某一事先设计好的上限电压时，二极管截止，输出电压将随输入电压而变化；但当输入电压达到或超过上限电压时，二极管导通，忽略二极管导通电压，输出电压将保持为一个固定值 E，不再随输入电压而变化。当输入如图 5.2（b）所示的正弦波时，输出波形如图 5.2（c）所示。这样，信号幅值在输出端受到限制。

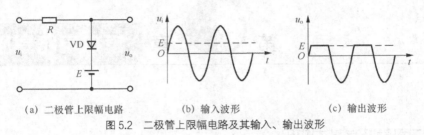

（a）二极管上限幅电路　　　（b）输入波形　　　（c）输出波形

图 5.2　二极管上限幅电路及其输入、输出波形

3．二极管双向限幅电路

将上、下限幅电路组合在一起，就组成了图 5.3（a）所示的双向限幅电路。当输入图 5.3（b）所示的正弦波时，输出波形如图 5.3（c）所示。可见，该电路将输出信号的上、下限电压都限定在某一值上。（输出波形忽略了二极管导通电压）

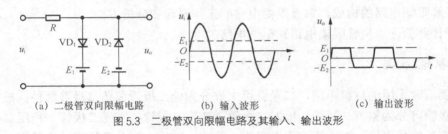

（a）二极管双向限幅电路　　　（b）输入波形　　　（c）输出波形

图 5.3　二极管双向限幅电路及其输入、输出波形

4．二极管钳位电路

二极管钳位电路的作用是将呈周期性变化的波形顶部或底部保持在某一确定的直流电平上。

（1）简单型负钳位电路

简单型负钳位电路如图 5.4（a）所示，其输入为图 5.4（b）所示的峰值等于 U_m 的方波信号。在输入信号 u_i 的正半周期，二极管 VD 导通，忽略二极管导通电压，使 $U_o=0$。在输入信号 u_i 的负半周期，VD 截止，充电电容器 C 只能通过 R 放电。通常，R 取值很大，所以 U_C 下降得很慢，使得 $U_o=-U_i-U_i=-2U_i$。输出波形如图 5.4（c）所示。

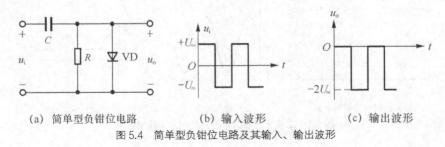

（a）简单型负钳位电路　　　（b）输入波形　　　（c）输出波形

图 5.4　简单型负钳位电路及其输入、输出波形

（2）加偏压型钳位电路

加偏压型钳位电路如图 5.5（a）所示，其输入为图 5.5（b）所示的峰值等于 U_m 的方波信号。在输入信号 u_i 的正半周期，二极管 VD 导通，忽略二极管导通电压，输出电压 $U_o=U_1$。在输入信号 u_i 的负半周期，VD 截止，充电电容器 C 只能通过 R 放电。通常，RC 时间常数的取值远大于输入信号的周期，所以 $U_o=U_1-2U_m$。

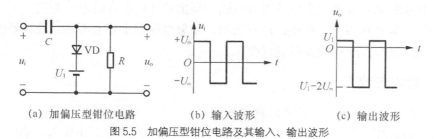

(a) 加偏压型钳位电路　　　(b) 输入波形　　　(c) 输出波形

图 5.5　加偏压型钳位电路及其输入、输出波形

三、实验内容

1. 测量二极管电流电路 1 如图 5.6 所示，其中 $E=5V$，$R_1=100\Omega$，VD 选用 1N4007，$U_D=0.7V$。根据理论计算二极管正向电流 I_D。仿真并根据实验测量二极管正向电流 I_D。比较分析计算值、仿真值和测量值的误差。

*2. 测量二极管电流电路 2 如图 5.7 所示，其中 $E=3V$，$R_1=100\Omega$，$R_2=220\Omega$，$R_3=100\Omega$，VD 选用 1N4007，$U_D=0.7V$。根据理论计算流过二极管的电流 I_D。仿真并根据实验测量二极管正向电流 I_D。比较分析计算值、仿真值和测量值的误差。

*3. 测量二极管输出波形的电路如图 5.8 所示，其中 $R_1=100\Omega$，$R_L=680\Omega$，VD 选用 1N4007，$U_D=0.7V$。输入信号 u_i 是频率为 1kHz 的正弦信号，峰峰值为 10V。根据理论计算 R_L 两端的输出电压，用 EDA 软件仿真并用示波器观测 u_i 和 u_o 的波形。比较分析计算值、仿真值和测量值的误差。

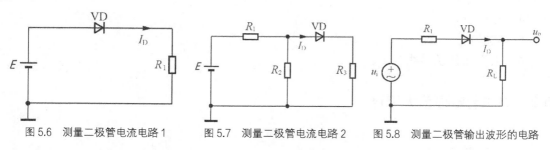

图 5.6　测量二极管电流电路 1　　图 5.7　测量二极管电流电路 2　　图 5.8　测量二极管输出波形的电路

4. 用一个阻值为 1kΩ 的电阻、两个二极管 1N4007（$U_D=0.7V$）和两个直流电源设计一个限幅电路。要求将输入频率为 1kHz、峰值为 5V 的正弦信号限幅在正峰值为 3V、负峰值为 -2V。请通过仿真验证设计并连接电路，记录输入、输出波形，比较实验测量值与理论设计值之间的不同。

*5. 请用一个阻值为 5.1kΩ 的电阻、一个电容和一个二极管 1N4007（$U_D=0.7V$），按照图 5.4 设计一个钳位电路。要求：输入方波信号峰峰值为 ±3V，频率为 1kHz；输出方波信号的正峰值为 0，负峰值为 -6V。请设计电路，计算电容值。通过仿真验证设计，并连接电路，记录输入、输出波形，比较理论计算值与实验结果之间的不同。

四、预习要求

1. 根据实验内容 1、2、3 要求，自拟实验方案和实验步骤。

2. 根据实验内容 1、2、3 要求，自拟实验数据表格。

3. 根据实验内容 4 的要求设计限幅电路，写出设计过程并画出电路图。

*4. 根据实验内容 5 的要求设计钳位电路，写出设计过程并画出电路图。

5. 用 EDA 软件对所设计的电路进行仿真，如果电路输出幅值不满足设计要求，可对电路参数进行适当调整，使电路满足设计要求。

五、实验报告要求

1. 整理实验内容 1、2、3 的实验数据与波形。

2. 写出限幅电路的设计过程，画出电路图，记录实验结果，画出输入、输出波形，比较实验结果与理论设计之间的差异。

*3. 写出钳位电路的设计过程，画出电路图，记录实验结果，画出输入、输出波形，比较实验结果与理论设计之间的差异。

六、思考题

某二极管电路如图 5.9 所示，图中 $E_1=6V$，$E_2=12V$，$R=3k\Omega$，试求输出电压 u_o。

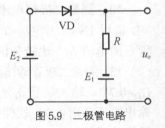

图 5.9　二极管电路

七、实验仪器与器材

1. 函数信号发生器。

2. 直流稳压电源。

3. 示波器。

4. 万用表。

5. 实验箱。

6. 阻容元件及导线若干。

5.2　晶体管单级放大电路

一、实验目的

1. 通过实验加深对晶体管单级放大电路工作原理的理解，能够分析静态工作点对放大电路性能的影响。

2. 掌握晶体管单级放大电路的安装和调试方法。

3. 学习并掌握晶体管单级放大电路主要性能指标的意义及其测试方法。

4. 掌握运用 EDA 软件对晶体管单级放大电路进行仿真和分析的方法。

5. 通过实验对模拟电路的技术性和工程性的特点有初步的了解。

二、实验原理

图 5.10 所示为晶体管单级共射放大电路,其偏置电路采用分压式电流负反馈形式,具有自动调节静态工作点的能力,当环境温度变化或更换晶体管时,静态工作点基本保持不变。当在放大电路输入端输入一个交流低频小信号时,在放大电路的输出端可以得到一个与输入信号相位相反、幅值被放大了的不失真的输出信号,从而实现交流低频小信号的电压放大。

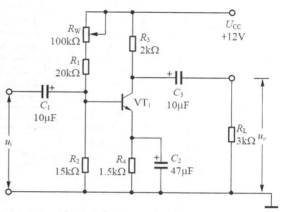

图 5.10　共射极分压式单级放大电路

放大电路的基本任务是不失真地放大信号,它的性能与静态工作点的位置与其稳定性相关,所以要使放大电路能够正常工作,必须设置合适的静态工作点。为了获得最大不失真的输出电压,静态工作点应该选在输出特性曲线上交流负载线中点的附近,如图 5.11 中的 Q 点。若静态工作点选得太高(如图 5.12 中的 Q_1 点),就会出现饱和失真;若静态工作点选得太低(如图 5.12 中的 Q_2 点),就会产生截止失真。放大电路合适的静态工作点决定了放大电路的输出信号动态范围。

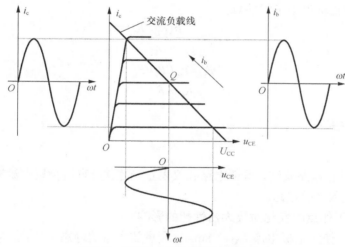

图 5.11　具有最大动态范围的静态工作点

对于小信号放大电路而言,由于输出的交流信号幅值很小,非线性失真不是主要问题,因此 Q 点不一定要选在交流负载线的中点,可根据其他指标的要求而定。例如,在希望耗电小、噪声低、输入阻抗高的情况下,Q 点可选得低一些。一般情况下,小信号放大电路中 I_{CQ} 范围为 $0.5\sim2\mathrm{mA}$,U_{BQ} 范围为 $(0.2\sim0.35)U_{CC}$。

对于图 5.10 所示的电路,静态工作点由下式估算:

$$U_{BQ} = \frac{R_2}{R + R_2} U_{CC} \tag{5.2.1}$$

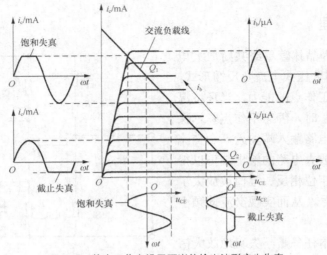

图 5.12　静态工作点设置不当使输出波形产生失真

R 为 R_1 和 R_w 的阻值之和。

$$U_{EQ} = U_{BQ} - 0.7 \qquad (5.2.2)$$

$$I_{CQ} \approx I_{EQ} = \frac{U_{BQ} - 0.7}{R_4} \qquad (5.2.3)$$

$$U_{CEQ} = U_{CC} - (R_3 + R_4)I_{CQ} \qquad (5.2.4)$$

该电路的动态指标可由下式估算：

$$A_u = -\frac{\beta(R_L // R_3)}{r_{be}} \qquad (5.2.5)$$

$$R_i = r_{be} // R_1 // R_2 \qquad (5.2.6)$$

$$R_o = R_3 \qquad (5.2.7)$$

三、实验内容

1. 安装电路

按照图 5.10 进行电路安装，保证电路和仪表正确连接，直流稳压电源输出 12V 电压，用万用表校准后，接入实验电路。

2. 研究静态工作点的变化对放大器性能的影响

（1）调整 R_w，使集电极电流 $I_{CQ}=1.8\text{mA}$，测量放大器的静态工作点，将数据填入表 5.1。

表 5.1　　　　　　　　　　静态工作点对放大电路 A_u、R_i 与 R_o 的影响

静态工作点电流 I_{CQ}/mA		*1.0	1.8	*2.5
U_{EQ}/ V	计算值			
	实测值			
U_{CQ}/ V	计算值			
	实测值			
U_{BQ}/ V	计算值			
	实测值			

续表

静态工作点电流 I_{CQ}/mA		*1.0	1.8	*2.5
U_{CEQ}/ V	计算值			
	实测值			
U_i/mV		5	5	5
U_o/V				
A_u	计算值			
	实测值			
R_i/kΩ	计算值			
	实测值			
R_o/kΩ	计算值			
	实测值			

（2）在放大电路输入端输入频率 f=10kHz、电压有效值 U_i=5mV 的正弦信号，测量并记录 U_i、U_o 的值，画出 u_i、u_o 的波形，计算电路的放大倍数。

（3）测量该放大电路的输入电阻和输出电阻，并记录在表 5.1 中。注意：用双踪示波器监视 u_o 与 u_i 的波形，必须确保在波形基本不失真时读数。

*（4）重新调整 R_w 使 I_{CQ} 分别为 1.0mA 和 2.5mA，重复上述测量，将测量结果记入表 5.1。

*3．测量放大电路的最大不失真输出电压

调节输入信号的频率为 1kHz，逐渐增大输入信号的幅值，并调节 R_w，用示波器观察输出波形，使输出波形为最大不失真正弦波（当同时出现饱和失真和截止失真后，稍微减小输入信号幅值，使输出波形的失真刚好消失，此时的输出波形为最大不失真波形）。测量此时输出电压的幅值，就是最大不失真输出电压。

4．测量放大电路幅频特性曲线

调整 $I_{CQ}=1.8$mA，保持输入信号 $U_i=5$mV 不变，改变输入信号的频率，用逐点法测量不同频率（各频率点自拟）下的 U_o 值，并测出上限频率和下限频率，记入表 5.2。根据测量数据画出幅频特性曲线。

表 5.2　　　　　　　　　　放大电路幅频特性（U_i=5mV 时）

		f_L		f_0		f_H	
f/kHz				1			
U_o/V							
A_u							

*5．观测旁路电容和耦合电容对放大倍数、输入电阻、上下限频率的影响，自拟测量数据表格。

四、预习要求

1．阅读 4.3 节"模拟电路的调测"。

2．复习共射极分压偏置的晶体管单级低频放大电路工作原理。

3．估算图 5.10 电路的静态工作点及 A_u、R_i、R_o。

4．运用 EDA 仿真软件进行仿真并记录仿真结果。

五、实验报告要求

1. 画出实验电路图，并标出各元件数值。
2. 整理实验数据，比较理论估算值、仿真值和测量值，分析误差产生的原因。
3. 分析讨论静态工作点变化对放大电路性能（失真情况、输入电阻、电压放大倍数等）的影响。
4. 根据测量数据，画出放大电路的幅频特性曲线。
5. 画出输出不失真时的输入波形和输出波形，并在波形图上标出周期和幅值。
6. 画出截止失真和饱和失真的输出波形，并加以分析讨论。

六、思考题

1. 在图 5.10 所示电路中，如果 I_{CQ} 偏小，应如何调整？
2. 在图 5.10 所示电路中，一般是通过调节上偏电阻或下偏电阻来调节静态工作点，调节 R_3 能改变静态工作点吗？为什么？
3. 在图 5.10 所示电路中，射极偏置电路中的分压电阻 R_1、R_2 若取得过小，将对放大电路的动态指标（如电压放大倍数，输入、输出电阻，上、下限频率 ）产生什么影响？
4. 测试放大电路各项动态指标时，为什么一定要求用示波器观察输出信号的波形？可否仅用万用表测量输出电压？为什么？
5. 在图 5.10 所示电路中，选择输入电容 C_1、输出电容 C_3 与射极旁路电容 C_2 的电容量时应考虑哪些因素？

七、实验仪器与器材

1. 函数信号发生器。
2. 直流稳压电源。
3. 示波器。
4. 万用表。
5. 实验箱。
6. 阻容元件及导线若干。

5.3 场效应晶体管单级放大电路

一、实验目的

1. 了解场效应晶体管的性能和特点。
2. 进一步熟悉场效应晶体管放大电路静态工作点和动态参数的调测方法。
3. 加深对场效应晶体管放大电路工作原理的理解。
4. 进一步了解模拟电路的技术性和工程性特点。

二、实验原理

场效应晶体管是电压控制型器件，按栅极、漏极和源极之间的结构，场效应晶体管分为结型和绝缘栅型两类。由于场效应晶体管的栅极和源极之间绝缘或是反向偏置，所以它的输入电阻极高，可达到 $10^5 \sim 10^{15}\Omega$，而一般晶体管则小得多，这是场效应晶体管的一个重要特性。又由于场效应晶体管是单极型导电，即电子或空穴单独导电，因此用它制作的放大器具有热稳定性好、抗辐射能力强、噪声小等特点。

1. 场效应晶体管放大电路原理

场效应晶体管放大电路和晶体管放大电路相似，有共源、共漏和共栅之分，较常用的为共源电路和共漏电路，它们的电路结构和晶体管电路基本相同。偏置电路稍复杂，它有固定偏置电路、自给偏压偏置电路和分压式偏置电路等，可根据场效应晶体管的结构情况区分使用。

图 5.13 所示为一种常用的结型场效应晶体管共源极放大电路，该电路的特点是输入阻抗高。该电路采用电阻分压式偏置电路，再加上源极电阻 R_S，可产生很深的直流负反馈，所以电路的稳定性很好。图 5.13 中 R_{G2} 可由一个电位器和一个固定电阻串联组成，这样能够方便地调节静态工作点。

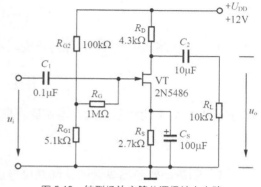

图 5.13　结型场效应管共源极放大电路

2. 场效应晶体管放大电路性能分析

在图 5.13 所示电路中，当 $R_G \gg R_{G1}$ 和 R_{G2} 时，有

$$U_{GQ} \approx \frac{R_{G1}}{R_{G1} + R_{G2}} U_{DD} \qquad (5.3.1)$$

$$U_{SQ} = I_{DQ} R_S \qquad (5.3.2)$$

$$I_{DQ} = I_{DSS}\left(1 - \frac{U_{GSQ}}{U_{GSoff}}\right)^2 \qquad (5.3.3)$$

$$U_{GSQ} = U_{GQ} - U_{SQ} = \frac{R_{G1}}{R_{G1} + R_{G2}} U_{DD} - I_{DQ} R_S \qquad (5.3.4)$$

$$R_i = R_G + R_{G1} // R_{G2} \qquad (5.3.5)$$

$$R_o = R_D \qquad (5.3.6)$$

$$A_u = -g_m(R_D // R_L) \qquad (5.3.7)$$

式（5.3.7）中的跨导 g_m 是场效应晶体管的跨导，可用作图法由特性曲线求得，也可利用公式 $g_m = -\dfrac{2I_{DSS}}{U_{GSoff}}\left(1 - \dfrac{U_{GSQ}}{U_{GSoff}}\right)$ 计算。但要注意，这里计算 U_{GS} 时要用静态工作点处的数值。

3. 输入电阻的测量方法

场效应晶体管放大电路的静态工作点、电压放大倍数和输出电阻的测量方法与晶体管单级低频放大电路的测量方法相同。从原理上说，其输入电阻的测量也可以用与晶体管单级低频放大电路相同的测量方法，但由于场效应晶体管的 R_i 比较大，如果直接测量输入电压 U_S 和 U_i，则由于测量仪器的输入电阻有限，必然会带来较大的误差。因此为了减小误差，常利用被测放大器的隔离作用，通过测量输出电压 U_o 来计算输入电阻。

测量电路如图 5.14 所示。

在放大器的输入端串接电阻 R，把开关
SW 掷向位置 1（使 $R=0$），测量放大器的输
出电压 $U_{o1}=A_u U_s$；保持 U_s 不变，再把开关
SW 掷向位置 2（接入 R），测量放大器的输
出电压 U_{o2}，则

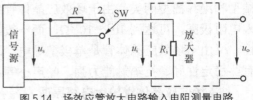

图 5.14 场效应管放大电路输入电阻测量电路

$$U_{o2} = A_u U_i = \frac{R_i}{R + R_i} U_s A_u \tag{5.3.8}$$

由于两次测量中 A_u 和 U_s 保持不变，故由此可以求出

$$R_i = \frac{U_{o2}}{U_{o1} - U_{o2}} R \tag{5.3.9}$$

式中，R 和 R_i 不能相差太大，本实验可取 $R = 100 \sim 200\text{k}\Omega$。

三、实验内容

1. 测量场效应晶体管的饱和漏极电流 I_{DSS} 和夹断电压 U_{GSoff}

根据 I_{DSS} 的定义和 2N5486 场效应晶体管的测试条件，测量场效应晶体管的饱和漏极电
流 I_{DSS} 的电路如图 5.15 所示。图中电阻 R_D 取 1kΩ，将场效应晶体管的源极和栅极短路，用万
用表监测漏极和源极之间的电压 U_{DS}，将可调直流电源的输出电压慢慢加大，当监测电压
$U_{DS} = 5\text{V}$ 时，固定直流电源的输出电压不变，测量此时直流电源的输出电流大小，这就是该
场效应晶体管的饱和漏极电流 I_{DSS}。

测量场效应晶体管的夹断电压 U_{GSoff}，需要两个不共地的可调直流电源，测量电路如图
5.16 所示。图中电阻 R_D 取 1kΩ，将场效应晶体管的源极和栅极接到可调直流电源 2 上，注
意将源极接到直流电源的正极，栅极接到负极。在测量 I_{DSS} 的基础上保持 $U_{DS} = 5\text{V}$ 基本不变，
并监测可调直流电源 1 的输出电流 I_{DS}，从 0 开始逐步加大可调直流电源 2 的输出电压，使 U_{GS}
的负值越来越小，这样监测电流 I_{DS} 的值也会越来越小。根据 2N5486 场效应晶体管的测试条
件，当监测电流 I_{DS} 的值减小到接近 50μA 时，要监测场效应晶体管的漏极和源极的电压 U_{DS}，
分别调节可调直流电源 1 和 2 的输出电压大小，使监测电流 $I_{DS} = 50\text{μA}$，同时漏极和源极的
电压 $U_{DS} = 5\text{V}$。此时可调直流电源 2 的输出电压就是该场效应晶体管的夹断电压 U_{GSoff}。

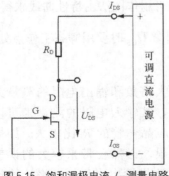

图 5.15 饱和漏极电流 I_{DSS} 测量电路

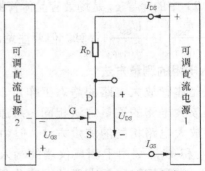

图 5.16 夹断电压 U_{GSoff} 测量电路

按照以上方法测量并记录场效应晶体管的饱和漏极电流 I_{DSS} 和夹断电压 U_{GSoff}。

2. 电路的连接和初步调试

按图 5.13 所示连接电路并检查。

调试时，首先使 $U_i = 0$，初步调节 R_{G2}，使 $U_{SQ} \approx 3V$，然后在放大电路的输入端输入频率为 1kHz、峰峰值约为 100mV 的正弦信号 u_i，并用示波器监测输入 u_i 和输出 u_o 的波形，观察输出 u_o 有没有失真，若出现失真，则必须重新调节静态工作点，可以适当调整 R_{G2}，甚至可以调整 R_S；若没有失真，则表示初步调试成功。

3. 静态工作点的测量和验证

在步骤 2 的基础上撤去输入信号，使 $U_i = 0$，接通电路，测量 U_{GQ}、U_{SQ} 和 U_{DQ}，然后计算 U_{DSQ}、U_{GSQ} 和 I_{DQ}，结果记入表 5.3 中。

表 5.3 场效应晶体管放大电路静态工作点测量记录

静态工作点	U_{GQ}/V	U_{SQ}/V	U_{DQ}/V	U_{DSQ}/V	U_{GSQ}/V	I_{DQ}/mA
理论值						
实测值						

测量仪表可以用示波器，如果没有示波器可用万用表。用万用表进行测量时要分析万用表的测量误差，决定被测量中哪些可以直接测量，哪些必须通过被测量值计算得出。

表 5.3 中"理论值"是根据步骤 1 中测得的场效应晶体管的饱和漏极电流 I_{DSS} 和夹断电压 U_{GSoff}，利用相应的计算公式计算得到各个静态值，分析理论值和实测值的误差及产生误差的原因。

根据测出的 U_{GSQ}，利用计算式 $g_m = -\dfrac{2I_{DSS}}{U_{GSoff}}\left(1 - \dfrac{U_{GSQ}}{U_{GSoff}}\right)$，从理论上算出 g_m。

4. 波形的测量和电压放大倍数 A_u

在放大电路的输入端输入频率为 1kHz、峰峰值为 100mV 的正弦信号 u_i，并用示波器监测输入信号 u_i 和输出信号 u_o 的波形，在输出波形不失真的情况下，分别测量 $R_L = \infty$ 和 $R_L = 10k\Omega$ 时的输出电压 U_o（注意保持 U_i 不变），记入表 5.4。记录输入信号 u_i 和输出信号 u_o 的波形，标明各信号的周期和峰值。

表 5.4 场效应晶体管放大电路电压放大倍数测量记录

$U_i = \_\_\_\_$V	实测值			计算值	
	U_o/V	A_u	R_o	A_u	R_o
$R_L = \infty$					
$R_L = 10k\Omega$					

根据电压放大倍数的定义，用 U_o 和 U_i 的值计算出电压放大倍数 A_u 的值，填入表 5.4。

根据式（5.3.7），利用 g_m 计算 A_u 的值，填入表 5.4。

比较实际测量值和理论计算值的误差并分析原因。

5. 输出电阻 R_o 的测量和计算

根据表 5.4 中 $R_L = \infty$ 和 $R_L = 10k\Omega$ 时的输出电压测量结果，推导输出电阻 R_o 的计算公式，并计算得出 R_o 的测量值，记入表 5.4。

根据式（5.3.6），输出电阻 R_o 等于漏极电阻 R_D，将其填入表 5.4，比较实际测量值和理论计算值的误差并分析原因。

6. 输入电阻 R_i 的测量

按图 5.14 所示连接电路，选择合适大小的输入电压 U_s，把开关 SW 掷向位置 1，测出 $R=0$ 时的输出电压 U_{o1}；保持 U_s 不变，再把开关 SW 掷向位置 2（接入 R），测出输出电压 U_{o2}，则

$$R_i = \frac{U_{o2}}{U_{o1} - U_{o2}} R$$

求出 R_i，记入表 5.5。

根据式（5.3.5），计算输入电阻 R_i 的值，填入表 5.5，并比较实际测量值和理论计算值的误差，分析原因。

表 5.5　　　　　　　　场效应晶体管输入电阻测量数据记录

实测值			计算值
U_{o1} / V	U_{o2} / V	R_i / kΩ	R_i / kΩ

四、预习要求

1. 复习场效应晶体管的相关内容，并根据实验电路参数，估算场效应晶体管的静态工作点，求出静态工作点处的跨导 g_m。

2. 场效应晶体管放大电路和晶体管共射极放大电路相比，输入电容 C_1 的取值范围有何不同？为什么？

3. 在测量场效应晶体管静态工作电压 U_{GSQ} 时，能否将直流电压表直接并接在 G、S 两端测量？为什么？

4. 为什么测量场效应晶体管输入电阻时要用测量输出电压的方法？

五、实验报告要求

1. 整理实验数据，画出输入波形和输出波形，在图上标出周期和幅值。

2. 将测得的 A_u、R_i、R_o 和理论计算值进行分析比较。

3. 把场效应晶体管放大电路和晶体管放大电路进行比较，总结场效应晶体管放大电路的特点。

六、思考题

1. 为什么场效应晶体管放大电路的电压放大倍数一般没有晶体管放大电路的电压放大倍数大？

2. 测量场效应晶体管放大电路的输入电阻 R_i 时，应考虑哪些因素？为什么？

3. 在场效应晶体管实验电路中，为什么要接电阻 R_G 构成分压式偏置电路？

4. 场效应晶体管共源极放大电路的频率响应与哪些参数或因素有关？为什么？

七、实验仪器与器材

1．函数信号发生器。
2．直流稳压电源。
3．示波器。
4．万用表。
5．实验箱。
6．阻容元件及导线若干。

5.4　两级电压串联负反馈放大器

一、实验目的

1．通过实验加深对负反馈放大器工作原理的理解。
2．学习负反馈放大器性能指标的测量方法。
3．研究电压串联负反馈对放大器性能的影响。
4．掌握运用 EDA 软件对串联电压负反馈电路进行仿真和分析的方法。

二、实验原理

所谓反馈，就是把放大器输出端能量（电流或电压）的全部或一部分通过一定的方式送回放大器输入端的过程。反馈有直流反馈和交流反馈，直流反馈一般用于稳定静态工作点，交流反馈用于改善放大器的动态性能指标。本实验着重研究交流反馈，如图 5.17 所示。

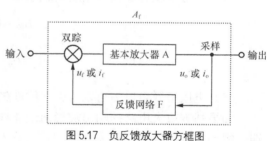

图 5.17　负反馈放大器方框图

1．反馈的类型

根据反馈的极性可分为正反馈和负反馈。按反馈方式可分为电压反馈、电流反馈，串联反馈、并联反馈，如表 5.6 所示。

表 5.6　　　　　　　　　　　　　　负反馈对放大器性能的影响

分类方法		特点	对放大器性能的影响
按反馈极性分	负反馈	反馈信号削弱放大器净输入信号	放大倍数降低，$A_f = A/(1+AF)$，但能提高增益稳定性，减小非线性失真，扩展频带等
	正反馈	反馈信号增强放大器净输入信号	放大倍数提高，可产生自激振荡
按输出端取样状况分	电流反馈	反馈信号取样于输出电流 i_o	负反馈保持 i_o 稳定，使输出电阻增大，$R_{of} = (1+AF)R_o$
	电压反馈	反馈信号取样于输出电压 u_o	负反馈保持 u_o 稳定，使输出电阻减小，$R_{of} = R_o/(1+AF)$

续表

分类方法		特点	对放大器性能的影响
按输入端连接方式分	串联反馈	反馈信号与输入信号以电压加减形式出现	负反馈使输入电阻增大，$R_{if} = R_i(1+AF)$
	并联反馈	反馈信号与输入信号以电流加减形式出现	负反馈使输入电阻减小，$R_{if} = R_i/(1+AF)$

2．电压串联负反馈的基本特点

（1）电压串联负反馈使电压放大器电压增益下降。

$$A_{uf} = A_u/(1 + A_u F_u)$$

式中，A_u 为开环（无反馈）放大器（基本放大电路）的电压增益，A_{uf} 为闭环（有反馈）时的电压增益。由此可知，$1+A_u F_u$ 越大，负反馈越深。

（2）电压串联负反馈提高了电压增益的稳定性。

若 $1+A_u F_u \gg 1$，则 $A_{uf} = \dfrac{1}{F_u}$。可见在深度反馈时，闭环放大器的增益由反馈网络决定，而与开环放大器的增益无关。

（3）电压串联负反馈使输入电阻增大，输出电阻减小。

（4）电压串联负反馈可以展宽通频带。

$$f_{Hf} = (1 + A_u F_u)f_H \tag{5.4.1}$$

$$f_{Lf} = \frac{f_L}{1 + A_u F_u} \tag{5.4.2}$$

（5）电压串联负反馈可以改善非线性失真。

如果基本放大电路的输出波形出现非线性失真，这个失真的信号通过反馈网络送回输入端，得到的反馈信号也是失真的，它与输入信号（不失真的信号）相减得到的净输入信号还是失真的，但失真的"方向"与输出波形相反，补偿了原来的失真，从而使输出波形的非线性失真减小。

将负反馈放大器的指标和其基本放大器的指标进行对比，各项指标满足表 5.6 的关系。但需要特别注意的是，基本放大电路不是简单地去掉负反馈单元就能构成的。基本放大器的构成原则是：既要去除负反馈网络的信号传输作用，又要考虑负反馈网络对基本放大器的负载效应。因此，根据图 5.18 负反馈放大电路画出其基本放大电路的方法如下。

① 画基本放大器的输入回路时，因为是电压负反馈，去掉电压负反馈的作用就是将反馈支路的输出端交流短路，即令 $u_o=0$，此时，R_4 相当于与 R_{e11} 并联。

② 画基本放大器的输出回路时，因为反馈支路的输入端是串联负反馈的，去掉串联负反馈的作用就是将反馈支路的输入端（VT_1 的发射极）开路，此时，R_4 和 R_{e11} 相当于并联在输出端。

根据上述方法就可画出图 5.19 所示的基本放大电路，即负反馈放大器开环等效电路。

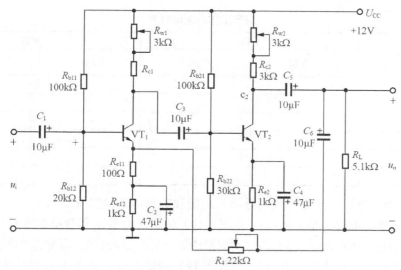

图 5.18　负反馈放大电路

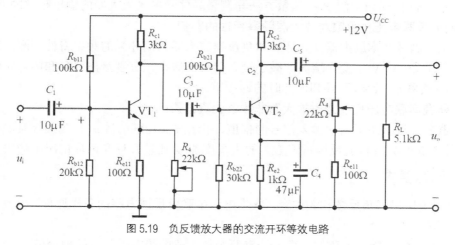

图 5.19　负反馈放大器的交流开环等效电路

三、实验内容

在实验箱上安装两级电压串联负反馈放大器，使电路处于基本放大器状态。检查接线无误，接通电源 U_{CC}（+12V）。

1．静态工作点的调测

调节 R_{w1} 和 R_{w2}，使集电极电流 I_{C1}=1.3mA，I_{C2}=3mA。测量 VT_1、VT_2 各极电流与对地电压，填入表 5.7，判断静态工作点是否合适，若不合适，可进一步调整。

2．研究串联电压负反馈对放大器性能的影响

（1）研究串联电压负反馈对放大器电压增益的影响

在放大器输入端输入频率为 f=1kHz、幅值为 U_i=3mV 的正弦信号，在输出电压 u_o 的波形不失真的情况下（如果输出信号波形失真，可适当减小输入信号的幅值），分别测量基本放大器（开环）（见图 5.19）的 U_{o1}、U_{o2} 和负反馈放大电路（闭环）（见图 5.18）的 U_{of1}、U_{of2}。计算基本放大器（开环）和负反馈放大器（闭环）的电压放大倍数 A_{u1}、A_{u2}、A_{uf1}、A_{uf2}，并计算 A_u、A_{uf}。

表 5.7   静态工作点测试数据

数据 项目	VT₁		VT₂	
	计算值	实测值	计算值	实测值
I_{BQ}/mA				
I_{CQ}/mA	1.3		3	
U_{EQ}/V				
U_{BQ}/V				
U_{CQ}/V				
U_{CEQ}/V				

（2）研究串联电压负反馈对放大器输入电阻和输出电阻的影响

① 分别测量基本放大器（开环）（见图 5.19）的输入电阻 R_i 和负反馈放大电路（闭环）（见图 5.18）的输入电阻 R_{if}。测量方法与测量场效应晶体管单级放大器的输入电阻的方法相同。

② 分别测量基本放大器（开环）（见图 5.19）的输出电阻 R_o 和负反馈放大电路（闭环）（见图 5.18）的输出电阻 R_{of}。测量方法与测量晶体管单级放大器的输出阻抗的方法相同。

3. 研究串联电压负反馈对放大器频率特性的影响

用逐点法测量基本放大器（开环）和负反馈放大器（闭环）的频率特性。测量时，保持输入信号电压 U_i=3mV 不变，增大和减小输入信号的频率，分别测出开环和闭环时的上限频率 f_H 和下限频率 f_L，比较开环和闭环时的通频带。

*4. 研究串联电压负反馈对放大器非线性失真的影响

放大器在开环状态下增大输入信号的幅值，用示波器观察信号 u_o 达到最大且波形不失真时，测量其失真度 δ%；接通反馈再测 U_{of2} 的失真度 δ_f%，比较开环和闭环情况下的失真度 δ%。

四、预习要求

1. 复习电压串联负反馈相关内容。熟悉电压串联负反馈电路的工作原理，以及其对放大器性能的影响。

2. 根据图 5.18 所示电路的参数，计算两级放大器的静态工作点的理论值。

3. 估算图 5.18 所示电路的开环、闭环电压放大倍数 A_{u1}、A_{uf1}、A_{u2}、A_{uf2} 的理论值。

4. 运用 EDA 仿真软件进行仿真并记录仿真结果。

五、实验报告要求

1. 画出实验电路图，并标出各元件数值。

2. 整理实验数据，比较理论计算值、仿真值和测量值，分析误差产生的原因。

3. 根据实验内容 1、2、3、4 的测试结果，总结电压串联负反馈对放大器性能的影响。

4. 简述在实验过程中遇到的问题与解决方法。

六、思考题

1. 负反馈对放大器性能的改善程度取决于反馈深度 $|1 + AF|$，是否 $|1 + AF|$ 越大越好？为什么？

2. 将图 5.18 所示的两级负反馈放大器级间反馈的取样点由 VT₂ 的集电极改接到发射极（断开 C_4），将会出现什么现象？为什么？

3. 图 5.18 中 R_{e11} 的作用是什么？R_{e11} 增大对哪几个电路参数有影响？说明 R_{e11} 增大后受

其影响的相关参数的变化趋势。

4．如果输入信号存在失真，能否用负反馈来改善？

七、实验仪器与器材

1．函数信号发生器。
2．直流稳压电源
3．示波器。
4．万用表。
5．实验箱。
6．阻容元件及导线若干。

5.5　差动放大电路

一、实验目的

1．熟悉差动放大电路的原理与用途。
2．掌握差动放大电路静态参数的测量方法。
3．掌握差动放大电路动态参数（差模放大倍数 A_{ud}、共模放大倍数 A_{uc}、共模抑制比 K_{CMR}）的测试方法。
4．掌握带恒流源的差动放大电路的调试方法。

二、实验原理

差动放大电路又称差分放大器，它是一种特殊的直接耦合放大电路。它的基本特点是能有效地抑制共模信号，放大差模信号。它广泛应用于模拟集成电路，常作为输入级或中间放大级。如图 5.20 所示，当开关拨向 2 时，图中电路左右两边完全对称，VT_1、VT_2 型号及性能参数相同。R_e 的作用是为 VT_1、VT_2 确定合适的静态电流 I_e，它对差模信号无负反馈作用，因而不影响差模电压放大倍数，但对共模信号有较强的负反馈作用，所以可以抑制温度漂移，这种电路称为长尾式差动放大电路。当开关拨向 3 时，它是一个带恒流源的差动放大电路，与长尾式差动放大电路相比，它具有静态工作点稳定、共模信号抑制能力强、对差模信号有一定放大能力的特点。根据电路结构，该电路可组成 4 种形式：单端输入单端输出、双端输入双端输出、双端输入单端输出、单端输入双端输出。

1．静态工作点的计算

如图 5.20 所示电路，静态时差动放大电路的输入端不加信号。当开关拨向 3 时，对于恒流源电路，该电路的基准电流为

$$I_R = \frac{|-U_{EE}| - 0.7}{R} \tag{5.5.1}$$

此处的 R 是图 5.20 中 *R 与 R_w 的串联电阻。

恒流源电路的电流值为

$$I_o = \frac{U_T}{R_{e3}} \ln \frac{I_R}{I_o} \tag{5.5.2}$$

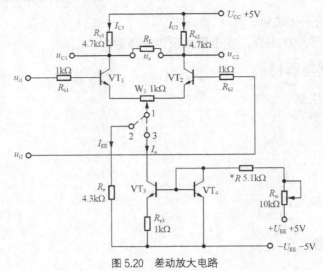

图 5.20　差动放大电路

对于差分对管 VT_1、VT_2 组成的对称电路，有

$$I_{CQ1} = I_{CQ2} = \frac{I_o}{2} \tag{5.5.3}$$

$$U_{CQ1} = U_{CQ2} = U_{CC} - \frac{I_o R_{c1}}{2} \tag{5.5.4}$$

当开关置于"2"时的静态工作点请读者自行推算。

2．双端输出的差模电压放大倍数的计算

$$A_{ud} = -\frac{\beta R_L'}{R_b + r_{be}} \tag{5.5.5}$$

设 $W_1=0$，当 $R_{c1}=R_{c2}=R_c$ 时，$R_L'=R_c//R_L/2$，$R_b=R_{b1}=R_{b2}$。

共模电压放大倍数为 $A_{uc} \approx 0$。

共模抑制比为
$$K_{CMR} = \left| \frac{A_{ud}}{A_{uc}} \right| \to \infty \tag{5.5.6}$$

单端输出时，差模电压放大倍数为共射放大电路的电压放大倍数的一半，即

$$A_{ud1} = -A_{ud2} = -\frac{\beta R_L'}{2(R_b + r_{be})}$$

其中 $R_L'=R_C//R_L$。而共模电压放大倍数 $A_{uc} \approx -\dfrac{R_c // R_L}{2R_e}$（若接恒流源，$R_e$ 则为恒流源等效电阻）。

共模抑制比为
$$K_{CMR} = \left| \frac{A_{ud}}{A_{uc}} \right| = \frac{\beta R_e}{R_b + r_{be}}$$

3．差动放大电路各指标参数的测试方法

以图 5.20 所示电路为例，若图中开关拨向位置 2：

（1）测量静态工作点

① 调节放大器零点。将放大器输入端接地，不接入交流信号，接通直流电源，用万用表直流挡测量输出电压 U_o，调节调零电位器 W_1，使 $U_o=0$。

② 测量静态工作点。零点调好后，用万用表直流电压挡测量 VT_1、VT_2 各个电极电位，

集电极电流 I_{CQ1}、I_{CQ2}，以及射极电阻 R_e 两端的电压 U_{Re}。

（2）测量差模电压放大倍数。测量差模电压放大倍数时，若差动放大电路采用单端输入双端输出方式，可在 u_{i1} 处输入 U_{id}=100mV，f=1kHz 的正弦信号，u_{i2} 接地；用示波器同时观测 u_{C1} 和 u_{C2} 的波形，它们应该是大小相等、极性相反的不失真的正弦波。测量 U_{C1} 和 U_{C2}，则差模电压放大倍数

$$A_{ud} = \frac{U_{C1} + U_{C2}}{U_{id}}$$

如果是单端输出，观测 U_{C1} 或 U_{C2}，则差模电压放大倍数为

$$A_{ud} = \left| \frac{U_{C2}}{U_{id}} \right| = \left| \frac{U_{C1}}{U_{id}} \right|$$

（3）测量共模抑制比 K_{CMR}。需先测量电路共模电压放大倍数，将差动放大电路的两个输入端接在一起，即 u_{i1} 和 u_{i2} 同时输入 U_{ic}=0.5V，f=1kHz 的正弦信号，用示波器观测 u_{C1} 和 u_{C2}，则共模电压放大倍数 $A_{uc} = \frac{U_{C1} - U_{C2}}{U_{ic}}$（双端输出时）或 $A_{uc} = \left| \frac{U_{C2}}{U_{ic}} \right| = \left| \frac{U_{C1}}{U_{ic}} \right|$（单端输出时），则共模抑制比为

$$K_{CMR} = 20\lg \frac{A_{ud}}{A_{uc}}$$

（4）差模输入电阻和输出电阻的测量方法与晶体管单级放大电路的输入电阻和输出电阻的测试方法一样。

三、实验内容

1．在实验箱上连接差动放大电路，如图 5.20 所示，将开关拨至左侧 2 端，输入端接地。检查接线无误后接通电源，调节 W_1 使 U_o=0。

2．测量差动放大电路的静态参数，并记入表 5.8。

表 5.8　　　　　　　　　　　　　差动放大器的静态参数

静态参数	VT$_1$	VT$_2$	VT$_3$	VT$_4$
U_{EQ}/V				
U_{BQ}/V				
U_{CQ}/V				
U_{CEQ}/V				

3．测量双端输出形式下差模电压放大倍数（将 R_L 接在 VT$_1$ 和 VT$_2$ 两个晶体管的集电极之间）：在 u_{i1} 处输入 U_{id}=0.05V，f=1kHz 的正弦信号，u_{i2} 接地，用示波器观察 u_{i1}、u_{C1} 和 u_{C2} 的波形，测量 U_{C1}、U_{C2} 的值，计算 A_{ud}。

4．测量双端输出形式下共模电压放大倍数（将 R_L 接在 VT$_1$ 和 VT$_2$ 两个晶体管的集电极之间）：在 u_{i1} 和 u_{i2} 处同时输入 U_{ic}=0.5V，f=1kHz 的正弦信号，用示波器观察 u_{i1}、u_{C1} 和 u_{C2} 的波形，测量 U_{C1}、U_{C2} 的值，计算 A_{uc} 及共模抑制比 K_{CMR}。

*5．测量单端输出形式下差模电压放大倍数（将 R_L 接在 VT$_1$ 或 VT$_2$ 两个晶体管的集电极与地之间）：在 u_{i1} 处输入 U_{id}=0.05V，f=1kHz 的正弦交流信号，u_{i2} 接地，用示波器观察 u_{i1}、u_{C1} 或 u_{C2} 的波形，测量 U_{C1} 或 U_{C2} 的值并计算 A_{ud}。

*6. 测量单端输出形式下共模电压放大倍数（将 R_L 接在 VT_1 或 VT_2 两个晶体管的集电极与地之间）：在 u_{i1} 和 u_{i2} 处同时输入 $U_{ic}=0.5V$，$f=1kHz$ 的正弦交流信号，用示波器观察 u_{i1}、u_{C1} 或 u_{C2} 的波形，测量 U_{C1} 或 U_{C2} 的值，计算 A_{uc} 及共模抑制比 K_{CMR}。

*7. 具有恒流源的差动放大电路的性能测试：将图 5.20 电路中的开关拨到右边 3 端，构成具有恒流源的差动放大电路，调节 R_w，使 $I_o=1mA$，重复 3～6 步骤。

*8. 测量差动放大器差模输入电阻。

*9. 测量差动放大器单端输入双端输出时的差模输出电阻。

四、预习要求

1. 复习差动放大电路的工作原理。

2. 根据图 5.20 中元件的参数，估算开关置于不同位置时，电路的静态工作点和单端输入、双端输出时的差模电压放大倍数、共模电压放大倍数、共模抑制比；单端输入、单端输出时的差模电压放大倍数、共模电压放大倍数和共模抑制比（$\beta=100$）。

3. 画出双端输入和单端输入两种不同形式下，输入信号与电路的连接方式。

4. 预习在测量单端输入、双端输出差模放大电路的差模放大倍数时，用示波器观察 u_{id}、u_{C1} 和 u_{C2} 的波形的方法。

5. 运用 EDA 仿真软件进行仿真并记录仿真结果。

五、实验报告要求

1. 整理实验结果，比较实验结果、仿真结果和理论估算值，分析误差产生的原因。

2. 根据实验结果，总结电阻 R_e 和恒流源的作用。

六、思考题

1. 单端输入差动放大电路对共模信号有无抑制作用？条件是什么？

2. 恒流源差动放大器和长尾差动放大器相比较有何区别？它们各自有什么优点？

3. 恒流源的电流取大一些好还是取小一些好？

七、实验仪器与器材

1. 函数信号发生器。

2. 直流稳压电源。

3. 示波器。

4. 万用表。

5. 实验箱。

6. 阻容元件及导线若干。

5.6 集成运算放大器的线性应用

一、实验目的

1. 熟悉用集成运算放大器构成基本运算电路的方法。

2．掌握比例放大器、加法器、减法器、积分器和微分器的设计方法。

3．掌握集成运算放大器的正确使用方法。

4．掌握比例放大器、加法器、减法器、积分器和微分器的测试方法。

二、实验原理

集成运算放大器具有增益范围大、通用性强、灵活性大、体积小、寿命长、耗电小、使用方便等特点，因此应用得非常广泛。由运算放大器构成的数学运算电路是运算放大器线性应用电路之一。

1．同相比例器

图 5.21 所示的同相比例器，其闭环电压增益为

$$A_{uf} = \frac{U_o}{U_i} = 1 + \frac{R_f}{R_1} \tag{5.6.1}$$

输入电阻

$$R_i \approx \infty$$

输出电阻

$$R_o \approx 0$$

同相比例器具有输入阻抗非常高、输出阻抗很低的特点，广泛用于前置放大电路，该电路的缺点是易受干扰和精度低。若 $R_f = 0$，R_1 开路，则该电路为电压跟随器，其特点是输入阻抗很高，几乎不从信号源获得电流；输出阻抗很小，可看成电压源。

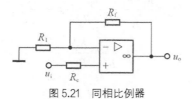

图 5.21　同相比例器

2．反相比例器

反相比例器如图 5.22 所示，在理想条件下，电路的闭环增益为

$$A_{uf} = \frac{U_o}{U_i} = -\frac{R_f}{R_1} \tag{5.6.2}$$

$$U_o = -\frac{R_f}{R_1} U_i \tag{5.6.3}$$

输入电阻

$$R_i = R_1$$

输出电阻

$$R_o \approx 0$$

由上式可见 R_f / R_1 为比例系数，当 $R_f = R_1$ 时，则 $U_i = -U_o$，即输入信号与输出信号反相，所以称此电路为反相器。$R_2 = R_f // R_1$，用来减小输入偏置电流引起的误差。反相比例器的优点是性能稳定，缺点是输入阻抗较低。

3．反相加法器

反相加法器如图 5.23 所示，当运算放大器反相输入端同时加入 2 个输入信号时，在理想条件下，输出电压

$$U_o = -\left(\frac{R_f}{R_1}U_{i1} + \frac{R_f}{R_2}U_{i2}\right) = -\left(\frac{U_{i1}}{R_1} + \frac{U_{i2}}{R_2}\right)R_f \tag{5.6.4}$$

$$R_3 = R_f // R_1 // R_2 \tag{5.6.5}$$

故此电路称为反相加法器。

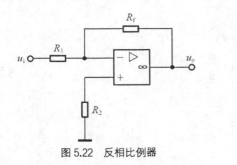

图 5.22 反相比例器

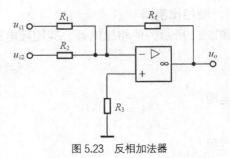

图 5.23 反相加法器

4．反相减法器

如图 5.24 所示，在运算放大器的反相端和同相端同时分别输入 u_{i1} 和 u_{i2} 信号。在理想条件下，有

$$U_o = \frac{R_1 + R_f}{R_1}\frac{R_3}{R_2 + R_3}U_{i2} - \frac{R_f}{R_1}U_{i1}$$

则

$$\frac{R_f}{R_1} = \frac{R_3}{R_2}$$

$$U_o = \frac{R_f}{R_1}(U_{i2} - U_{i1}) \tag{5.6.6}$$

故此电路称为减法器，其设计及计算方法和反相加法器相同。

5．反相积分器

反相积分器如图 5.25 所示，将积分信号输入运算放大器的反相端，在理想条件下，如果电容的初始电压为零，则

$$u_o = -\frac{1}{RC}\int u_i dt = -\frac{1}{\tau}\int u_i dt \tag{5.6.7}$$

当 u_i 为阶跃信号时，输出电压为

$$U_o = -\frac{1}{RC}U_i t = -\frac{1}{\tau}U_i t \tag{5.6.8}$$

由上式可以看出，输出电压与输入电压成正比，与积分电路的时间常数 τ 成反比。应用图 5.25 进行积分运算时，应尽量减少由集成运算放大器的非理想特性而引起的积分误差，使偏置电流引起的失调电压最小，为此可在同相端接入平衡电阻 R_p 用于补偿偏置电流所产生的失调电流。

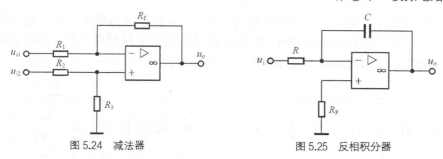

图 5.24　减法器　　　　　　　　　　　图 5.25　反相积分器

实际应用中，通常在积分电容两端并接一个电阻 R_f（见图 5.26），R_f 称为分流电阻，用于稳定直流增益，以避免直流失调电压在积分周期内积累导致运算放大器饱和，一般取 $R_f = 10R$，$R_P = R // R_f$。

积分运算电路的积分误差除了与积分电容的质量有关外，主要由集成运算放大器参数的非理想性所致。为了减少积分误差，应选用输入失调参数小、开环增益高、输入电阻高、开环带宽较宽的运算放大器。

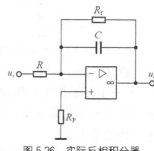

图 5.26　实际反相积分器

（1）确定积分时间常数

积分时间常数 τ 是决定积分器工作速度的主要参数，积分时间常数越小，工作速度越高，但不允许取太小。它受到运算放大器最大输出电压 U_{omax} 的限制，当输入信号为阶跃信号时，τ 和 U_{omax} 必须满足

$$\tau \geqslant \frac{U_{ip}}{U_{omax}} t \qquad (5.6.9)$$

由式（5.6.7）、式（5.6.8）可知，τ 越大，积分器的输出越小；相反 τ 越小，集成运算放大器的输出在不到积分时间 t 时将可能出现饱和失真。

当输入信号为正弦信号时，有

$$U_o = -\frac{1}{\tau} \int U_{imax} \sin(\omega t)\, dt = -\frac{U_{imax}}{\tau \omega} \cos(\omega T) \qquad (5.6.10)$$

为了不产生波形失真，必须满足　　$\tau \geqslant \dfrac{U_{imax}}{U_{omax} \omega}$ 　　　　(5.6.11)

由式（5.6.11）可知，对于正弦输入信号的积分，时间常数 τ 的选择不仅受到集成运算放大器最大输出电压 U_{omax} 的限制，而且与信号的频率有关。

（2）确定 R、C

输入信号周期 T 确定后，根据积分器对输入电阻的要求，先确定 R，然后计算满足 τ 的电容 C。要注意积分电容不宜过大，过大则泄漏电阻相应增大，积分误差增大，但电容过小则积分漂移显著，所以积分电容取 $0.01 \sim 1 \mu F$。

6. 反相微分器

微分运算是积分运算的逆运算，反相微分器如图 5.27 所示，其分析方法与积分运算的相似，在理想条件下，如果电容的初始电压为零，则

$$U_o = -i_{R_f} R_f = -R_f C \frac{dU_i}{dt} \qquad (5.6.12)$$

可见，输出电压与输入电压对时间的微分成正比。在线性系统中，微分电路除了可以进行微分运算外，还可以进行波形变换。图 5.28 所示的是实际反相微分器，为限制电路的高频电压增益，在输入端与电容器 C 之间接入一个小电阻器 R。

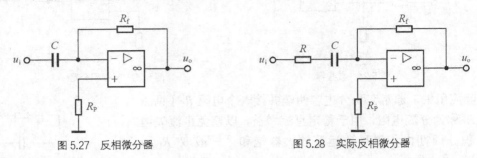

图 5.27　反相微分器　　　　　　　　图 5.28　实际反相微分器

设计举例：

（一）反相加法器的设计

设计一个能完成 $U_o = -(2U_{i1} + 3U_{i2})$ 的运算电路，要求输出失调电压 $U_{os} \leq \pm 5\mathrm{mV}$，试计算各元件参数值。

根据设计要求，选择图 5.23 所示的反相加法器。

1. 确定 R_f 的值

查手册 TL084 得输入失调电流 $I_{os} \leq 200\mathrm{nA}$，取 $I_{os} \leq 100\mathrm{nA}$，则

$$R_f = \frac{U_{os}}{I_{os}} = \frac{0.005\mathrm{V}}{100 \times 10^{-9}\mathrm{A}} = 50\mathrm{k}\Omega$$

取标称值 51kΩ。

2. 确定 R_1、R_2 的值

按式（5.6.4）计算 $R_1 = \dfrac{R_f}{A_{uf1}} = \dfrac{51\mathrm{k}\Omega}{2} = 25.5\mathrm{k}\Omega$，取标称值 24kΩ。

$$R_2 = \frac{R_f}{A_{uf2}} = \frac{51\mathrm{k}\Omega}{3} = 17\mathrm{k}\Omega$$

取标称值 18kΩ。

3. 确定 R_3 的值

按式（5.6.5）计算 $R_3 = R_f \mathbin{/\mkern-5mu/} R_1 \mathbin{/\mkern-5mu/} R_2 = 8.56\mathrm{k}\Omega$，取标称值 8.2kΩ。

（二）反相积分器设计

设计一个反相积分器，电路如图 5.26 所示，已知输入脉冲方波的上峰值为 2V，周期 T 为 5ms，积分输入电阻 $R_i \geq 10\mathrm{k}\Omega$，要求设计计算元件参数。

查手册 TL084 运算放大器的最大输出电压可取 ±10V，积分时间 $t = T/2 = 2.5\mathrm{ms}$。

由式（5.6.9），确定积分时间常数为

$$\tau \geq \frac{U_{iP}}{U_{omax}} t = \frac{2\mathrm{V}}{10\mathrm{V}} \times 2.5\mathrm{ms} = 0.5\mathrm{ms}$$

取 $\tau = 1\mathrm{ms}$。

为满足输入电阻 $R_i \geq 10\mathrm{k}\Omega$，取 $R = 10\mathrm{k}\Omega$，取标称值 10kΩ，则积分电容 $C = \tau/R = 0.1\mu\mathrm{F}$。$R_f = 10R = 100\mathrm{k}\Omega$，取标称值 100kΩ。平衡电阻 $R_P = R \mathbin{/\mkern-5mu/} R_f = 9\mathrm{k}\Omega$，取标称值 9.3kΩ。

三、设计任务

按下列表达式设计并计算电路元件参数。

1. 同相比例器：$U_o = 5U_i$。

2. 反相比例器：$U_o = -10U_i$，输入阻抗 $R_i = 1\text{k}\Omega$。

3. 反相加法器：$U_o = -(2U_{i1} + 5U_{i2})$，输入阻抗 $R_{i1} \geqslant 5\text{k}\Omega$，$R_{i2} \geqslant 5\text{k}\Omega$。

*4. 减法器：$U_o = \dfrac{R_f}{R_1}(U_{i2} - U_{i1}) = 3(U_{i2} - U_{i1})$，输入阻抗 $R_{i1} \geqslant 5\text{k}\Omega$，$R_{i2} \geqslant 5\text{k}\Omega$。

*5. 设计一个满足下列要求的基本积分电路：输入为 $U_{ipp} = 1\text{V}$，$f = 10\text{kHz}$ 的方波信号（占空比为 50%），积分输入电阻 $R_i \geqslant 10\text{k}\Omega$。

*6. 加法器：$U_o = 4U_{i1} + 5U_{i2}$，输入阻抗 $R_{i1} \geqslant 5\text{k}\Omega$，$R_{i2} \geqslant 5\text{k}\Omega$。

四、实验内容

1. 同相比例器的调测要求：输入信号是频率为 1kHz、有效值为 0.1V 的正弦信号，用示波器观测并记录输入波形和输出波形，标出其上峰值、下峰值和周期，体现各波形间相位关系，将测试结果与设计要求进行比较。

2. 反相比例器的调测要求：输入信号是频率为 1kHz、有效值为 0.1V 的正弦信号，用示波器观测并记录输入波形和输出波形，标出其上峰值、下峰值和周期，体现各波形间相位关系，将测试结果与设计要求进行比较。

3. 反相加、减法器的调测要求：输入信号 u_{i1} 是频率为 1kHz、有效值为 0.2V 的正弦信号，输入信号 u_{i2} 是幅值为 0.5V 的直流信号，用示波器观测并记录输入和输出波形，标出其上峰值、下峰值和周期，体现各波形间的相位关系，将测试结果与设计要求进行比较。

4. 积分器的调测要求：输入信号是频率为 10kHz、峰值为 1V 的方波信号，用示波器观测并记录输入波形和输出波形，标出其上峰值、下峰值和周期，体现各波形间的相位关系，将测试结果与设计要求进行比较。

5. 加法器的调测要求：输入信号 u_{i1} 是频率为 1kHz、有效值为 0.2V 的正弦信号，输入信号 u_{i2} 是幅值为 1V 的直流信号，用示波器观测并记录输入波形和输出波形，标出其上峰值、下峰值和周期，体现各波形间的相位关系，将测试结果与设计要求进行比较。

五、预习要求

1. 了解 TL084 运算放大器的性能参数，复习比例放大器、加法器、减法器和积分器的原理与设计方法。

2. 根据设计任务，设计同相比例器、反相比例器、加法器、减法器和积分器，计算电路的元件参数值和输出电压 U_o 的数值，画出电路图。

3. 用 EDA 仿真软件对所设计的电路进行仿真，如果电路指标不满足设计要求，可对参数进行适当调整，使电路指标满足设计要求。

4. 根据实验内容要求自拟实验方法和步骤，自拟数据表格。

六、实验报告要求

1. 写出设计过程，计算元件参数，画出电路图。

2．整理记录实验数据，画出输入、输出信号波形图，标出上峰值、下峰值、周期和相位关系。

3．根据实验结果，定性分析产生运算误差的原因，说明在实验中减少误差的措施。

七、思考题

若用运算放大器组成微分电路，分别输入正弦和方波信号，会输出什么波形？画出输入、输出信号对应关系图。

八、实验仪器与器材

1．函数信号发生器。

2．直流稳压电源。

3．示波器。

4．万用表。

5．实验箱。

6．阻容元件及导线若干。

5.7 集成运算放大器的非线性应用——正弦波产生电路

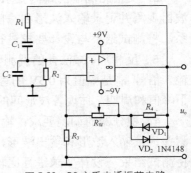

一、实验目的

1．加深理解 RC 文氏电桥振荡电路的工作原理。

2．学习并掌握 RC 文氏电桥振荡电路的设计方法和步骤。

3．掌握 RC 文氏电桥振荡电路的调测方法。

二、实验原理

RC 文氏电桥振荡电路如图 5.29 所示，电路由三部分组成：运算放大器组成的同相放大器，RC 正反馈选频网络，二极管与电阻器组成的负反馈稳幅电路。

图 5.29 RC 文氏电桥振荡电路

1．选频网络的频率特性

RC 串并联选频网络如图 5.30 所示，一般取 $R_1=R_2=R$，$C_1=C_2=C$，所以，正反馈的反馈系数为

$$\dot{F}_{\mathrm{u}} = \frac{\dot{U}_{\mathrm{f}}}{U_{\mathrm{o}}} = \frac{1}{3+\mathrm{j}\left(\dfrac{\omega}{\omega_0}-\dfrac{\omega_0}{\omega}\right)} \tag{5.7.1}$$

由此可得 RC 串并联选频网络的幅频特性和相频特性分别为

$$\left|\dot{F}_{\mathrm{u}}\right| = \frac{1}{\sqrt{3^2+\left(\dfrac{\omega}{\omega_0}-\dfrac{\omega_0}{\omega}\right)^2}}$$

$$\varphi_{\mathrm{f}}(\omega) = -\arctan\frac{\left(\dfrac{\omega}{\omega_0}-\dfrac{\omega_0}{\omega}\right)}{3} \tag{5.7.2}$$

当 $\omega = \omega_0 = 1/(RC)$ 时，$\left|\dot{F}_\mathrm{u}\right| = \dfrac{1}{3}$，而相移 $\varphi_\mathrm{f} = 0°$，如图 5.31 所示。

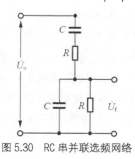

图 5.30 RC 串并联选频网络

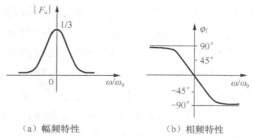

（a）幅频特性 （b）相频特性

图 5.31 RC 串并联选频网络的频率特性

2. 起振条件和振荡频率

由图 5.29 可知，当 $\omega = \omega_0 = 1/(RC)$ 时，经选频网络反馈到运算放大器同相输入端的电压 $\dot{U}_\mathrm{f}$ 与输出电压 $\dot{U}_\mathrm{o}$ 同相，满足自激振荡的相位条件，如果此时负反馈放大电路的增益满足起振条件 $A_\mathrm{uf}F_\mathrm{u}>1$，则放大电路的增益 $A_\mathrm{uf} = 1 + \dfrac{R_\mathrm{f}}{R_3} \geqslant 3$。故起振的幅值条件为 $R_\mathrm{f}/R_3 > 2$，其中 $R_\mathrm{f}=R_\mathrm{w}+ R_4//r_\mathrm{D}$，式中 r_D 是二极管正向导通时的动态电阻。

电路振荡频率为
$$f_0 = \frac{1}{2\pi RC} \tag{5.7.3}$$

3. 设计步骤

设计 RC 文氏电桥振荡电路，首先要选择电路的结构形式（见图 5.29），再计算和确定电路元件参数，使其在所要求的频率范围内满足振荡条件。

（1）确定 RC 串并联选频网络的参数

RC 串并联选频网络的参数应根据所要求的振荡频率来确定。为使选频网络的选频特性尽量不受集成运算放大器输入、输出电阻的影响，应按下列关系来初选电阻：
$$R_\mathrm{1D} \gg R \gg R_\mathrm{o}$$
式中，R_1D 为集成运算放大器同相端的输入电阻，为数百千欧姆。R_o 为集成运算放大器的输出电阻，为几百欧姆。

R 选定后可根据 $C = \dfrac{1}{2\pi f_0 R}$ 选电容器，再验算 R 的取值能否满足振荡频率的要求。也可以先确定电容器，再计算电阻 R。

（2）确定 R_3 和 R_f

R_3 和 R_f 应根据振幅条件来确定，通常取 $R_\mathrm{f} \geqslant 2R_3$，$R_\mathrm{f}$ 稍大于 $2R_3$，这样既能保证起振，又能保证不致产生严重的波形失真。

另外为了减小失调电流与其漂移的影响，还应尽可能满足 $R=R_3//R_\mathrm{f}$，所以 $R_3 =(1.4 \sim 1.5)R$。

（3）如图 5.29 所示，稳幅电路由两只二极管和电阻器 R_4 并联组成，当输出电压幅值很小时，二极管两端电压小，二极管内阻很大，等效电阻 $R_\mathrm{f} = R_\mathrm{w} + R_4//r_\mathrm{D}$ 也较大，$A_\mathrm{uf} = U_\mathrm{o}/U_\mathrm{f}$ $=(R_3+R_\mathrm{f})/R_3$ 较大，有利于起振；当输出电压增大到一定程度时，VD_1、VD_2 导通，R_f 减小，A_uf 随之减小，输出电压的幅值趋于稳定。所以，稳幅电路利用了二极管正向特性中的非线性，自动改变放大电路中负反馈的强弱，实现了振幅稳定。为此选择稳幅二极管应注意以下事项。

① 从提高振幅的温度稳定性考虑，以选用硅二极管为宜，因为硅管的温度稳定性优于锗二极管。

② 为了使上、下半波振幅对称，两只二极管的特性应尽可能相同。

稳幅二极管非线性区越大，负反馈作用变化越大，稳幅效果越好，但二极管的非线性又会引起振荡器的输出波形失真。为了限制因二极管的非线性而引起的波形失真，在二极管两端并联了电阻 R_4，显然 R_4 越小，对二极管的非线性削弱越大，输出波形失真就越小，但稳幅作用也同时被削弱。可见，选择 R_4 时，应注意兼顾二者。实验证明 R_4 与二极管的正向电阻接近时，对稳幅和抑制波形失真都有较好的效果。通常 R_4 选 2～5kΩ，并通过实验调整来确定。

当 R_4 选定后，R_w 的阻值也可选定，即

$$R_w = R_f - R_4 // r_D \cong R_f - \frac{1}{2} R_4 \tag{5.7.4}$$

（4）选择集成运算放大器

振荡电路中的集成运算放大器，除要求输入电阻大、输出电阻小外，放大器的增益带宽积应满足 $G \cdot BW > 3f_0$。

（5）选择阻容元件

在振荡电路中要选择稳定性较好的阻容元件，否则会影响频率的稳定性。

三、设计任务

设计 f_0=1.5kHz 的 RC 文氏电桥正弦振荡器，计算电路各元件参数，画出电路图。

四、实验内容

1. 在实验箱上连接设计的 RC 文氏电桥正弦振荡电路，调节 R_w 使振荡器工作，观察 R_w 的变化对输出波形的影响。

2. 用示波器观测（在输出信号不失真的情况下）输出电压上峰值、下峰值和周期，比较计算值和实际测量值的差异，改变选频网络的元件参数，使实测频率满足设计要求。

3. 将图 5.29 中二极管 VD_1、VD_2 开路，观测输出波形会发生什么变化，说明二极管的作用。

五、预习要求

1. 复习 RC 正弦振荡电路的工作原理与设计方法。

2. 按设计任务要求设计并计算 f_0=1.5kHz 的 RC 文氏电桥振荡器的电路参数，写出元器件的设计和计算过程，画出实验电路图。

3. 根据实验内容要求写出实验步骤。

4. 用 EDA 仿真软件对所设计的电路进行仿真，如果电路指标不满足设计要求，可将参数进行适当调整，使电路指标满足设计要求。

六、实验报告要求

1. 简要叙述电路的工作原理和主要元件在电路中的作用。

2. 写出 RC 振荡电路的设计过程，画出实验电路图。

3. 整理实验数据，画出输出信号的波形，标出幅值、周期。

4. 比较理论值、仿真值和实际测量值，定性分析产生频率误差的原因，说明在实验中采取哪些减少误差的措施。

七、思考题

1. 如果实验中电路不起振，应如何调节？
2. 如果输出波形失真，应如何调节？
3. 如果输出信号的频率不满足设计要求，应如何调节？

八、实验仪器与器材

1. 函数信号发生器。
2. 直流稳压电源。
3. 示波器。
4. 万用表。
5. 实验箱。
6. 阻容元件及导线若干。

5.8 集成运算放大器的非线性应用——方波发生器

一、实验目的

1. 加深理解方波发生器的工作原理。
2. 通过实验掌握方波发生器的设计方法。
3. 掌握方波发生器的调测方法。

二、实验原理

方波发生器如图 5.32 所示。方波发生器是由迟滞比较器和 RC 积分电路构成的。电路的基本工作原理是将输出电压 U_o 经 RC 电路积分，将电容器上的充放电电压加在比较器的反相端，与同相端上的门限电压相比较，当电容器的端电压 U_c 大于运算放大器同相端电压 U_+ 时，比较器输出电压 $U_o=-U_z$，则电容器通过 RC 回路放电，U_c 下降；当电容器的端电压 U_c 下降到小于运算放大器同相端电压 U_+

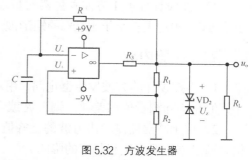

图 5.32　方波发生器

时，比较器输出电压 $U_o=U_z$，U_o 通过 RC 回路对电容器充电，电容器的端电压 U_c 又开始上升。如此往复，使比较器的输出电压不断发生转换，从而形成振荡波形。

该电路输出的方波周期为

$$T = 2RC\ln\left(1+\frac{2R_2}{R_1}\right) \tag{5.8.1}$$

输出三角波的幅值

$$U_c=U_-=\left|\pm\frac{R_2}{R_1+R_2}U_z\right| \tag{5.8.2}$$

输出方波 U_o 的幅值

$$U_o = |\pm U_z| \tag{5.8.3}$$

设计举例：设计一个能产生幅值不小于 4V、频率为 2kHz、误差范围为 ±10% 的方波电路。

（1）电路结构的选择。

采用图 5.32 所示的方波发生器电路，该电路结构简单、稳定性好，输出幅值由稳压二极管决定。

（2）稳压二极管的作用是确定输出方波的幅值，因此根据输出方波的幅值要求选取稳压二极管的稳压值。方波的输出幅值大于 4V，所以选择稳压值为 2V 的稳压二极管。方波的对称性也与稳压二极管的对称性有关，通常选择高精度的双向稳压二极管。

（3）确定 R_1、R_2 的值。

R_1 和 R_2 的比值决定了运算放大器的触发翻转电平，应适当选择 R_1 和 R_2，取 $F = R_2/(R_2 + R_1) = 0.47$，则方波的频率只由 R、C 决定。若取 $R_1 = 10\text{k}\Omega$，则取 $R_2 = 11\text{k}\Omega$。

（4）确定 R、C。

当 R_1、R_2 的值确定后，根据振荡周期的要求，可以先选取电容器 C 为 $0.01\mu\text{F}$，再由式（5.8.1）确定 $R = 25\text{k}\Omega$，R 取标称值 $24\text{k}\Omega$。

（5）限流电阻的选取。

R_3 为稳压二极管的限流电阻，由于手册上给出一般稳压二极管的 $I_{Dzmax} = 10\text{mA}$，如取 $I_{Dz} = 10\text{mA}$，根据设计要求 $R_3 \geqslant （9\text{V}-3.7\text{V}）/10\text{mA} = 530\Omega$。为了减少稳压二极管与运算放大器的功耗，取 $R_3 = 1\text{k}\Omega$。

三、设计任务

1. 设计一个方波发生器，输出方波频率为 1kHz，峰值不小于 6V，相对误差小于 ±10%。

*2. 在设计任务 1 方波发生器的基础上，设计一个占空比为 40%、频率为 1kHz、幅值不小于 6V，相对误差小于 ±10% 的矩形波产生电路。

四、实验内容

1. 连接设计的方波发生器电路，用示波器观测输出方波的上峰值、下峰值和周期。比较计算值和实际测量值的差异。调节 R 或者 C，使输出方波的频率满足设计要求。

2. 用示波器监测输出方波的上峰值、下峰值和周期，观测元件 R、C、R_1、R_2 参数的变化对输出方波的幅值和频率的影响。

3. 用示波器观察运算放大器同相输入端和反相输入端电压波形，测量各个波形的上峰值、下峰值和周期。

*4. 连接设计的矩形波发生器电路，观测电路输出矩形波的上峰值、下峰值、周期和占空比。用示波器观测电容器两端电压波形的上峰值、下峰值和周期。

五、预习要求

1. 复习方波发生器的工作原理与设计方法。

2. 根据设计要求计算各个元件参数，写出设计过程，画出电路图。

3. 根据实验内容要求写出实验方法和测试步骤。

4. 用 EDA 仿真软件对所设计的电路进行仿真，如果电路指标不满足设计要求，适当调整参数，使电路指标满足设计要求。

六、实验报告要求

1. 简要叙述电路的工作原理和主要元件在电路中的作用。
2. 写出电路的设计过程，画出电路图。
3. 记录并整理实验数据，画出输出电压、运算放大器同相输入端和反相输入端的电压波形（标出幅值、周期和相位关系）。

七、思考题

1. 改变 R_1 或 R_2，电容器两端电压幅值和频率是否会发生变化？
2. 如果实验中稳压二极管开路，输出波形会发生什么变化？
3. 如果实验中有一只稳压二极管接反了，输出波形会发生什么变化？试画出输出波形。
4. 如果实验中有同学误将一只二极管 1N4148 当成稳压二极管接入电路，输出波形会发生什么变化？试画出输出波形。

八、实验仪器与器材

1. 函数信号发生器。
2. 直流稳压电源。
3. 示波器。
4. 万用表。
5. 实验箱。
6. 阻容元件及导线若干。

5.9 OTL 功率放大器

一、实验目的

1. 加深理解 OTL 功率放大器的工作原理。
2. 掌握 OTL 功率放大器的调试和主要性能指标的测试方法。

二、实验原理

OTL 功率放大器属于甲乙类功放，静态工作点设在截止区以上，静态时有不大的电流流过输出管，可克服输出管死区电压的影响，消除交越失真。图 5.33 所示的 OTL 功率放大器中，每个晶体管都接成发射级输出器形式，因此输出电阻低、负载能力强，适合用作功率输出级。晶体管 VT_1 为前置放大级，是放大器的推动级，VT_2 和 VT_3 是一对参数"对称"的 NPN 型和 PNP 型晶体管，它们组成互补推挽 OTL 功放输出电路。VT_1 通过电位器 R_{W1} 获得直流偏置，工作于甲类状态。I_{C1} 的一部分流经电位器 R_{W2} 和二极管 VD，给 VT_2、VT_3 提供偏压，使输出级工作在甲乙类，克服交越失真。静态时要求输出端中点 A 的电位 $U_A = \frac{1}{2} U_{CC}$ 可以通过调节 R_{W1} 来实现。R_{W1} 是级间反馈电阻，形成交、直流电压负反馈，既能够稳定放大器的静态工作点，也能改善非线性失真。

当输入正弦交流信号 u_i 时，经 VT$_1$ 放大、倒相后同时作用于 VT$_2$、VT$_3$ 的基极，u_i 的负半周期使 VT$_3$ 导通（VT$_2$ 截止），有电流通过负载 R_L，同时向电容 C_0 充电；在 u_i 的正半周期，VT$_2$ 导通（VT$_3$ 截止），此时已充好电的电容 C_0 通过负载 R_L 放电，使负载 R_L 上得到完整的正弦波。C_2 和 R 组成自举电路，利用 C_2 上电压不能突变的原理，提高输出电压正半周的幅值，以得到大的动态范围。

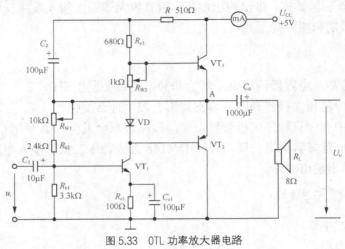

图 5.33　OTL 功率放大器电路

OTL 功率放大器的主要性能指标有如下几个。

1. 最大不失真输出功率 P_{om}

理想情况下，$P_{om}=\dfrac{U_{CC}^2}{8R_L}$，在实验中可通过测量 R_L 两端的电压有效值，来求得实际的 $P_{om}=\dfrac{U_o^2}{R_L}$。

2. 效率 η

$$\eta=\frac{P_{om}}{P_E}\times100\%$$

式中，P_E 为直流电源供给的平均功率。

理想情况下，$\eta_{max}=78.5\%$。在实验中，可测量电源供给的平均电流 I_{DC}，从而得到 $P_E=U_{CC}I_{DC}$，负载上的交流功率已用上述方法求出，因而可以计算实际功率。

3. 频率响应

详见 4.3 节"模拟电路的调测"。

4. 输入灵敏度

输入灵敏度是指输出最大不失真功率时，输入信号 U_i 的值，记为 U_{imax}。

5. 噪声电压

噪声电压是指输入 $U_i=0$ 时输出 U_o 的值，记为 U_N。

三、实验内容

1. 静态工作点的测试

按图 5.33 所示连接电路，输入信号置 0（$U_i=0$），电源进线中串入万用表直流电流挡，

将电位器 R_{W2} 的值调至最小，R_{W1} 置中间位置。接通电源 U_{CC}，观察万用表电流值，同时用手触摸输出管，若电流过大，或升温明显，应立即断开电源检查原因（如 R_{W2} 开路、电路自激、输出管性能不好等）。若无异常，可开始调试。

首先，调节电位器 R_{W1}，使 A 点电位 $U_A = \frac{1}{2}U_{CC}$。

接着，调整输出级静态电流与测试各级静态工作点。

采用动态调试法调整输出级静态电流。先使 $R_{W2}=0$，在输入端接入 $f=1\text{kHz}$ 的正弦信号 u_i。用示波器观测输出电压波形，逐渐加大输入信号的幅值，当输出波形出现较严重的交越失真（注意：没有饱和失真和截止失真）时，缓慢增大 R_{W2}，调至交越失真刚好消失时停止，恢复 $U_i=0$，此时万用表电流值即输出级静态电流。一般数值在 $5\sim10\text{mA}$ 为宜，如过大，则需检查电路。调整 R_{W2} 时，不要调得过大，更不能开路，以免损坏输出管。输出管静态电流调好后，如无特殊情况，不应再随意调整 R_{W2} 的位置。

输出级电流调好以后，测量各级静态工作点，记入表 5.9。

表 5.9 各级静态工作点的测试（$U_A=2.5\text{V}$，$I_{C2}=I_{C3}=$ mA）

静态工作点	VT$_1$	VT$_2$	VT$_3$
U_{EQ}/V			
U_{BQ}/V			
U_{CQ}/V			

2. 最大输出功率 P_{om} 和效率 η 的测量

（1）测量 P_{om}

在输入端接入 $f=1\text{kHz}$ 的正弦信号 u_i，在输出端用示波器观测电压 u_o 的波形。逐渐增大输入信号，当输出电压达到最大不失真输出的值时，测量负载 R_L 上的电压 U_{om}，则最大输出功率

$$P_{om}=\frac{U_{om}^2}{R_L}$$

（2）测量 η

当输出电压达到最大不失真输出时，读出电源进线中万用表的电流值，该值为直流电源供给的平均电流 I_{DC}（有一定误差），由此可近似求得 $P_E=U_{CC}I_{DC}$，再根据上面测得的 P_{om}，算出 $\eta=\frac{P_{om}}{P_E}\times100\%$。

3. 输入灵敏度测试

根据输入灵敏度的定义，只要测出输出功率 $P_o=P_{om}$ 时的输入电压值 U_i 即可求得。

4. 频率响应的测试

测量方法详见 4.3 节"模拟电路的调测"，测试数据记入表 5.10。

表 5.10 频率响应的测试（$U_i=$ mV）

频率响应参数		f_L	f_0	f_H	
f/Hz			1000		
U_o/V					
A_u					

为保证电路的安全，测试应在较低电压下进行，通常取输入信号为输入灵敏度的 50%，且保持恒定，同时用示波器监测输出波形不失真。

*5. 噪声电压的测试

将输入信号置 0（$U_i=0$），用示波器观察输出噪声波形，测出该信号的电压有效值，即噪声电压 U_N。本电路中若 $U_N < 15\text{mV}$，即满足要求。

*6. 研究自举电路的作用

（1）有自举电路，测量当输出电压达到最大不失真输出的值时的 $A_u = \dfrac{U_{om}}{U_i}$。

（2）无自举电路，将 C_2 开路，R 短路，再测量当输出电压达到最大不失真输出的值时的 A_u。

测量过程中，用示波器观察两种情况下的输出电压波形，并将两次测量结果进行比较，分析研究自举电路的作用。

*7. 测量负载大小对最大输出功率 P_{om} 和效率 η 的影响

测量电路和方法同实验内容 2，将负载分别换成 40Ω、70Ω 和 100Ω，其他参数不变，测量对应的 P_{om} 和 η。

四、预习要求

1. 复习 OTL 功率放大器工作原理以及功放电路各参数的含义。
2. 熟悉图 5.33 所示电路和相关参数测试方法。
3. 了解 OTL 功率放大器中自举电路的作用。
4. 运用 EDA 仿真软件进行仿真并记录仿真结果。

五、实验报告要求

1. 整理实验数据，计算静态工作点、最大输出功率 P_{om} 和效率 η 等。
2. 画出频率响应曲线。
3. 根据实验结果，比较理论值、仿真值和测量值，分析误差产生的原因。

六、思考题

1. 怎样提高 P_{om} 和 η？
2. 交越失真产生的原因是什么？怎样克服交越失真？
3. 如果图 5.33 所示电路中 R_{W2} 短路或开路，对电路工作有何影响？

七、实验仪器与器材

1. 函数信号发生器。
2. 直流稳压电源。
3. 示波器。
4. 万用表。
5. 实验箱。
6. 阻容元件及导线若干。

第 **6** 章　模拟电路提高型实验

6.1　晶体管共射放大电路的设计

一、实验目的

1. 学习晶体管单级放大电路的一般设计方法，能根据给定的技术指标要求设计出晶体管单级放大电路。
2. 学习晶体管单级放大电路静态工作点的设置与调整方法。
3. 掌握晶体管单级放大电路的安装调试方法和基本性能指标的测试方法。
4. 研究电路参数变化对放大器性能指标的影响。

二、设计方法

设计举例：设计一个晶体管单级放大器。

1. 技术指标

（1）电压放大倍数$|A_u| \geqslant 50$。

（2）输入电阻$R_i \geqslant 1\text{k}\Omega$。

（3）输出电阻$R_o = 3\text{k}\Omega$。

（4）负载阻抗$R_L = 3\text{k}\Omega$。

（5）幅频特性$f_L \leqslant 300\text{Hz}$，$f_H \geqslant 300\text{kHz}$。

（6）输出信号动态范围大于等于2V（峰值）。

（7）非线性失真小于等于10%。

（8）各项指标允许误差小于等于10%。

（9）电源电压为12V。

（10）设计时取$\beta = 100$。

2. 指标分析

（1）设计难点分析

设计分立元件构成的放大电路时，有两种方法：

① 当技术指标都比较宽裕时，可根据经验选择各项元件参数。当电路元件全部确定后，再核算各项指标，如果发现某项指标达不到要求，则再调整相关元件参数，直到符合设计要求为止。

② 当技术指标中有难点或要点时，可以围绕这一指标进行设计，以便确保该项指标满足设计要求。

在满足核心指标的前提下确定电路元件，然后通过核算，分析其他技术指标是否满足要求，如果不满足，则调整相关元件参数。这两种方法都比较常用，前者简便，适用于小信号宽指标的电路，后者适用于某一项或多项指标要求较高的场合。

由经验可知，放大倍数 $A_u \geqslant 50$，$R_i \geqslant 1\text{k}\Omega$，$R_o = 3\text{k}\Omega$，$f_L \leqslant 300\text{Hz}$，$f_H \geqslant 300\text{kHz}$ 等指标都容易达到，一般单级共射放大电路就具备满足这些指标的功能，但相比其他指标，动态范围 U_{opp} 成为设计要点。

（2）电路结构的选取

由模拟电路理论可知，晶体管单级放大电路有3 种基本结构：共射电路、共基电路和共集电路。共集电路的电压放大倍数约等于 1，其输入电阻很大。共基电路电压放大能力较强，而且频率特性较好，但其输入电阻较小。共射电路的电压放大倍数较大，输入电阻适中，频率特性虽不如共基电路，但可以满足设计要求。综合分析 3 种电路结构的特点，本例选用共射电路，如图 6.1 所示。

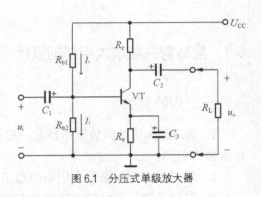

图 6.1 分压式单级放大器

3．电路设计

（1）选定 U_{CEQ} 和 R_c

① 因为图 6.1 所示单级放大器的输出电阻 $R_o = R_c$，技术指标输出电阻 $R_o = 3\text{k}\Omega$，所以 $R_c = 3\text{k}\Omega$。

② 由共射放大器输出特性曲线可知，为得到最大的 U_{opp}，直流工作点 Q 最好在交流负载线的中点，如图 6.2 所示，则 $U_{CEQ} = 1/2 \cdot U_{CC} = \dfrac{1}{2} \times 12\text{V} = 6\text{V}$。为了达到 U_{opp} 的设计要求，U_{CEQ} 的最小值应为

$$U_{CEQ} = \frac{1}{2}U_{opp} + U_{CES} \tag{6.1.1}$$

式中，U_{CES} 为最大饱和电压，一般取 1V，则 U_{CEQ} 的最小值为2V。为了留有一定的富余量，本例取 $U_{CEQ} = 5.5\text{V}$。

（2）确定 I_{CQ}

由图 6.2 可看出

$$I_{CQ}R_L' = \frac{1}{2}U_{opp} \tag{6.1.2}$$

式中，$R_L' = R_c // R_L$，$U_{opp} \geqslant 2\text{V}$。若取 $U_{opp} = 5.5\text{V}$，则 $I_{CQ} \approx 1.8\text{mA}$。

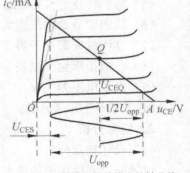

图 6.2 共射放大器的输出特性曲线

（3）确定 R_E

$$U_{EQ} = U_{CC} - U_{CEQ} - I_{CQ}R_C = 1.1V$$

$$U_{EQ} = I_{EQ}R_E \approx I_{CQ}R_E$$

$$R_E = \frac{U_{EQ}}{I_{CQ}} = \frac{1.1V}{1.8 \times 10^{-3}A} \approx 611\Omega$$

R_E 取标称值 620Ω。

（4）确定 R_{b1} 和 R_{b2}

放大器的静态工作点 Q 主要由 R_{b1}、R_{b2}、R_c、R_e 及 U_{CC} 决定。该电路利用 R_{b1}、R_{b2} 的分压来固定基极电位 U_{BQ}。U_{BQ} 固定，在 R_e 直流负反馈的配合下可使静态工作点稳定。

要稳定静态工作点，必须满足 $I_1 \gg I_{BQ}$，保证 U_{BQ} 恒定，但也不是 I_1 越大越好。I_1 越大，R_{b1}、R_{b2} 的取值就越小，这样不仅使电源功耗增加，而且使放大电路的输入电阻下降。因此必须兼顾两者，工程上一般按下式选取。

$$I_1 = (5 \sim 10)I_{BQ} \quad （硅管）$$

$$I_1 = (10 \sim 20)I_{BQ} \quad （锗管）$$

本例中，$I_{BQ} = \dfrac{I_{CQ}}{\beta} = 0.018mA$，所以 $I_1 = 10I_{BQ} = 10 \times 0.018mA = 0.18mA$。

另外由于 $U_{BQ} = U_{EQ} + 0.7V = 1.8V$，因此

$$R_{b2} = \frac{U_{BQ}}{I_1} = \frac{1.8V}{0.18 \times 10^{-3}A} = 10k\Omega$$

$$R_{b1} = \frac{U_{CC} - U_{BQ}}{I_1} = \frac{12V - 1.8V}{0.18 \times 10^{-3}A} \approx 56.7k\Omega$$

R_{b1} 取标称值 56kΩ，R_{b2} 取标称值 10kΩ。

（5）确定 C_1、C_2 和 C_3

放大器的高频截止频率主要由晶体管的参数特征频率决定，其下限频率主要由 C_3 决定。C_1、C_2 是耦合电容，对放大器的高、低频段都有影响。由于本例工作频率较低，因此主要考虑 C_1、C_2 对低频下限频率的影响，经分析，可根据下列关系式选用 C_1、C_2 和 C_3。

$$C_1 = (5 \sim 10)\frac{1}{2\pi f_L(R_s + r_{be})} \tag{6.1.3}$$

$$C_2 = (5 \sim 10)\frac{1}{2\pi f_L(R_c + R_L)} \tag{6.1.4}$$

$$C_3 = (1 \sim 3)\frac{1}{2\pi f_L\left(R_e // \dfrac{r_{be}}{1+\beta}\right)} \tag{6.1.5}$$

式中，R_s 为信号源内阻，实验室所用函数信号发生器的内阻为 50Ω；

$$r_{be} = r_{bb'} + (1+\beta)\frac{U_T}{I_{EQ}} = 200\Omega + (1+100)\frac{26mV}{1.8mA} \approx 1.7k\Omega$$

代入式（6.1.3）～式（6.1.5）计算，取 $C_1 = 10\mu F$，$C_2 = 10\mu F$，$C_3 = 47\mu F$。

4. 电路参数的核算

静态参数的核算：

$$U_{BQ} = \frac{R_{b1}}{R_{b1} + R_{b2}} U_{CC} = \frac{10\Omega}{10\Omega + 56\Omega} \times 12V \approx 1.8V$$

$$U_{EQ} = U_{BQ} - 0.7V = 1.8V - 0.7V = 1.1V$$

$$I_{EQ} = \frac{U_{EQ}}{R_E} = \frac{1.1V}{620\Omega} \approx 1.8mA$$

动态参数的核算：

$$A_u = -\beta \frac{R_c // R_L}{r_{be}} = -100 \times \frac{1.5\Omega}{1.7\Omega} \approx -88$$

$$R_i = r_{be} // R_{b1} // R_{b2} \approx 1.4k\Omega$$

$$R_o = R_c = 3k\Omega$$

满足设计要求。

核算静态工作点（静态参数）和动态指标（动态参数）时，如果发现指标不符合设计要求，则需要修改设计。电路参数的核算也可以利用 EDA 软件进行。

三、设计任务

设计一个晶体管单级放大电路，技术指标要求如下。

1. 电路指标

（1）电压放大倍数 $|A_u| \geqslant 40$。

（2）输入电阻 $R_i \geqslant 1k\Omega$。

（3）输出电阻 R_o=2kΩ。

（4）负载阻抗 R_L=2kΩ。

（5）输出最大不失真电压峰峰值 $U_{opp} \geqslant 2V$。

（6）幅频特性 $f_L \leqslant 300Hz$，$f_H \geqslant 300kHz$。

（7）非线性失真 $\leqslant 10\%$。

（8）电源电压为 12V。

（9）设计时取 β=100。

2. 电路结构要求

采用单级分压偏置共射极放大电路，电路结构如图 6.1 所示。

3. 设计注意事项

（1）直流工作点不必十分准确，一般为整数或 0.5 的倍数。

（2）每得到一个电阻阻值时，必须取与其接近的标称值。

（3）设计完成后，必须核算所有直流工作点。

（4）在保证直流参数达到指标要求的前提下核算交流参数。

四、实验内容

1. 根据设计任务和已知条件确定电路方案，计算并选取放大电路和各元件参数。

2．在实验箱上连接设计的电路。

3．测量该放大电路的静态工作点。

4．测量放大电路的主要电路指标：电压放大倍数、输入电阻、输出电阻。

*5．观测放大电路因工作点设置不当而引起的非线性失真现象。

6．测量放大器的上限截止频率和下限截止频率，采用逐点法测量该电路的幅频特性，绘制幅频特性曲线。

*7．改变静态工作点，测试电路的基本性能指标，分析静态工作点对电路性能指标的影响。

五、预习要求

1．自学 4.1 节"模拟电路的设计方法"和 4.3 节"模拟电路的调测"。

2．根据设计任务，完成电路设计，写出设计过程，画出电路图。

3．核算静态工作点和主要电路指标 A_u、R_i、R_o、U_{opp}。

4．用 EDA 软件对所设计的电路进行仿真。若电路指标不满足设计要求，可适当调整参数。

5．自拟电路的调测方案、实验步骤和数据表格。数据表格中必须有理论值和实测值两项。

六、设计型实验报告要求

1．写出电路的主要设计过程和参数核算过程（包括静态参数和动态参数）。

2．画出实验用电路图，标清实验用的各元件参数。

3．整理实验数据与波形，分析实验结果。与理论值、仿真值进行比较，分析误差原因。

4．记录实验过程中遇到的问题及解决方法。

七、思考题

1．分析 R_{b1}、R_{b2}、R_L、R_e 和电源电压对放大器的静态工作点及性能指标有何影响？

2．能否用数字万用表测量放大器性能指标 A_u、R_i 和 R_o？

八、实验仪器与器材

1．函数信号发生器。

2．直流稳压电源。

3．示波器。

4．万用表。

5．实验箱。

6．阻容元件及导线若干。

6.2 串联电压负反馈放大电路的设计

一、实验目的

1．学习并初步掌握负反馈放大电路的设计及电路安装、调试方法。

2．学习用仿真软件仿真复杂电路的方法。

3．深入理解负反馈对电路性能的影响。

4．学习并掌握负反馈放大电路主要性能指标的测试方法。

二、设计方法

设计举例：设计一个放大器。

1．技术指标

（1）电压放大倍数 $A_{uf} \geqslant 50$。

（2）输入电阻 $R_{if} \geqslant 1k\Omega$。

（3）输出电阻 $R_{of} \leqslant 0.5k\Omega$。

（4）负载阻抗 $R_L = 2k\Omega$。

（5）输入电压有效值范围 $U_i = 0 \sim 20mV$。

（6）幅频特性 $f_L \leqslant 100Hz$，$f_H \geqslant 1MHz$。

（7）非线性失真 $\leqslant 1\%$。

（8）电源电压为 12V。

（9）电压放大倍数的稳定度 $S = \dfrac{\Delta A_u}{A_u} \leqslant 1\%$。

（10）设计时取 $\beta = 100$。

2．指标分析

（1）分析并找出隐含的指标要求

① 对 U_{opp} 的要求：在指标中，有的要求直接给出（如 $R_i = 1k\Omega$），有的要求间接给出或者是隐含的（如对峰峰值 U_{opp} 的要求），所以应首先通过分析搞清楚直接和间接的指标要求。由电压放大倍数 $A_{uf} \geqslant 50$，$U_i = 20mV$ 可知，对输出电压峰峰值的要求是 $U_{opp} \geqslant 2.8V$。

② 对开环电压放大倍数 A_u 和反馈深度 F 的要求：由经验可知，未采用负反馈共射电路的放大器的非线性失真一般为 5%左右，而指标要求非线性失真小于等于 1%，所以当放大器的反馈系数 $1 + A_u F \geqslant 5$，开环电压放大倍数 $A_u > 250$ 时，才能保证满足设计要求。本例取 $1 + A_u F = 6$，$A_u = 300$，则 F 取 0.017。

（2）指标中的难点

据分析，指标中的 A_{uf}、R_{if}、R_{of} 和幅频特性都比较容易实现，若采用图 6.3 所示的电路结构，则该电路的输出信号峰峰值比较容易达到要求。

3．确定电路结构

根据上述分析确定开环电压放大倍数应大于 250，由经验可知需采用两级共射放大电路才能达到该要求。又由指标中电压放大倍数稳定度 S 的要求以及模拟电路负反馈理论可知，要稳定电压放大倍数，应采用电压串联负反馈结构。可采用的电压串联负反馈电路的形式也有多种，我们选用图 6.3 所示的电路形式。

4．电路设计

（1）确定 R_{e11} 和 R_f

因为反馈深度 $F = \dfrac{U_f}{U_o} = \dfrac{R_{e11}}{R_{e11} + R_f} = 0.017$，所以 $R_{e11} = 170\Omega$，$R_f = 10k\Omega$，取标称值 $R_{e11} = 150\Omega$，

$R_f = 10k\Omega$。

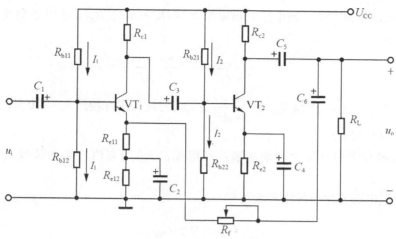

图 6.3 电压串联负反馈电路

（2）选取 U_{CEQ2}

由于 U_{opp} 是设计难点，所以在设计时应首先保证 U_{opp} 满足要求。U_{opp} 主要由第二级放大器决定，为了使第二级放大器有最大的输出动态范围，要求晶体管 VT_2 的工作点位于交流负载线的中点。所以

$$U_{CEQ2} = \frac{U_{CC} - U_{CES}}{2} = 5.5V$$

（3）确定 I_{CQ2} 和 R_{c2}

图 6.4 是图 6.3 所示电路开环时的等效放大电路，在电路中去掉反馈作用，但保留了反馈网络的负载效应。图 6.5 所示为开环时基本等效放大电路的交流通路。

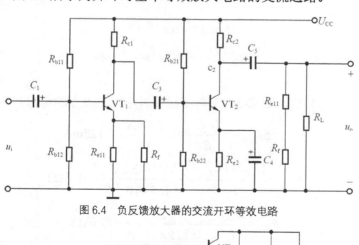

图 6.4 负反馈放大器的交流开环等效电路

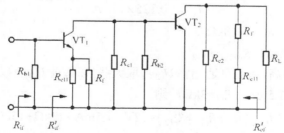

图 6.5 负反馈放大器交流开环时的交流通路

由图 6.5 所示电路可知，该电路输出电阻 $R_o = (R_f + R_{e11})//R_{c2}$，所以原负反馈放大电路的闭环输出电阻为

$$R_{of} = \frac{R_o}{1 + AF} = \frac{(R_f + R_{e11})//R_{c2}}{1 + AF}$$

因为 $R_f + R_{e11} \gg R_{c2}$，所以 $R_{of} \approx \dfrac{R_{c2}}{1 + AF}$。又因为设计指标要求 $R_{of} \leqslant 0.5\text{k}\Omega$，且 $1+AF=6$，则 $R_{c2} \leqslant 0.5\text{k}\Omega \times 6 = 3\text{k}\Omega$。

再根据戴维南定理与最大功率传输定理可知，R_{c2} 的取值应等于负载 R_L，所以 R_{c2} 取 $2\text{k}\Omega$。

由共射放大电路的输出特性曲线可知

$$I_{CQ2} R_L' = \frac{1}{2} U_{opp}$$

式中，$R_L' = R_{c2}//(R_{e11}+R_f)//R_L$，$U_{opp} \geqslant 2.8\text{V}$，本例取 $U_{opp}=5\text{V}$，则

$$I_{CQ2} = \frac{\frac{1}{2}U_{opp}}{R_{c2}//(R_{e11}+R_f)//R_L} = \frac{\frac{1}{2} \times 5\text{V}}{2\text{k}\Omega//(150\Omega \times 10^{-3} + 10\text{k}\Omega)//2\text{k}\Omega} \approx 2.7\text{mA}$$

取 $I_{CQ2}=2.5\text{mA}$。

（4）确定 R_{e2}

由 $U_{CC}=I_{CQ2}(R_{c2}+R_{e2})+U_{CEQ2}$，得到 $R_{e2} = \dfrac{12\text{V} - 5.5\text{V}}{2.5\text{mA}} - 2\text{k}\Omega = 0.6\text{k}\Omega$，$R_{e2}$ 取标称值 620Ω。

（5）确定 R_{b21} 和 R_{b22}

根据

$$U_{BQ2}=U_{EQ2}+0.7\text{V}$$

$$U_{EQ2} = U_{CC} - I_{CQ2}R_{c2} - U_{CEQ2}$$

解得 $U_{BQ2}=2.2\text{V}$。

要保证静态工作点稳定，要求 I_2（VT$_2$ 基极偏置电阻上流过的电流）$\gg I_{BQ2}$，故取

$$I_2 = 5I_{BQ2} = 5\frac{I_{CQ2}}{\beta} = 5 \times \frac{2.5\text{mA}}{100} = 0.125\text{mA}$$

$$R_{b21} = \frac{U_{CC} - U_{BQ2}}{I_2} = \frac{12\text{V} - 2.2\text{V}}{0.125 \times 10^{-3}\text{A}} = 78.4\text{k}\Omega$$

$$R_{b22} = \frac{U_{BQ2}}{I_2} = \frac{2.2\text{V}}{0.125 \times 10^{-3}\text{A}} = 17.6\text{k}\Omega$$

取标称值 $R_{b21} = 82\text{k}\Omega$，$R_{b22} = 18\text{k}\Omega$。

（6）确定 U_{CEQ1}、I_{CQ1}、R_{b11}、R_{b12}

由于对前级要求不高，因此可适当将 U_{CEQ1} 取大些，以保证 I_{CQ1} 不太大。已确定 $R_{e11}=150\Omega$，可取 $R_{e12}=200\Omega$，$I_{CQ1}=1.5\text{mA}$，$R_{c1}=3\text{k}\Omega$，则

$$U_{CEQ1} = U_{CC} - I_{CQ1}(R_{c1}+R_{e11}+R_{e12}) = 12\text{V} - 1.5\text{mA} \times (3\text{k}\Omega+150\Omega+200\Omega) = 7\text{V}$$

$$U_{BQ1}=U_{EQ1}+0.7V=I_{CQ1}(R_{e11}+R_{e12})+0.7V=1.5mA \times (150\Omega+200\Omega)+0.7V=1.225V$$

要保证静态工作点稳定，要求 I_1（VT_1 基极偏置电阻流过的电流）$\gg I_{BQ1}$，取

$$I_1=10I_{BQ1}=10\frac{I_{CQ1}}{\beta}=10 \times \frac{1.5mA}{100}=0.15mA$$

则

$$R_{b11}=\frac{U_{CC}-U_{BQ1}}{I_1} \approx 72k\Omega$$

$$R_{b12}=\frac{U_{BQ1}}{I_1} \approx 8.2k\Omega$$

取标称值 $R_{b11}=75k\Omega$，$R_{b12}=8.2k\Omega$。

5. 电路参数的核算

（1）核算静态参数（请读者自行计算）。

（2）核算开环参数和反馈系数。

$$R_i^{'}=r_{be1}+(1+\beta)(R_{e11} \| R_f)=1.7+101 \times (0.15\|10)=16.7k\Omega$$

$$R_{of}^{'}=r_{ce2} \| R_{c2} \| (R_f+R_{e11}) \approx R_{c2} \| (R_f+R_{e11}) \approx 1.7k\Omega$$

$$R_{L1}^{'}=R_{c1} \| R_{b21} \| R_{b22} \| r_{be2}=3\|82\|18\|1.5 \approx 1k\Omega$$

$$R_{L2}^{'}=r_{ce2} \| R_{c2} \| (R_f+R_{e11}) \| R_L \approx R_{c2} \| (R_f+R_{e11}) \| R_L \approx 1k\Omega$$

$$A_u=A_{u1} \times A_{u2}=\left(-\frac{\beta R_{L1}^{'}}{R_i^{'}}\right)\left(-\frac{\beta R_{L2}^{'}}{r_{be2}}\right)=\frac{100 \times 1}{16.7} \times \frac{100 \times 1}{1.5} \approx 399，F=\frac{R_{e11}}{R_{e11}+R_f}=\frac{0.15}{0.15+10} \approx 0.015$$

$$1+A_uF=1+399 \times 0.015=6.985$$

（3）校核闭环参数。

$$R_{if}^{'}=(1+A_uF)R_i^{'}=6.985 \times 16.7 \times 10^3 \approx 117k\Omega$$

$$R_{if}=R_{b11} \| R_{b12} \| R_{if}^{'} \approx 6.95k\Omega$$

$$R_{of}=\frac{R_{of}^{'}}{1+A_uF}=\frac{1.7k\Omega}{6.985} \approx 243\Omega$$

$$A_{uf}=\frac{A_u}{1+A_uF} \approx 57$$

核算结果满足设计要求的各项指标，就用所取的电路参数搭接电路，完成实际电路的安装调测。若核算结果某些指标不能满足设计要求，则需重新设计。

三、设计任务

设计一个放大器，技术指标如下。

（1）电压放大倍数 $A_{uf}=30$。

（2）输入电阻 $R_{if} \geqslant 1k\Omega$。

（3）输出电阻 $R_{of} \leqslant 1k\Omega$。

（4）幅频特性 $f_L \leqslant 100\text{Hz}$，$f_H \geqslant 1\text{MHz}$。

（5）输出信号动态范围 $U_{opp} \geqslant 2\text{V}$。

（6）非线性失真小于等于 1%。

（7）电源电压为 12V。

（8）负载阻抗 $R_L = 3\text{k}\Omega$。

（9）电压放大倍数的稳定度 $S = \dfrac{\Delta A_u}{A_u} \leqslant 1\%$。

（10）设计时取 $\beta = 100$。

四、实验内容

1．在实验箱上安装所设计的电路。

2．测量该电路的两级静态工作点。

3．测量电路的闭环输出电压，计算闭环电压放大倍数。若电路指标不满足设计要求，可适当调整参数。

4．测量电路闭环输入电阻和输出电阻。

5．测量电路闭环上限截止频率和下限截止频率。

五、预习要求

1．自学 4.1 节"模拟电路的设计方法"和 4.3 节"模拟电路的调测"。

2．完成电路设计，写出设计过程，画出电路图。

3．用 EDA 软件对所设计的电路进行仿真，如果电路指标不满足设计要求，需要将电路参数进行适当调整，使电路指标满足设计要求。

4．自拟电路的调测方案、实验步骤和数据表格。数据表格中必须有理论值和实测值。

六、实验报告要求

1．写出电路的主要设计过程和参数核算过程（包括静态参数和动态参数）。

2．整理实验数据和波形，根据实验结果，总结电压串联负反馈对放大器性能的影响。

3．记录实验过程中遇到的问题及解决方法。

七、思考题

若实验中出现自激振荡，应如何排除？

八、实验仪器与器材

1．函数信号发生器。

2．直流稳压电源。

3．示波器。

4．万用表。

5．实验箱。

6．阻容元件及导线若干。

6.3　差动放大电路的设计

一、实验目的

1．熟悉差动放大电路的组成、特点和用途。
2．学习带恒流源的差动放大器的设计方法和调测方法。
3．掌握差动放大器的主要特性指标及其测试方法。

二、设计方法

设计举例：设计一个具有恒流源的单端输入、双端输出的差动放大器。

1．技术指标

（1）差模电压放大倍数 $|A_{ud}| \geqslant 30$ 。
（2）差模输入电阻 $R_{id}>30\text{k}\Omega$。
（3）共模抑制比 $K_{CMR}>60\text{dB}$。
（4）电源电压 $U_{CC}=+12\text{V}$，$-U_{EE}=-12\text{V}$。
（5）负载 $R_L=20\text{k}\Omega$。
（6）差模输入电压 $U_{id}=20\text{mV}$。
（7）差分对管 BG319，$\beta=100$。

2．电路参数设计计算

（1）确定电路结构及晶体管型号

因本例对共模抑制比要求较高，所以采用具有恒流源的单端输入、双端输出的差动放大电路，电路结构如图 6.6 所示。要求电路对称性好，故调零电位器 W_1 的取值应尽量小，只要能调到平衡点即可。

（2）设置静态工作点 I_o 和电阻 R 的计算

差动放大器的静态工作点主要由恒流源 I_o 决定。I_o 取值不能太大，I_o 越小电流越稳定，漂移越小，放大器的输入阻抗越高。但也不能太小，一般为几毫安，这里取 $I_o=1\text{mA}$。

对于恒流源电路，$I_{c3}=I_o$，有

$$I_R = I_o = \frac{|-V_{EE}| - 0.7}{R + R_{e4}}$$

解得 $R+R_{e4}=11.3\text{k}\Omega$，射极电阻 R_{e4} 一般取几千欧姆，所以，取 $R_{e3}=R_{e4}=2\text{k}\Omega$，则 $R=9.3\text{k}\Omega$，为了便于调整 I_o，R 用一个固定电阻*$R=5.1\text{k}\Omega$ 和一个 $10\text{k}\Omega$ 的电位器 W_o 串联。

（3）根据指标输入电阻 R_{id} 的要求，确定 R_{b1} 和 R_{b2}

因为恒流源电路 $I_{c3}=I_o=1\text{mA}$，所以 $I_{c1}=I_{c2}=I_o/2=0.5\text{mA}$，而

$$r_{be}=r_{bb'}+\left(1+\beta\right)\frac{26\text{mV}}{I_{c1}}=300+\left(1+\beta\right)\frac{26\text{mV}}{0.5\text{mA}}\approx 5.5\text{k}\Omega$$

差模输入电阻 $R_{id} \approx 2\left(R_{b1}+r_{be}\right)+\left(1+\beta\right)R_{W_1}>30\text{k}\Omega$，当 W_1 取值较小时，可以忽略 W_1，则

$$R_{id} \approx 2\left(R_{b1} + r_{be}\right) > 30$$

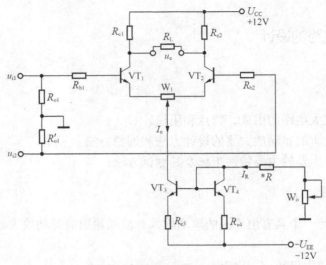

图 6.6　带恒流源的差动放大器

解得 $R_{b1} = R_{b2} > 9.5\text{k}\Omega$，取标称值 $R_{b1} = R_{b2} = 10\text{k}\Omega$。

（4）根据设计要求差模放大倍数 $A_{ud} > 30$，确定 R_{c1}、R_{c2}

$$\left| A_{ud} \right| = \left| -\frac{\beta R_L'}{R_{b1} + r_{be}} \right| \geqslant 30$$

若 $\left| A_{ud} \right| = 40$，则 $R_L' = 6.2\text{k}\Omega$。

由图 6.6 看出，$R_L' = R_c // \dfrac{R_L}{2}$，所以

$$R_c = \frac{R_L' \times \dfrac{R_L}{2}}{\dfrac{R_L}{2} - R_L'} = \frac{62}{3.8} = 16\text{k}\Omega$$

取标称值 $R_{c1} = R_{c2} = R_c = 18\text{k}\Omega$。

3. 电路参数的核算

核算静态工作点

$$U_{CQ1} = U_{CQ2} = U_{CC} - I_{CQ1}R_{c1} = 3\text{V}$$

$$U_{BQ1} = U_{BQ2} = \frac{I_{CQ1}}{\beta}R_{b1} = 50\text{mV} \approx 0$$

$$U_{EQ1} = U_{EQ2} \approx -0.7\text{V}$$

动态参数核算请读者自行计算。

发射极电阻不能太大，否则负反馈太强，会使放大器增益很小，一般 W_1 为 100Ω 左右的可调电阻，以便于调整静态工作点。

三、设计任务

1. 设计图 6.7 所示微电流源电路，设 $\beta = 100$，$U_{CC} = 5\text{V}$，$U_{EE} = 5\text{V}$，使 $I_{REF} = 10\text{mA}$，$I_o = 1\text{mA}$。

2．设计一个差动放大电路，电路结构如图 6.6 所示，技术指标要求如下。

（1）$K_{CMR} \geqslant 60dB$。

（2）$R_{b1}=R_{b2}=820\Omega$。

（3）$U_{opp} \geqslant 2V$。

（4）$|A_{ud}| \geqslant 50$。

（5）电源电压±5V。

（6）差分管 $\beta=100$。

（7）图中电流源采用图 6.7 所示的设计。

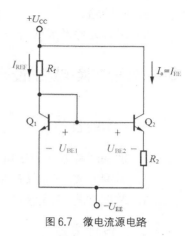

图 6.7　微电流源电路

四、实验内容

1．在实验箱上连接设计的电路，调节电位器 W_1，使放大器零输入时零输出。

2．测量电路的静态工作点。

3．测量电路单端输入、双端输出时的差模放大倍数和共模放大倍数。

4．计算电路的共模抑制比。

五、预习要求

1．复习差动放大器的相关知识。

2．根据设计任务完成电路设计，写出设计过程，画出电路图。

3．用 EDA 仿真软件对所设计的电路进行仿真。若电路指标不满足设计要求，可适当调整参数。

4．自拟电路的调测方案、实验步骤和数据表格。数据表格中必须有理论值和实测值两项。

六、设计型实验报告要求

1．写出电路的主要设计过程和参数核算过程（包括静态参数和动态参数）。

2．整理实验数据与波形，总结差动放大器中各个元件参数对性能指标的影响。

3．记录实验过程中遇到的问题及解决方法。

七、思考题

1．差动放大器电路中元件的对称性对电路性能有何影响？

2．为什么在测试静态工作点前要调零？

3．恒流源的电流取大一点比较好还是小一点比较好？

八、实验仪器与器材

1．函数信号发生器。

2．直流稳压电源。

3．示波器。

4．万用表。

5．实验箱。
6．阻容元件及导线若干。

6.4 波形变换电路的设计

一、实验目的

1．加深理解方波和三角波产生电路的工作原理。
2．掌握方波-三角波产生电路的设计方法。
3．掌握方波-三角波产生电路的连接以及主要性能指标的调测方法。

二、设计方法

设计一个由集成运算放大器等元件组成的方波-三角波产生电路，已知运算放大器的工作电源为±12V，振荡频率为1kHz，方波和三角波输出幅值分别为±6V和±3V，误差范围为±10%，设计计算电路元件参数。

1．电路结构的设计选定

根据要求可选图6.8所示的方波-三角波产生电路。

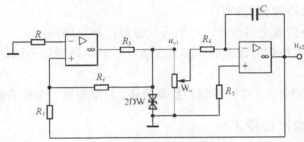

图6.8 方波-三角波产生电路

2．集成运算放大器型号的确定

因为方波前后沿与比较器的转换速率有关，若方波频率较高或对方波前后沿有要求时，应选用高速型运算放大器组成比较器；选用失调电压与温漂小的运算放大器组成积分器。本实验要求振荡频率不高，无其他特别要求，所以选用通用型的运算放大器 TL084 或 UA741。

3．稳压二极管型号和限流电阻 R_3 的确定

根据设计要求，方波幅值为±6V，误差范围为±10%，所以可查有关手册选用满足稳压值为±6V、误差范围为±10%、稳压电流不小于10mA且温度稳定性好的稳压二极管，如2DW231，其限流电阻为

$$R_3 = \frac{U_{om} - U_{Z\min}}{I_{\max}} = \frac{12V - 5.4V}{10mA} = 660\Omega$$

取标称值 R_3=1kΩ。

4．方波发生器中分压电阻 R_1、R_f 和平衡电阻 R 的确定

R_1、R_f 的作用是提供一个随输出方波电压变化的基准电压，并决定三角波的幅值。一般

根据三角波幅值来确定 R_1、R_f 的阻值。根据电路原理和设计要求可得

$$U_{omax} = \frac{U_Z\,R_1}{R_f} = \frac{\pm 6V \times R_1}{R_f} = \pm 3V$$

$$R_f = 2R_1$$

先选取 R_1，R_1 取值太小会使波形失真严重，一般情况下 $R_1 \geqslant 5.1\text{k}\Omega$，则 $R_f=10\text{k}\Omega$。平衡电阻 $R=R_1 // R_f$。

5．积分单元中 R_4、C 与平衡电阻 R_5 的确定

根据

$$f = \frac{R_f}{4CR_1R_4} \tag{6.4.1}$$

得到 $R_4 = \dfrac{R_f}{4CR_1 f}$。首先选取 C 的值，代入式中即可求出 R_4。

为了便于调节频率，R_4 一般用一个固定电阻和一个电位器串联，R_5 是平衡电阻，一般取 $R_5=R_4$。

三、设计任务

设计一个方波-三角波产生电路，指标要求如下。

方波频率为 1kHz，相对误差小于 $\pm 5\%$，幅值为 $\pm 4V$，相对误差小于 $\pm 5\%$。

三角波频率为 1kHz，相对误差小于 $\pm 5\%$，幅值为 $\pm 1V$，相对误差小于 $\pm 5\%$。

四、实验内容

1．在实验箱上安装所设计的电路。

2．调测电路输出的方波、三角波的幅值和频率，使之满足设计要求。

五、预习要求

1．复习方波-三角波产生电路的工作原理及设计方法。

2．根据设计要求，设计计算元件参数，写出设计过程，画出电路图。

3．用 EDA 仿真软件对所设计的电路进行仿真。若电路指标不满足设计要求，可适当调整参数。

4．写出实验方法和调测步骤。

六、实验报告要求

1．简述电路工作原理和电路中主要元件的作用。

2．写出电路的设计过程。

3．记录并整理实验数据，画出输出电压 u_{o1}、u_{o2} 的波形（标出幅值、周期和相位关系）。

4．记录实验过程中遇到的问题及解决方法。

七、思考题

如图 6.8 所示电路中，u_{o2} 的幅值和频率由哪些电路参数决定？采用什么方法可以提高 u_{o2} 的幅值？

八、实验仪器与器材

1. 函数信号发生器。
2. 直流稳压电源。
3. 示波器。
4. 万用表。
5. 实验箱。
6. 阻容元件及导线若干。

6.5 有源滤波器的设计

一、实验目的

1. 掌握低通、高通、带通和带阻滤波器的基本特性及其带宽的意义。
2. 熟悉用运算放大器、电阻和电容组成有源滤波器电路的工作原理。
3. 掌握测量有源滤波器基本参数的方法。
4. 掌握二阶 RC 有源滤波器的工程设计方法。

二、实验原理与设计方法

在电子系统中，输入信号往往包含一些不需要的信号，欲将不需要的信号衰减到足够小的程度，将需要的信号挑选出来，可采用滤波器滤波的方法。

滤波器实际上是一种选频电路，它是一种使有效频率信号通过，同时抑制（衰减）无用频率信号的电子电路。由运算放大器和 R、C 组成的有源滤波器，其频率将受运算放大器带宽的影响，不适合用于高频信号，其频率通常在数十千赫兹以下。

滤波器根据频率特性的不同，可分为低通滤波器、高通滤波器、带通滤波器和带阻滤波器。各类滤波器的幅频特性如图 6.9 所示，其中 $\dot{A}_{uf}$ 为最大通带增益。

1. 二阶有源低通滤波器

低通滤波器（Low Pass Filter，LPF）用来通过低频信号，抑制或衰减高频信号。图 6.10 所示为典型的二阶低通滤波器。它由两级 RC 滤波环节和同相比例器组成。当 $R_1 = R_2 = R$，$C_1 = C_2 = C$，截止角频率 $\omega_0 = 2\pi f_0 = \dfrac{1}{RC}$ 时，该电路的主要性能如下。

（1）通带增益（电压放大倍数）

$$A_{uf} = 1 + \frac{R_F}{R_f} \tag{6.5.1}$$

（2）传递函数

$$A(s) = \frac{A_{uf}}{1 + (3 - A_u)sCR + (sCR)^2} \tag{6.5.2}$$

当电路的放大倍数 A_{uf} 小于 3 时，式（6.5.2）中分母的一次项系数大于零，电路才能稳定工作，否则电路会产生自激振荡。

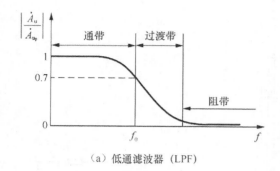

（a）低通滤波器（LPF）

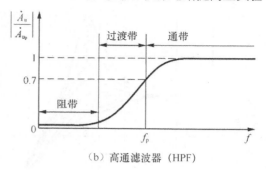

（b）高通滤波器（HPF）

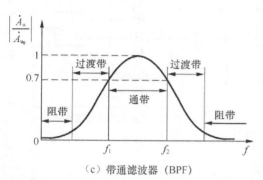

（c）带通滤波器（BPF）

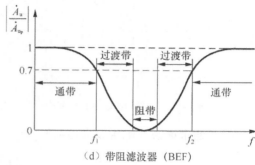

（d）带阻滤波器（BEF）

图 6.9　各类滤波器幅频特性

（3）品质因数

当 $f = f_0$ 时，电压放大倍数的模和通带放大倍数的比称为滤波器的品质因数，记作 Q。对于图 6.10 所示电路而言，其值是

$$Q = \frac{1}{3 - A_{uf}} \qquad (6.5.3)$$

该电路的幅频特性曲线如图 6.11 所示，不同 Q 值影响二阶低通滤波器在截止频率处幅频特性曲线的形状。

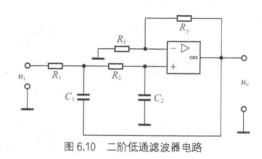

图 6.10　二阶低通滤波器电路

设计二阶有源 LPF 时选用 R、C 的方法，电路如图 6.10 所示，设 $R_1 = R_2 = R$，$C_1 = C_2 = C$，则

$$Q = \frac{1}{3 - A_{uf}} \qquad (6.5.4)$$

$$f_0 = \frac{1}{2\pi RC}$$

f_0、Q 可以由 R、C 的值和运算放大器的增益 A_{uf} 来调整。

2. 高通有源滤波器

与低通滤波器相反，高通滤波器（High Pass Filter，HPF）用来通过高频信号，抑制或衰减低频信号。将二阶低通滤波电路中的 R_1、R_2 和 C_1、C_2 的位置互换，就构成了图 6.12 所示的二阶高通滤波电路。高通滤波器的频率特性与低通滤波器的频率特性是"镜像"关系，当 $R_1 = R_2 = R$，$C_1 = C_2 = C$ 时，其主要电路性能如下。

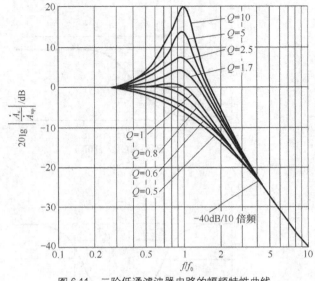

图 6.11 二阶低通滤波器电路的幅频特性曲线

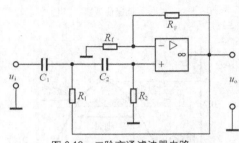

图 6.12 二阶高通滤波器电路

（1）通带增益（电压放大倍数）

$$A_{\text{uf}} = 1 + \frac{R_{\text{F}}}{R_{\text{f}}} \tag{6.5.5}$$

（2）传递函数

$$A(s) = \frac{(sCR)^2}{1 + (3 - A_0)sCR + (sCR)^2} A_{\text{uf}} \tag{6.5.6}$$

（3）品质因数

$$Q = \frac{1}{3 - A_{\text{uf}}} \tag{6.5.7}$$

通带截止频率

$$f_{\text{p}} = \frac{1}{2\pi RC} \tag{6.5.8}$$

电路的幅频特性曲线如图 6.13 所示，不同 Q 值影响高通滤波器在截止频率处幅频特性曲线的形状。

设计二阶有源高通滤波器时，选用 R、C 的方法：如图 6.12 所示，设 $A_{\text{uf}}=1$，$R_1=R_2=R$，$C_1=C_2=C$，则根据所要求的 Q、f_{p} 可得

$$A_{\text{uf}} = 3 - \frac{1}{Q} \tag{6.5.9}$$

$$R = \frac{1}{2\pi f_{\text{p}} C}$$

3．二阶带通滤波器

带通滤波器（Band Pass Filter，BPF）的作用是只允许某个通频带范围内的信号通过，而对通频带以外的信号都加以衰减或抑制。只要将二阶低通滤波器中的一阶 RC 电路改为高通接法，就构成了二阶带通滤波器。图 6.14 所示电路就是典型的单端正反馈型二阶带通滤波器电路。当

$R_1 = R_f = R$ ，$R_2 = 2R$ ，$C_1 = C_2 = C$ ，$\omega_0 = 2\pi f_0 = \dfrac{1}{RC}$ 时，其主要电路性能如下。

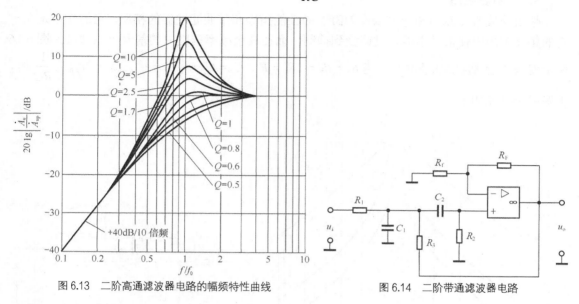

图 6.13　二阶高通滤波器电路的幅频特性曲线　　　　图 6.14　二阶带通滤波器电路

（1）传递函数

$$A(s) = \frac{sCR}{1 + (3 - A_{uf})sCR + (sCR)^2} A_{uf} \tag{6.5.10}$$

其中，$A_{uf} = 1 + \dfrac{R_F}{R_f}$ 为同相比例放大电路的电压放大倍数。

（2）中心频率

$$f_0 = \frac{1}{2\pi RC} \tag{6.5.11}$$

（3）通带放大倍数

$$A_u = \frac{A_{uf}}{3 - A_{uf}} \tag{6.5.12}$$

$$A_{uf} = \frac{R_f + R_F}{R_f R_1 C \times BW} \tag{6.5.13}$$

（4）通带宽度

$$BW = \frac{1}{C}\left(\frac{2}{R} - \frac{R_F}{RR_f} \right) \tag{6.5.14}$$

可见，改变电阻 R_F 或 R_f 的值就可以改变通带宽度，但并不影响中心频率。

（5）品质因数

品质函数 Q 值为中心频率对应处放大倍数的模与通常放大倍数的比值。

$$Q = \frac{1}{3 - A_{uf}} \tag{6.5.15}$$

电路的幅频特性曲线如图 6.15 所示，不同的 Q 值将使幅频特性具有不同的特点，Q 值越大，通带宽度越窄，选择性越好。

4．带阻滤波器

带阻滤波器（Band Stop Filter，BEF）的性能指标和带通滤波器的相反，它的作用是在一定的频率范围内使信号不能通过或受到抑制，而在其余频率范围内的信号可以通过。图 6.16 所示就是二阶带阻滤波器电路。当 $R_1 = R_2 = 2R_3 = R$，$C_1 = C_2 = \frac{1}{2}C_3 = C$，$\omega_0 = 2\pi f_0 = \frac{1}{RC}$ 时，主要电路性能如下。

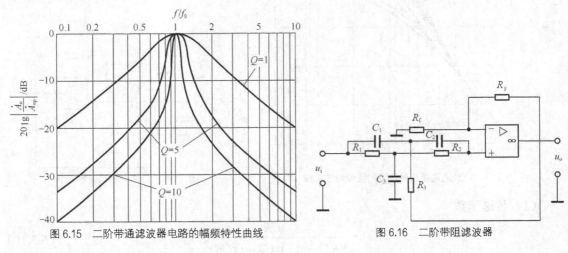

图 6.15　二阶带通滤波器电路的幅频特性曲线　　　图 6.16　二阶带阻滤波器

（1）通带电压放大倍数

$$A_{uf} = 1 + \frac{R_F}{R_f} \tag{6.5.16}$$

（2）中心频率

$$f_0 = \frac{1}{2\pi RC} \tag{6.5.17}$$

（3）通带截止频率和阻带宽度

$$f_1 = \frac{f_0}{2}\left[\sqrt{(3 - A_{uf})^2 + 4} - (2 - A_{uf})\right]$$

$$f_2 = \frac{f_0}{2}\left[\sqrt{(3 - A_{uf})^2 + 4} + (2 - A_{uf})\right]$$

$$BW = f_2 - f_1 = 2(2 - A_{uf})f_0 \tag{6.5.18}$$

（4）品质因数

Q 值是中心频率与阻带宽度之比，即

$$Q = \frac{1}{2(2 - A_{uf})} \tag{6.5.19}$$

电路的幅频特性曲线如图 6.17 所示。

5．二阶低通滤波器设计举例

要求设计一个巴特沃斯二阶低通滤波器，电路如图 6.10 所示，其截止频率为 500Hz，Q

值为 0.707，根据 f_0 的值选择 C 的值，一般来讲，滤波器中电容器的电容量要小于 $1\mu F$，电阻的值至少要求千欧姆级。假设取 $C=0.1\mu F$，则根据 $f_0=\dfrac{1}{2\pi RC}$，即

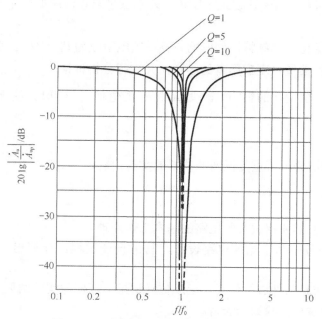

图 6.17　二阶带阻滤波器电路的幅频特性曲线

$$f_0=\frac{1}{2\pi R\times 0.1\mu F\times 10^{-6}}=500Hz$$

可求得 $R=3185\Omega$。

再根据 Q 值求 R_f 和 R_F。因为 Q 值为 0.707，而 $Q=\dfrac{1}{3-A_{uf}}=0.707$，所以 $A_{uf}=1.57$。又因为集成运算放大器要求两个输出端的外接电阻对称，可得

$$\begin{cases} 1+\dfrac{R_F}{R_f}=1.57 \\ R_F//R_f=R+R=2R \end{cases}$$

解得 $R_f=17.547k\Omega$，$R_F=10k\Omega$，取标称值 $R_f=18k\Omega$，$R_F=10k\Omega$。

三、设计任务

1. 设计一低通滤波器，要求截止频率 $f_0=2kHz$，$Q=0.707$。
2. 设计一个带通滤波器，要求 $f_0=500Hz$，$Q=5$，$BW=200Hz$。

四、实验内容

1. 低通滤波器电路

（1）初步调测电路，使电路工作正常。调节输入信号的幅值使输出信号的幅值为 1V，保

持输入信号的幅值不变，调节输入信号的频率，用示波器观测输出信号幅值的变化。

（2）测量低通滤波器的频率特性。在输出波形不失真的情况下，保持输入信号幅值不变，改变输入信号的频率，测量对应的输出电压（选取 10 个频率点）。

（3）测量截止频率。与设计要求相比较，若不满足要求，应调整元器件的值，直到满足要求为止。

（4）观察 Q 值变化对幅频特性的影响。将反馈电阻改为 $R_F' = 2R_F$，重复前面的分析，描绘不同 Q 的频率特性曲线，观察两者的区别，并进行分析讨论。

（5）观察 R、C 值变化的影响。改变 R_1、R_2 的值使 $\dfrac{\Delta R}{R} = 0.1$，测量 f_0 的变化是否符合 $\dfrac{\Delta f_0}{f_0} = \dfrac{\Delta R}{R}$。

2．对于带通滤波器，可重复低通滤波器的实验内容。

五、预习要求

1．复习有源滤波器和相关实验电路的基本工作原理。

2．完成设计任务中两个滤波电路设计，写出设计过程，计算出 R、C 的值，画出电路图。

3．运用 EDA 仿真软件进行仿真，记录仿真结果，以便与实验结果分析比较。

4．自拟测试步骤和实验数据表格。

六、实验报告要求

1．写出二阶低通滤波器和二阶带通滤波器的设计过程，画出实验电路图，并标出元件参数。

2．比较仿真结果、实测结果、理论结果，并加以分析讨论。

3．根据测试数据画出低通滤波器的频率特性曲线。

4．根据测量数据，分析品质因数对滤波器频率特性的影响。

七、思考题

1．试分析集成运算放大器有限的输入阻抗对滤波器性能是否有影响。

2．带阻滤波器和带通滤波器是否像高通滤波器和低通滤波器一样具有对偶关系？若将带通滤波器中起滤波作用的电阻器与电容器的位置互换，能得到带阻滤波器吗？

八、实验仪器与器材

1．函数信号发生器。

2．直流稳压电源。

3．示波器。

4．万用表。

5．实验箱。

6．阻容元件及导线若干。

6.6 集成直流稳压电源的设计

一、实验目的

1. 熟悉串联稳压电源的工作原理，了解集成稳压电源的特点和使用方法。
2. 掌握直流稳压电源电路的设计方法。
3. 学习并掌握整流器、滤波器和稳压器的性能指标及波形的测试方法。

二、设计方法

直流稳压电源一般由电源变压器、整流器、滤波器和稳压器 4 个基本部分组成，其稳压过程如图 6.18 所示。

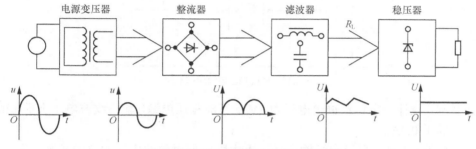

图 6.18　直流稳压电源基本组成及稳压过程

电源变压器是将市电转换成所需数值交流电源的部件。

小功率整流电路中整流器一般是由 4 个二极管封装成的一个器件，即整流桥。整流主要依靠二极管的单向导电性，将交流电转换成脉动的直流电。在直流负载上得到的直流电压 U_o 和电流 I_L 分别为

$$U_o = \frac{2\sqrt{2}U_2}{\pi} \approx 0.9U_2 \qquad (6.6.1)$$

$$I_L = \frac{U_o}{R_L} = \frac{0.9U_2}{R_L}$$

式中，U_o 为整流输出端的直流分量，U_2 为变压器次级输出电压的有效值。

一般由整流器输出端并联容量较大的电容构成电容滤波电路，利用电容器的充放电作用，便可在负载上得到比较平滑的直流电压。采用电容滤波电路，有负载时，输出直流电压可由下式估算：

$$U_o = 1.2U_2 \quad （全波）$$

$$U_o = U_2 \quad （半波） \qquad (6.6.2)$$

式中，U_o 为滤波输出端的电压，U_2 为变压器次级输出电压的有效值。采用电容滤波电路时，输出电压的脉动程度与电容器的放电时间常数 RC 有关，RC 大，脉动程度就小。为了得到比较平滑的输出电压，通常要求 $RC \geqslant (3 \sim 5)T/2$，式中 R 为整流滤波电路的负载电阻，T 为交流电源电压的周期。

集成稳压器的种类很多，一般根据设备对直流电源的要求进行选择。对于大多数电子仪器设

备来说，通常是选用串联线性集成稳压器。目前较常用的是三端集成稳压器。其原理框图如图 6.19 所示。由于稳压器的主回路相当于由可变电阻的调整放大器和负载构成，所以当输出电压 U_o 因电网而波动，负载改变或环境、工作温度变化时，采样电路将输出电压与基准电压比较，并将其结果经放大电路后去控制调整放大器，从而使输出电压相对稳定。这是一个负反馈闭环有差调节系统。集成稳压器是将图 6.19 所示电路完整地组合在一块硅片上的，因此它具有体积小、稳定度高、输出电阻小、温度性能好等优点。集成稳压器输入电压的选择原则为

$$U_o+(U_i-U_o)_{min}\leqslant U_i\leqslant U_o+(U_i-U_o)_{max}$$

式中，$(U_i-U_o)_{min}$ 为最小输入输出电压差，如果达不到最小输入输出电压差，则不能稳压；$(U_i-U_o)_{max}$ 为最大输入输出电压差，如果大于此值，则集成稳压器会因功耗过大而损坏。

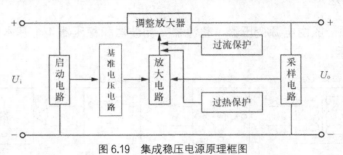

图 6.19　集成稳压电源原理框图

设计举例：设计一个单路输出电压为 5V 的直流稳压电源，输出纹波电压小于 15mV，输出直流电流等于 0.2A。

1. 根据设计要求，直流电源输出功率不太大，但对纹波电压的要求较高，所以采用图 6.20 所示的电路形式。

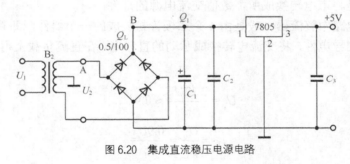

图 6.20　集成直流稳压电源电路

2. 电路设计

（1）选择单元电路

① 降压：使用降压变压器，方法简单，传输效率高。

② 整流：有半波整流、全波整流和桥式整流。考虑整流效率采用桥式整流。

③ 滤波：实际中常采用电解电容和电阻器组成滤波电路。

④ 稳压：本设计要求有正极性输出电压，所以元器件可采用固定输出的 78×× 系列。三端集成稳压器的电参数主要有输入电压范围、输出电压范围、输出电流容量、稳压系数、输出内阻等，根据实际指标要求，选择集成稳压器的输出电压等于指标要求电压。故选择固定式三端稳压器 CW7805（简称 7805），其输出电压范围为 4.8～5.2V，最大输出电流为 0.5A。

（2）确定各部分的电路参数

根据图 6.20 所示电路，要使 7805 正常工作，必须保证整流滤波电路的输出电压即集成稳压器的输入电压比集成稳压器的输出电压大 3～5V，使集成稳压器能工作在线性范围内。因为要求输出电压为 5V，所以 7805 输入端 B 点的直流电压必须大于 8V，整流滤波电路的输出电压与它的输入电压之间的关系为 $U_o=1.2U_i$，式中 U_i 为 A 点的电压有效值，所以 A 点交流电压的有效值 $U_i=8V/1.2=5.8V$，即变压器副边交流电压的有效值为 5.8V，考虑到当电网有 10%的波动时，电路仍需能正常工作，所以 A 点取 8V。

（3）各器件参数的确定

① 变压器：A 点电压即变压器的输出电压，所以变压器匝数比 $n=220/8=27.5$，取整匝数比 28。输出功率 8V×1A=8W，取传输效率为 90%，则输入功率为 8.9W。

为使变压器具有一定的过载能力，功率要选得有余量，是实际消耗功率的 1.5～2.0 倍，所以取输入功率为 15W。

② 选择整流二极管：整流二极管选 1N4001，其元件参数为 $U_{RM}\geq50V$，$I_F=1A$，满足 $U_{RM}\geq2\sqrt{2}U_2$，$I_F\geq I_{omax}$ 的要求。

③ 滤波电容 C_1：确定 C_1 前要先求出 R 和时间常数。因为输出电流为 0.2A，输出电压为 5V，所以 $R_L=25\Omega$。通常取时间常数为(6～10)T，桥式整流后信号频率为 100Hz，所以 $T=0.01s$，取 10T，则 $C_1=0.1s/25\Omega=0.004F$，可选择 5100μF、耐压 16V 的电解电容。

④ 去耦电容 C_1、C_2、C_3，C_3 需满足 7805 的工作要求，用来滤除高频分量，防止自激振荡，取值范围在 0.1～0.47μF。

（4）指标验证（请读者自行计算）

三、设计任务

设计一个单路输出电压为 5 V 的直流稳压电源，技术指标如下。

（1）输入：AC220（1±10%）V，50Hz。

（2）输出：DC5（1±2%）V，300mA。

（3）稳压系数：小于 0.01。

（4）纹波电压 $U_{pp}<5mV$。

四、实验内容

1．连接实验电路，保证电路正确连接。接通电源前，应对电路和元器件认真检查，特别注意电源变压器的原、副边，集成三端稳压器的引脚和滤波电容器的极性。

2．将 B_2 变压器的副边与整流二极管接成桥式整流电路。测量 U_1、U_2，整流电压 $U_{整}$及其波形。

3．接通滤波电容 C_1、C_2 与三端稳压器 7805，测量滤波电压及其波形。

4．在三端稳压器 7805 的输出端分别接阻值为∞（开路）、5.1kΩ 和 1.2kΩ 的负载电阻 R_L，观察输出电压的波形及其幅值的变化。

5．测量直流稳压电源的性能参数。

（1）最大输出电流：指稳压电源正常工作时能输出的最大电流，用 I_{omax} 表示，一般情况下工作电流应小于最大输出电流，以免损坏稳压器。

（2）输出电压：是指稳压电源的输出电压，采用图 6.21 所示的测试电路，可以同时测出输出电压 U_o 和 I_{omax}。具体测试方法为：在集成三端稳压器 7805 的输出端接负载电阻 $R_L=2\text{k}\Omega$，用数字万用表测量 R_L 两端的电压 U_o，则输出直流电流为 $I_o=U_o/R_L$。

（3）稳压系数 S：稳压系数 S 表示输入电压 u_i 变化时，输出电压 u_o 维持稳定不变的能力。稳压系数 S 定义为输出电压的相对变化量 $\Delta U_o/U_o$ 和输入电压的相对变化量 $\Delta U_i/U_i$ 的比值。

测量方法如图 6.21 所示，在集成稳压器输出端接上负载，保持负载不变，调节自耦变压器使输入的（电源）电压变化 $\pm10\%$（由 220V 变化到 198V 或 242V），测量相对应的输出电压 U_o，并按下式计算稳压系数：

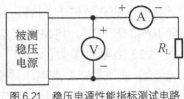

图 6.21　稳压电源性能指标测试电路

$$S = \frac{\Delta U_o/U_o}{\Delta U_i/U_i} \qquad (6.6.3)$$

（4）输出电阻 r_o：直流稳压电源的输出电阻 r_o 表示稳压电源输出负载变化时，维持输出电压不变的能力。定义为输入电压不变时，由于负载电流的变化量 ΔI_o 与由此而引起的输出电压的变化量 ΔU_o 的比值。

输出端接上负载，在电源电压 220V，$U_o=15\text{V}$ 时，改变负载电流为 100mA 和 50mA，测量 U_o 的变化量，并按下式计算输出电阻 r_o。

$$r_o = \frac{\Delta U_o}{\Delta I_o} \qquad (6.6.4)$$

（5）输出纹波电压：是指叠加在输出直流电压 U_o 上的交流分量。测量时保持输出电压 U_o 和输出电流 I_o 的值为额定值，将示波器设置为交流耦合方式，观测稳压电源输出端测出的交流分量，即输出纹波电压。

五、预习要求

1. 复习直流稳压电源的电路组成和工作原理。
2. 画出桥式整流电路、滤波电路和直流稳压电源的实验接线图。
3. 了解集成三端稳压器的性能参数，学习使用集成三端稳压器的方法。
4. 根据设计任务，完成直流稳压电源电路的参数设计，画出电路图。

六、实验报告要求

1. 简述电路的工作原理和主要元件在电路中的作用。
2. 写出直流稳压电源电路的设计过程。
3. 记录并整理实验数据，画出整流、滤波、稳压等各个部分电路输出电压的波形（标出峰值、周期和相位关系）。
4. 记录实验过程中遇到的问题及解决方法。

七、思考题

1. 集成稳压器的输入端短路会损坏三端稳压器，如何实施保护？请画出电路。

2．桥式整流和电容滤波电路的输出电压是否随负载的变化而变化？

八、实验仪器与器材

1．函数信号发生器。
2．直流稳压电源。
3．示波器。
4．万用表。
5．实验箱。
6．阻容元件及导线若干。

6.7　交流信号幅值判别电路的设计

一、实验目的

1．熟悉集成运算放大器构成精密整流电路的原理和设计方法。
2．掌握用集成运算放大器构成电压放大电路的设计方法。
3．熟悉电压比较器的原理和应用方法。

二、实验原理

利用运算放大器构成的精密整流电路、比例运算电路和电压比较器，设计一个交流信号幅值判别电路。该电路可以通过不同指示灯的亮灭组合反映输入电压的幅值范围。交流信号幅值判别电路可作为温控电路的输出部分，将输入的电压信号进行一定的放大，通过对输出电压幅值范围进行区分，反映输入端温度的变化范围；也可作为数字交流电压表电路的输入部分，通过判断输入信号电压的幅值范围，实现不同电压测量挡位的自动切换。

1．全波精密整流电路的工作原理

图 6.22 所示是一种全波精密整流电路。该电路是由半波整流电路和加法器构成的，其电路输入为正弦信号。由于集成运算放大器的开环增益很高，二极管导通所需的输入电压极小，所以该电路可以实现对小信号的整流，其工作原理为

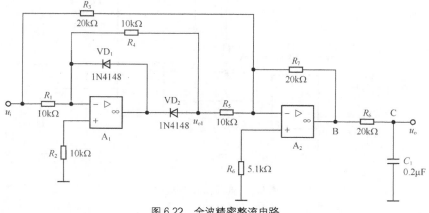

图 6.22　全波精密整流电路

（1）当 $u_i > 0$ 时，有 $u_{o1} = -u_i$，$u_o = -u_i - 2u_{o1} = -u_i + 2u_i = u_i$ （6.7.1）

（2）当 $u_i < 0$ 时，$u_{o1} = 0$，$u_o = -u_i = -(-|u_i|) = |u_i|$，所以

$$u_o = |u_i| \qquad\qquad\qquad (6.7.2)$$

该电路的输出波形是脉动直流电波形，含有直流分量和谐波分量，如图 6.23（a）所示。图 6.22 中 R_8 和 C_1 构成一个简单的低通滤波器,可用来滤除整流电路输出信号中的谐波分量，将其转变为直流电压信号，其波形如图 6.23（b）所示。

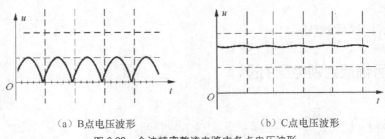

   （a）B 点电压波形   （b）C 点电压波形

图 6.23 全波精密整流电路中各点电压波形

2．输入信号幅值的判别

如图 6.24 所示，输入直流信号 U_{in} 经反相比例器 A_1 放大后，同时加在 A_2、A_3、A_4 的同相端，运算放大器 A_2、A_3、A_4 构成电压比较器,它们的反相输入端加的基准电压为 U_{ref1}、U_{ref2}、U_{ref3}，通过 R_5、R_6、R_7、R_8 分压得到。改变 R_5、R_6、R_7、R_8 的阻值，可以改变基准电压 U_{ref1}、U_{ref2}、U_{ref3} 的值。将 U_1 分别与 U_{ref1}、U_{ref2}、U_{ref3} 进行比较。

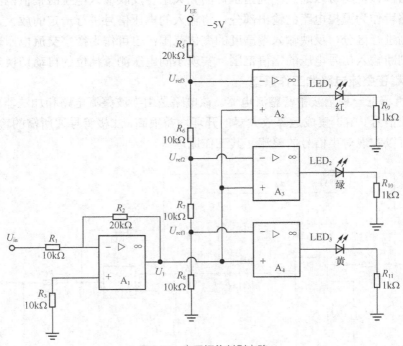

图 6.24 电压幅值判别电路

当 $U_1 < U_{ref1} < U_{ref2} < U_{ref3}$ 时，A_2、A_3、A_4 的输出都为低电平，指示灯全不亮。

当 $U_{ref1} < U_1 < U_{ref2} < U_{ref3}$ 时，A_4 输出为高电平，A_2、A_3 的输出都为低电平，黄色指示灯亮。

当 $U_{ref1} < U_{ref2} < U_1 < U_{ref3}$ 时，A_3、A_4 的输出都为高电平，A_2 的输出为低电平，黄色、绿色指示灯亮。

当 $U_{ref1} < U_{ref2} < U_{ref3} < U_1$ 时，A_2、A_3、A_4 的输出都为高电平，黄色、绿色、红色指示灯都亮。

所以，通过指示灯的亮灭可以判断出输入直流信号的幅值大小。

三、设计任务

设计一个交流电压幅值判别电路，输入信号为 f=1kHz 的正弦信号。要求如下。

当输入正弦波有效值 $0V < U_i < 0.5V$ 时，红色指示灯灭，绿色指示灯灭，黄色指示灯灭。

当输入正弦波有效值 $0.5V < U_i < 1V$ 时，红色指示灯亮，绿色指示灯灭，黄色指示灯灭。

当输入正弦波有效值 $1V < U_i < 1.5V$ 时，红色指示灯亮，绿色指示灯亮，黄色指示灯灭。

当输入正弦波有效值 $U_i < 1.5V$ 时，红色、绿色、黄色指示灯亮。

四、实验内容

1. 在实验箱上连接设计的整流电路和滤波电路。观测电路中输入信号、半波整流输出信号、全波整流输出信号和滤波输出信号的波形，并记录相关参数。若电路指标不满足设计要求，可适当调整参数。

2. 确保内容 1 电路输出正确后，连接电压放大电路和电压比较电路。调测电压放大电路和电压比较电路输入电压、输出电压，观察电压比较器输出显示状态。若电路指标不满足设计要求，可适当调整参数。

五、预习要求

1. 复习比例运算电路、精密整流电路、电压比较器和峰值检波器等电路的工作原理及设计计算方法。

2. 根据设计任务要求，写出设计计算过程，画出电路图。

3. 用 EDA 软件对所设计的电路进行仿真，如果电路指标不满足设计要求，可将参数进行适当调整，使电路指标满足设计要求。

4. 根据实验内容要求自拟实验方法、实验步骤和数据表格。

六、实验报告要求

1. 简述电路原理，画出电路组成框图。

2. 写出主要设计过程，画出电路图。

3. 记录和整理实验结果，包括各级电路输入、输出信号波形，标出幅值和周期。

4．记录实验过程中遇到的问题及解决方法。

七、思考题

设计一个增益自动切换的电压放大电路，该电路的输入信号是电压有效值为 0～2V、频率为 1kHz 的正弦交流信号，设计要求如下。

当 $0 < U_i < 0.5V$ 时，放大电路的增益为 5 倍。

当 $0.5V < U_i < 1V$ 时，放大电路的增益为 2 倍。

当 $1V < U_i < 2V$ 时，放大电路的增益为 1 倍。

八、实验仪器与器材

1．函数信号发生器。

2．直流稳压电源。

3．示波器。

4．万用表。

5．实验箱。

6．阻容元件及导线若干。

第7章 常用电子仪器的使用方法

7.1 DH1718E 型双路稳压电源

DH1718E 型双路稳压电源是一种带有双 3 位数字面板显示屏幕的恒压（Constant Voltage，CV）与恒流（Constant Current，CC）自动转换的高精度电源。DH1718E 型双路稳压电源可同时显示输出电压与电流。本电源设有输出电压、电流预调电路及输出开关电路。本电源还具有主、从路电压跟踪功能。通道 1 为主路，通道 2 为从路，在跟踪状态下，从路的输出电压随主路而变化。这对于需要对称且可调双极性电源的场合特别适用。

7.1.1 DH1718E 型双路稳压电源技术参数

DH1718E 型双路稳压电源技术参数如图 7.1 所示。

参数指标	DH1718E-3		DH1718E-4		DH1718E-5		DH1718E-6		DH1718G-4		
输出功率	210W		210W		350W		700W		225W		
	1	2	1	2	1	2	1	2	1	2	3
额定直流输出 (0~40℃)	0~70V	0~70V	0~35V	0~5V	0~35V	0~35V	0~35V	0~35V	0~35V	0~35V	5V
	0~1.5A	0~1.5A	0~3A	0~3A	0~5A	0~5A	0~10A	0~10A	0~3A	0~3A	3A
串联模式电压	140V		70V		70V		70V		70V		不适用
并联模式电流	不适用		不适用		不适用		不适用		不适用		不适用
负载调整率± （输出的%+偏置）											
电压	<0.01%+2mV		<0.01%+2mV		<0.01%+3mV		<0.05%+5mV		<0.01%+2mV		<0.05%+5mV
电流	<0.01%+10mA		<0.01%+10mA		<0.01%+10mA		<0.05%+15mA		<0.01%+10mA		不适用
电源调整率± （输出的%+偏置）											
电压	<0.01%+2mV		<0.01%+2mV		<0.01%+2mV		<0.05%+5mV		<0.01%+2mV		<0.05%+5mV
电流	<0.01%+2mA		<0.01%+2mA		<0.01%+2mA		<0.05%+10mA		<0.01%+2mA		不适用
输出纹波和噪声 （20Hz~20MHz）											
常模电压	Vrms<1mV		Vrms<1mV		Vrms<1mV		Vrms<2mV		Vrms<1mV		Vrms<2mV
	Vpp<6mV		Vpp<6mV		Vpp<6mV		Vpp<12mV		Vpp<6mV		Vpp<12mV
常模电流	Irms<2mA		Irms<2mA		Irms<2mA		Irms<20mA		Irms<2mA		不适用
回读精度± （输出的%+偏置）											

图 7.1　DH1718E 型双路稳压电源技术参数

电压	<0.05%+40mV	<0.05%+40mV	<0.05%+40mV	<0.05%+40mV	<0.05%+40mV	<0.1%+100mV
电流	<0.1%+40mA	<0.1%+40mA	<0.1%+40mA	<0.1%+40mA	<0.1%+40mA	不适用
编程（仪表显示值）						
电压	10mV	10mV	10mV	10mV	10mV	不适用
电流	10mA	10mA	10mA	10mA	10mA	不适用
阅读（仪表显示值）						
电压	10mV	10mV	10mV	10mV	10mV	不适用
电流	10mA	10mA	10mA	10mA	10mA	不适用

图 7.1　DH1718E 型双路稳压电源技术参数（续）

7.1.2　稳压电源工作原理

稳压电源由整流滤波电路、辅助电源电路、基准电压电路、稳压和稳流比较放大电路、调整电路与稳压、稳流取样电路等组成，其工作原理框图如图 7.2 所示。当输出电压由电源电压或负载电流变化引起变动时，则变动的信号经稳压取样电路与基准电压相比较，其所得误差信号经比较放大器放大后，经放大器控制调整电路，将输出电压调整为给定值。因为比较放大器由集成运算放大器组成，增益很大，因此输出端有微小的电压变动也能得到调整，以达到高稳定输出的目的。稳流调节与稳压调节基本一样，因此同样具有高稳定性。

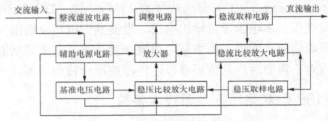

图 7.2　稳压电源工作原理框图

DH1718E 型双路稳压电源包含两个直流稳压电源，实际可独立使用、串联使用，或并联使用。

7.1.3　DH1718E 型稳压电源前面板介绍

DH1718 系列电源的前面板如图 7.3 所示。

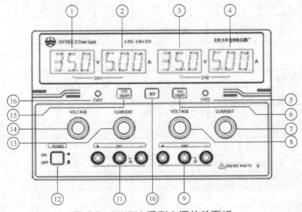

图 7.3　DH1718 系列电源的前面板

①—通道 1 电压表；②—通道 1 电流表；③—通道 2 电压表；④—通道 2 电流表；⑤—通道 2CV/CC 指示灯；⑥—通道 2 ON/OFF 键；⑦—通道 2 电流旋钮；⑧—通道 2 电压旋钮；⑨—通道 2 输出接线端子；⑩—串联跟踪键；⑪—通道 1 输出接线端子；⑫—电源开关；⑬—通道 1 电流旋钮；⑭—通道 1 电压旋钮；⑮—通道 1ON/OFF 键；⑯—通道 1 CV/CC 指示灯

面板的上部分为电压表与电流表，下半部分为电源开关、功能按键旋钮和接线端子等。

7.1.4　DH1718E 型稳压电源使用方法

1．开机

（1）将电源线接入后面板插座。

（2）按下 POWER 键，电源进入开机自检过程，屏幕显示"-dh dh-"字符，自检完毕，屏幕显示预置值；如果首次使用，屏幕显示默认预置值，否则显示电源最后一次关闭前的预置值。

2．输出端子接线

选择合适线径的负载线，将正极负载线与正极输出端子相连，负极电缆与负极输出端子相连。注意：连接电源输出端子线前必须关闭电源开关，否则可能有电击的危险。

3．基本操作

（1）电压设置操作

① 电压设置范围为 0 到最大电压设置值，直接调节旋钮既可调节电压设定值。左右两个 VOILAGE 旋钮分别为通道 1 和通道 2 的电压调节旋钮。

② 旋转旋钮，改变电压设定值，顺时针旋转旋钮数值变大，逆时针旋转旋钮数值变小。

（2）电流设置操作

① 电流设置范围为 0 到最大电流设置值，直接调节旋钮既可调节电流设定值。左右两个 CURRENT 旋钮分别为通道 1 和通道 2 的电流调节旋钮。

② 旋转旋钮，改变电压设定值，顺时针旋转旋钮数值变大，逆时针旋转旋钮数值变小。

（3）输出开/关操作

可以通过按下前面板通道的 ON/OFF 键来控制电源的输出开关。按下输出键可切换对应的电源通道的输出状态。该键带有关断输出（灯亮）指示灯。当电源输出处于开启状态时，指示灯点亮。

4．串联跟踪操作

通道 1 的输出正端子与通道 2 的输出负端子作为高压输出，可获得 2 倍于单通道输出电压。输出单路×2 倍的电压。将短接的两个接线柱作为公共点，通道 1 的正接线柱和通道 2 的负接线柱可输出相同幅值的正负电压值。

5．上电输出操作

DH1718 系列直流稳压稳流电源具有上电输出功能，可模拟机械按键的上锁功能。开启上电输出功能后，用户在接通电源后无须手动按下 ON/OFF 键，电源输出将自动开启。

开启上电输出功能：电源关闭状态下，按住通道 1 输出键，并同时按下电源开机键，直到通道 1 电压表显示 ON 字样，此时通道 1 上电输出功能开启完毕。通道 2 操作同通道 1 操作。关闭上电输出功能：关闭该功能的操作与开启的操作类似，按住通道输出键和电源开机键，直到通道 1 电压表显示 OFF 字样。此时上电输出功能关闭完毕。

开启或关闭此功能后，请将电源关闭重启，以验证是否成功设置。

注意：开启或关闭此功能时，请不要连接任何负载，以免造成负载损坏。

6．上电串联跟踪操作

（1）在进行上电串联设置前，将通道 1 的输出负端子与通道 2 的输出正端子用短接片短接。

（2）开启上电串联功能：按住 SER 键，并同时按下电源开机键，直到通道 1 电压表显示 ON 字样，此时上电串联功能开启完毕。

（3）关闭上电串联功能：关闭该功能的操作与开启操作类似，按住键 SER 和电压开机键，直到通道 1 电压表显示 OFF 字样。此时上电串联功能关闭完毕。

（4）开启或关闭此功能后，请将电源关闭重启，以验证是否成功设置。

7．故障字典功能

（1）在电源上电后，程序启动阶段，电源会进行自检，若出现故障会进行报错显示，根据不同的报错代码，可分析故障的原因，方便维修和保证人身安全。

（2）在电源使用过程中出现故障时，电源会自动报错，屏幕显示错误代码，如表 7.1 所示。

表 7.1 故障查询代码

序号	1	2	3	4	5	6
故障	过压	过流	过温	RTC 连接错误	风扇连接错误	多重错误
报错代码	E01	E02	E03	E04	E05	E00

7.2　DT830 型数字万用表

DT830 型数字万用表是 3 位半液晶显示小型数字万用表。它可以测量交、直流电压和交、直流电流，电阻阻值、电容值、晶体管 β 值、二极管导通电压和电路短接等，用一个旋转波段开关改变数字万用表的测量功能和量程，共有 30 挡。

7.2.1　DT830 型数字万用表性能参数与特点

DT830 型数字万用表性能参数与特点如下。

（1）交、直流电压（交流频率为 45～500Hz）：量程有 200mV、2V、20V 和 1000V 这 4 挡，直流精度为±（读数的 0.8%＋2 个有效数字），交流精度为±（读数的 1%＋5 个有效数字）；直流挡和交流挡的输入阻抗均为 10MΩ。

（2）交、直流电流：量程有 200μA、2mA、200mA 和 10A 这 4 挡，直流精度为±（读数的 1.2%＋2 个有效数字），交流精度为±（读数的 2.0%＋5 个有效数字），最大电压负荷为 250mV（交流有效值）。

（3）电阻量程有 200Ω、2kΩ、200kΩ、2MΩ 和 20MΩ 这 5 挡，精度为±（读数的 2.0%＋3 个有效数字）。

（4）二极管导通电压：量程为 0～1.5V，测试电流为 1mA±0.5 mA。

（5）晶体管 β 值检测：测试条件为 $U_{CE}=2.8V$，$I_B=10\mu A$。

（6）短路检测：测试电路电阻小于 20Ω±10Ω。

7.2.2　DT830 型数字万用表使用方法

1．电压的测量方法

（1）直流电压的测量，如电池、随身听电源等。首先将黑表笔插进 "COM" 孔，红表笔插进 "V/Ω" 孔。把旋钮旋转到比估计值大的量程（注意：表盘上的数值均为最大量程，"V-" 表示直流电压挡，"V～" 表示交流电压挡，"A" 是电流挡），接着把表笔接电源或电池两端，保持接触稳定。数值可以直接从显示屏上读取，若显示为 "1."，则表明量程太小，那么就要加大量程后再测量。如果在数值左边出现 "-"，则表明表笔极性与实际电源极性相反，此时红表笔接的是负极。

（2）交流电压的测量。表笔插孔与直流电压的测量一样，将旋钮旋转到交流挡 "V～" 处相应的量程即可。交流电压无正负之分，测量方法与前面的相同。无论测量交流电压还是直流电压，都要注意人身安全，不要随便用手触摸表笔的金属部分。

2．电流的测量方法

（1）直流电流的测量。先将黑表笔插入 "COM" 孔，若测量大于 200mA 的电流，则要将红表笔插入 "10A" 插孔并将旋钮旋转到直流 "10A" 挡；若测量小于 200mA 的电流，则将红表笔插入 "200mA" 插孔并将旋钮旋转到合适的量程。调整好后，就可以测量了。将万用表串入电路，保持稳定，即可读数。若显示为 "1."，就要加大量程；如果在数值左边出现 "-"，则表明电流从黑表笔流进万用表。

（2）交流电流的测量。测量方法与直流电流的相同，挡位打到交流挡位，需注意电流测量完毕后应将红表笔插回 "V/Ω" 孔。

3．电阻的测量方法

将表笔分别插入 "COM" 和 "V/Ω" 孔，把旋钮旋转到 "Ω" 中所需的量程，用表笔接在电阻两端金属部位，测量中可以用手接触电阻，但不要使手同时接触电阻两端，这样会影响测量精度——人体是电阻很大但是有限大的导体。读数时，要保持表笔和电阻有良好的接触。注意电阻单位：在 "200" 挡时单位是 "Ω"，在 "2k" 到 "200k" 挡时单位为 "kΩ"，"2M" 挡以上的单位是 "MΩ"。

4．二极管的测量方法

数字万用表可以测量发光二极管、整流二极管。测量时，表笔位置与电压测量的一样，将旋钮旋转到 "5V" 挡；用红表笔接二极管的正极，黑表笔接负极，这时会显示二极管的正向压降。

肖特基二极管的压降是 0.2V 左右，普通硅整流管（1N4000、1N5400 系列等）约为 0.7V，发光二极管压降范围为 1.8～2.3V。调换表笔，显示屏显示"1."则表示正常，二极管的反向电阻很大，否则此管已被击穿。

5. 晶体管的测量方法

表笔插位同上；其测量原理与二极管的测量原理类似。先假定 A 引脚为基极，用黑表笔与该引脚相接，红表笔与其他两引脚分别接触；若两次读数均为 0.7V 左右，再用红表笔接 A 引脚，黑表笔接触其他两引脚，若均显示"1"，则 A 引脚为基极，否则需要重新测量，且此为 PNP 型晶体管。关于集电极和发射极的判断，数字万用表不能像指针表那样利用指针摆幅来判断，可以利用"hFE"挡来判断：先将挡位打到"hFE"挡，挡位旁有一排小插孔，分为 PNP 型晶体管和 NPN 型晶体管的测量。前面已经判断出晶体管类型，将基极插入对应晶体管类型"b"孔，其余两脚分别插入"c""e"孔，此时可以读取数值，即 β 值；再固定基极，其余两引脚对调；比较两次读数，读数较大的引脚位置与表面"c""e"相对应。

7.3 DG1022 型双通道函数/任意波形发生器

7.3.1 概述

DG1022 型双通道函数/任意波形发生器使用直接数字式频率合成器（Direct Digital Synthesizer，DDS）技术，可生成稳定、精确、纯净和低失真的正弦信号。DDS 包括数字和模拟两部分，其主要由相位累加器、ROM 波形查询表、数模转换器和低通滤波器构成。DDS 的基本结构如图 7.4 所示，其中 K 为频率控制字、f_c 为时钟频率，N 为相位累加器的字长，D 为 ROM 数据位数与数模转换器的字长。相位累加器在时钟 f_c 的控制下以步长 K 累加，输出 N 位二进制码作为波形 ROM 的地址。对波形 ROM 寻址。波形 ROM 输出的幅值码 $S(n)$ 经数模转换器转换成模拟信号后再经低通滤波器输出。

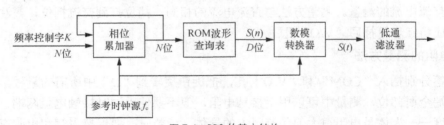

图 7.4　DDS 的基本结构

DG1022 型双通道函数/任意波形发生器能提供频率为 5MHz 的具有快速上升沿和下降沿的方波，还具有高精度、宽频带的频率测量功能。其实现了易用性、优异的技术指标与众多功能特性的完美结合。DG1022 型双通道函数/任意波形发生器向用户提供简单而功能明晰的前面板、人性化的键盘布局和指示，以及丰富的接口、直观的图形用户操作界面、内置的提示和上下文帮助系统，极大地简化了复杂的操作过程，用户不必花大量的时间去学习和熟悉信号发生器的操作即可熟练使用。通过仪器内部 AM、FM、PM、FSK 调制功能能够方便地调制波形，而不需要单独的调制源。

7.3.2 使用方法

1. DG1022 型双通道/任意波形发生器的前后面板与各旋钮作用

DG1022 型双通道函数/任意波形发生器向用户提供简单而功能明晰的前面板，如图 7.5 所示。前面板上包括各种功能按键、旋钮与菜单软键，可以通过它们进入不同的功能菜单或直接使用特定的功能应用。后面板如图 7.6 所示。

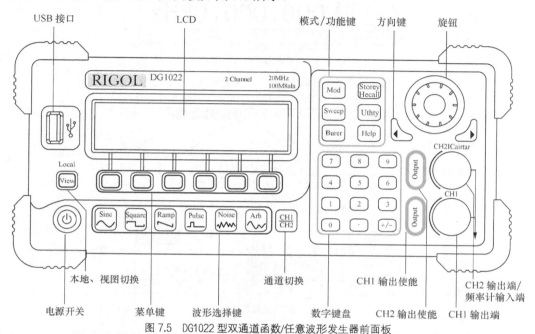

图 7.5 DG1022 型双通道函数/任意波形发生器前面板

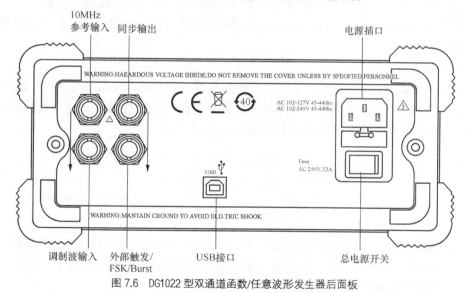

图 7.6 DG1022 型双通道函数/任意波形发生器后面板

2. DG1022 型双通道/任意波形发生器的用户界面

DG1022 型双通道函数/任意波形发生器提供了 3 种界面显示模式，即单通道常规模式、单通道图形模式与双通道常规模式。这三种显示模式可通过前面板左侧的 $\boxed{\text{View}}$ 按键切换。可通过 来切换活动通道，以便于设定每种通道的参数与观察、比较波形。单通道常规显示模式、单通道图形显示模式、双通道常规显示模式分别如图7.7、图7.8和图7.9所示。

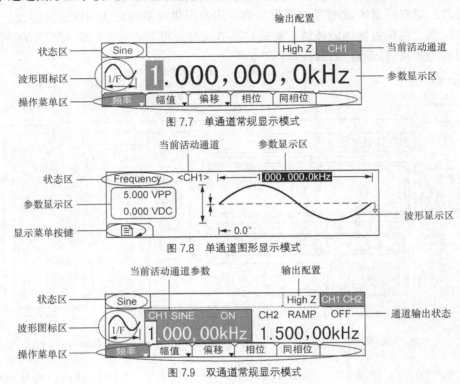

图 7.7 单通道常规显示模式

图 7.8 单通道图形显示模式

图 7.9 双通道常规显示模式

按键表示说明：按键的标识用加边框的字符表示，如 $\boxed{\text{Sine}}$ 代表前面板上一个标注着"Sine"字符的功能键，菜单软键的标识用带阴影的字符表示，如频率表示 $\boxed{\text{Sine}}$ 菜单中的"频率"选项。

3. 波形设置

如图7.10所示，在操作面板左侧下方有一系列带有波形显示的按键，它们分别是正弦波、方波、锯齿波、脉冲波、噪声波、任意波，此外还有两个常用按键，即通道切换和本地、视图切换键。以下对波形选择的说明均在常规显示模式下进行。

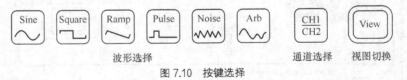

图 7.10 按键选择

（1）按 $\boxed{\text{Sine}}$ 键，波形图标变为正弦信号波形，并在状态区左侧出现"Sine"字样。DG1022可输出频率 1μHz～20MHz 的正弦波形。通过设置频率/周期、幅值/高电平、偏移/低电平、相位，可以得到不同参数值的正弦波。

图7.11所示正弦波使用系统默认参数：频率为1kHz，V_{PP} 为5.0V，偏移量为0，初始相位为0°。

图 7.11 正弦波常规显示界面

（2）按 Square 键，波形图标变为方波信号波形，并在状态区左侧出现"Square"字样，如图 7.12 所示。DG1022 可输出频率为 1μHz～5MHz 并具有可变占空比的方波。通过设置频率/周期、幅值/高电平、偏移/低电平、占空比、相位，可以得到不同参数值的方波。图 7.12 所示方波使用系统默认参数：频率为 1kHz，V_{PP} 为 5.0V，偏移量为 0，占空比为 50%，初始相位为 0°。

（3）按 Ramp 键，波形图标变为锯齿波信号波形，并在状态区左侧出现"Ramp"字样。DG1022 可输出频率为 1μHz～150kHz 并具有可变对称性的锯齿波波形。通过设置频率/周期、幅值/高电平、偏移/低电平、对称性、相位，可以得到不同参数值的锯齿波。图 7.13 所示锯齿波使用系统默认参数：频率为 1kHz，V_{PP} 为 5.0V，偏移量为 0，对称性为 50%，初始相位为 0°。

图 7.12 方波常规显示界面

图 7.13 锯齿波常规显示界面

（4）按 Pulse 键，波形图标变为脉冲波信号波形，在状态区左侧出现"Pulse"字样。DG1022 可输出频率为 500μHz～3MHz 并具有可变脉冲宽度的脉冲波形。通过设置频率/周期、幅值/高电平、偏移/低电平、脉宽/占空比、延时，可以得到不同参数值的脉冲波。

（5）按 Noise 键，波形图标变为噪声信号波形，在状态区左侧出现"Noise"字样。DG1022 可输出带宽为 5MHz 的噪声。通过设置幅值/高电平、偏移/低电平，可以得到不同参数值的噪声信号。图 7.14 所示为系统默认的信号参数：V_{PP} 为 5.0V，偏移量为 0。

（6）按 Arb 键，波形图标变为任意波信号波形，并在状态区左侧出现"Arb"字样。DG1022 可输出最多 4000 个点和最高 5MHz 重复频率的任意波形。通过设置频率/周期、幅值/高电平、偏移/低电平、相位，可以得到不同参数值的任意波信号。图 7.15 所示 NegRamp 倒三角波形使用系统默认参数：频率为 1kHz，V_{PP} 为 5.0V，偏移量为 0，相位为 0°。

图 7.14 噪声波形常规显示界面

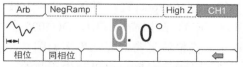

图 7.15 任意波形常规显示界面

（7）按 ⊞ 键切换通道，对当前选中的通道可以进行参数设置。在常规和图形模式下均可以进行通道切换，以便观察和比较两通道中的波形。

（8）按 $\boxed{\text{View}}$ 键切换视图，使波形在单通道常规显示模式、单通道图形显示模式、双通道常规显示模式之间切换。此外，当仪器处于远程模式时，按下该键可以切换到本地模式。

4. 输出设置

如图 7.16 所示，在前面板右侧有两个按键，用于通道输出、频率计输入的控制。

（1）按 $\boxed{\text{Output}}$ 键，启用或禁用前面板的输出连接器输出信号。如图 7.17 所示，已按下 $\boxed{\text{Output}}$ 键的通道显示"ON"且 $\boxed{\text{Output}}$ 键亮。

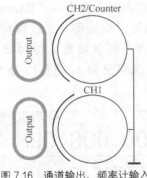

图 7.16　通道输出、频率计输入

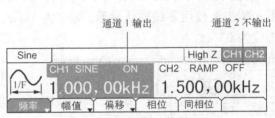

图 7.17　通道输出控制

（2）在频率计模式下，CH2 对应的 $\boxed{\text{Output}}$ 连接器作为频率计的信号输入端，CH2 自动关闭，禁用输出。

5. 调制/扫描/脉冲串设置

如图 7.18 所示，在前面板右侧上方有 3 个按键，分别用于调制、扫描及脉冲串的设置。在本信号发生器中，这 3 个功能只适用于通道 1。

（1）按 $\boxed{\text{Output}}$ 键，可输出经过调制的波形。并可以通过改变类型、内调制/外调制、深度、频率、调制波等参数来改变输出波形。DG1022 可使用 AM、FM、FSK 或 PM 调制波形。可调制正弦波、方波、锯齿波或任意波形（不能调制脉冲、噪声和 DC），调制波形常规显示界面如图 7.19 所示。

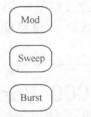

图 7.18　调制/扫描/脉冲串按键

图 7.19　调制波形常规显示界面

（2）按 $\boxed{\text{Output}}$ 键，对正弦波、方波、锯齿波或任意波形进行扫描（不允许扫描脉冲、噪声和 DC）。在扫描模式中，DG1022 信号源在指定的扫描时间内从开始频率到终止频率变化输出。扫描波形常规显示界面如图 7.20 所示。

（3）按 $\boxed{\text{Burst}}$ 键，可以产生正弦波、方波、锯齿波、脉冲波或任意波形的脉冲串波形输出，噪声只能用于门控脉冲串波形输出。脉冲串波形常规显示界面如图 7.21 所示。

图 7.20　扫描波形常规显示界面　　　　图 7.21　脉冲串波形常规显示界面

6. 数字输入的使用

如图 7.22 所示，在前面板上有两组按键，分别是左右方向键和旋钮、数字键盘。

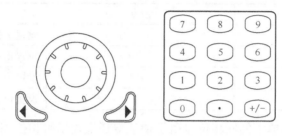

（a）方向键和旋钮　　　（b）数字键盘

图 7.22　前面板的数字输入

（1）左右方向键用于数值不同数位的切换；旋钮用于改变波形参数的某一数位数值的大小。旋钮的输入范围是 0～9，旋钮顺时针旋转一格，数值增 1。

（2）数字键盘用于波形参数值的设置，直接改变参数值的大小。

7. 存储和调出/辅助系统功能/帮助功能

如图 7.23 所示，在操作面板上有 3 个按键，分别用于存储和调出、辅助系统功能与帮助功能的设置。

（1）按 Store/Recall 键，存储或调出波形数据和配置信息。

（2）按 Utility 键，可以进行设置同步输出开/关、输出参数、通道耦合、通道复制、频率计测量，查看接口设置、系统设置信息，执行仪器自检和校准等操作。

图 7.23　存储和调出、辅助系统功能、帮助功能按键

（3）按 Help 键，查看帮助信息列表。

操作说明如下。

获得任意键帮助：要获得任何前面板按键或菜单按键的上下文帮助信息，按住该键 2～3s，显示相关帮助信息。

8. 基本波形设置

（1）设置正弦波

按 Sine 键，常规显示模式下，在屏幕下方显示正弦波的操作菜单，左上角显示当前波形名称。通过使用正弦波的操作菜单，对正弦波的参数进行设置。

正弦波的参数主要包括：频率/周期、幅值/高电平、偏移/低电平、相位。通过改变这些参数，可得到不同的正弦波。正弦波参数设置显示界面如图 7.24 所示，在操作菜单中，选中"频率"，光标位于参数显示区的频率参数位置，用户可在此位置通过数字键盘、方向键或旋钮对正弦波的频率值进行修改。正弦波形的菜单说明如表 7.2 所示。

图 7.24　正弦波参数值设置显示界面

表 7.2　　　　　　　　　　　　　　　正弦波的菜单说明

功能菜单	设定	说明
频率/周期	/	设置正弦波频率或周期
幅值/高电平	/	设置正弦波幅值或高电平
偏移/低电平	/	设置正弦波偏移量或低电平
相位	/	设置正弦波的初始相位

提示说明：操作菜单中的同相位专用于使能双通道输出时相位同步，单通道波形无须配置此项。

① 设置输出频率/周期。

a. 按 Sine 键选择"频率/周期"→"频率"，设置频率参数值。屏幕中显示的频率为上电时的默认值，或者是预先选定的频率。在更改参数时，如果当前频率值对于新波形是有效的，则继续使用当前值。若要设置波形周期，则再次按频率/周期软键，以切换到周期的设置（当前选项为反色显示）。

b. 输入所需的频率值。使用数字键盘，直接输入所选参数值，然后选择频率所需单位，按下对应于所需单位的软键。也可以使用左右键选择需要修改的参数值的数位，使用旋钮改变该数位值的大小，设置频率的参数值如图 7.25 所示。

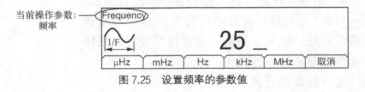

图 7.25　设置频率的参数值

提示说明如下。

• 当使用数字键盘输入数值时，使用方向键的左键退位，删除前一位的输入，修改输入的数值。

• 当使用旋钮输入数值时，使用方向键选择需要修改的位数，使其反色显示，然后转动旋钮，修改此位数字，获得所需要的数值。

② 设置输出幅值。

a. 按 Sine 键选择"幅值/高电平"→"幅值"，设置幅值参数值。屏幕显示的幅值为上电时的默认值，或者是预先选定的幅值。在更改参数时，如果当前幅值对于新波形是有效的，则继续使用当前值。若要使用高电平或低电平设置幅值，再次按幅值/高电平或者偏移/低电平软键，以切换到高电平或低电平软键（当前选项为反色显示）。

b. 输入所需的幅值。使用数字键盘或旋钮，输入所选参数值，然后选择幅值所需单位，按下对应于所需单位的软键。设置幅值的参数值如图 7.26 所示。

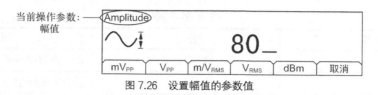

图 7.26　设置幅值的参数值

提示说明：幅值设置中的"dBm"单位选项只有在输出阻抗设置为 50Ω 时才会出现。

③ 设置偏移电压。

a. 按 Sine 键选择"偏移/低电平"→"偏移"，设置偏移电压参数值。屏幕显示的偏移电压为上电时的默认值，或者是预先选定的偏移量。在更改参数时，如果当前偏移量对于新波形是有效的，则继续使用当前偏移量。

b. 输入所需的偏移电压。使用数字键盘或旋钮，输入所选参数值，然后选择偏移量所需单位，按下对应于所需单位的软键。设置偏移量的参数值如图 7.27 所示。

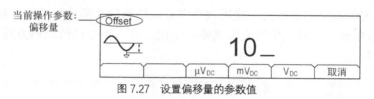

图 7.27　设置偏移量的参数值

④ 设置初始相位。

a. 按 Sine 键选择"相位"，设置初始相位参数值。屏幕显示的初始相位为上电时的默认值，或者是预先选定的相位。在更改参数时，如果当前相位对于新波形是有效的，则继续使用当前偏移量。

b. 输入所需的相位。使用数字键盘或旋钮，输入所选参数值，然后选择单位。设置相位的参数值如图 7.28 所示。

此时按 View 键切换为图形显示模式，查看波形参数，如图 7.29 所示。

图 7.28　设置相位的参数值

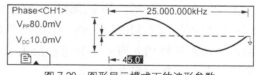

图 7.29　图形显示模式下的波形参数

（2）设置方波

按 Square 键，常规显示模式下，在屏幕下方显示方波的操作菜单。通过使用方波的操作菜单，对方波的参数进行设置。

方波的参数主要包括：频率/周期、幅值/高电平、偏移/低电平、占空比、相位。通过改变这些参数可得到不同的方波。方波参数值设置显示界面如图 7.30 所示，在菜单中选中占空比，在参数显示区

图 7.30　方波参数值设置显示界面

中，与占空比相对应的参数值会反色显示，可以在此位置对方波的占空比值进行修改。方波的菜单说明如表 7.3 所示。

表 7.3   方波的菜单说明

功能菜单	设定	说明
频率/周期	/	设置方波频率或周期
幅值/高电平	/	设置方波幅值或高电平
偏移/低电平	/	设置方波偏移量或低电平
占空比	/	设置方波的占空比
相位	/	设置方波的初始相位

设置占空比的方法如下。

a. 按 Square 键选择"占空比"，更改占空比参数值。屏幕中显示的占空比为上电时的默认值，或者是预先选定的数值。在更改参数时，如果当前值对于新波形是有效的，则使用当前值。

b. 输入所需的占空比参数值。使用数字键盘或旋钮输入所选参数值，然后选择百分号。按下百分号对应软键，信号发生器立即调整占空比，并以指定的值输出方波。设置占空比参数值如图 7.31 所示。

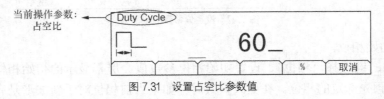

图 7.31   设置占空比参数值

此时按 View 键切换为图形显示模式，查看波形参数，如图 7.32 所示。

（3）设置锯齿波

按 Ramp 键，在常规显示模式下，屏幕下方会显示锯齿波的操作菜单。通过使用锯齿波的操作菜单，对锯齿波的参数进行设置。

锯齿波的参数包括：频率/周期、幅值/高电平、偏移/低电平、对称性、相位等。通过改变这些参数可得到不同的锯齿波。锯齿波参数值设置显示界面如图 7.33 所示，在菜单中选中对称性，与对称性相对应的参数值会反色显示，可在此位置对锯齿波的对称性值进行修改。锯齿波的菜单说明如表 7.4 所示。

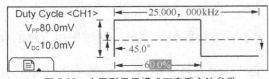

图 7.32   在图形显示模式下查看方波参数

图 7.33   锯齿波参数值设置显示界面

表 7.4   锯齿波的菜单说明

功能菜单	设定	说明
频率/周期	/	设置锯齿波频率或周期

续表

功能菜单	设定	说明
幅值/高电平	/	设置锯齿波幅值或高电平
偏移/低电平	/	设置锯齿波偏移量或低电平
对称性	/	设置锯齿波的对称性
相位	/	设置锯齿波的初始相位

设置对称性的方法如下（输入范围：0～100%）。

a．按 [Ramp] 键选择"对称性"，更改对称性的参数值。屏幕中显示的对称性为上电时的值，或者是预先选定的百分比。在更改参数时，如果当前值对于新波形是有效的，则使用当前值。

b．输入所需的对称性参数值。使用数字键盘或旋钮，输入所选参数值，然后选择对称性所需单位。按下对应于所需单位的软键，信号发生器立即调整对称性，并以指定的值输出锯齿波，如图 7.34 所示。

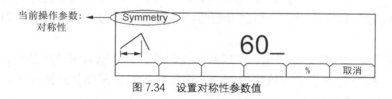

图 7.34　设置对称性参数值

此时按 [View] 键切换为图形显示模式，查看波形参数，如图 7.35 所示。

（4）设置脉冲波

按 [Pulse] 键，在常规显示模式下，屏幕下方会显示脉冲波的操作菜单。通过使用脉冲波的操作菜单，对脉冲波的参数进行设置。

脉冲波的参数主要包括：频率/周期、幅值/高电平、偏移/低电平、脉宽/占空比、延时等。通过改变这些参数，可得到不同的脉冲波形。脉冲波参数值设置显示界面如图 7.36 所示，在软键菜单中，选中脉宽，在参数显示区中，与脉宽相对应的参数值反色显示，用户可在此位置对脉冲波的脉宽数值进行修改。脉冲波的菜单说明见表 7.5。

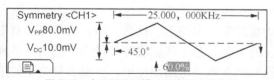

图 7.35　在图形显示模式下查看波形参数

图 7.36　脉冲波参数值设置显示界面

表 7.5　　　　脉冲波的菜单说明

功能菜单	设定	说明
频率/周期	/	设置脉冲波频率或周期
幅值/高电平	/	设置脉冲波幅值或高电平
偏移/低电平	/	设置脉冲波偏移量或低电平
脉宽/占空比	/	设置脉冲波的宽度或占空比
延时	/	设置脉冲的起始时间延迟

① 设置脉冲宽度。

a. 按 Pulse 键选择"脉宽"，更改脉冲宽度参数值。屏幕中显示的脉冲宽度为上电时的默认值，或者是预先选定的脉冲宽度值。在更改参数时，如果当前值对于新波形是有效的，则使用当前值。

b. 输入所需的脉冲宽度参数值。使用数字键盘或旋钮，输入所选参数值，然后选择脉冲宽度所需单位。按下对应于所需单位的软键，信号发生器立即调整脉冲宽度，并以指定的值输出脉冲波。设置脉冲宽度的参数值如图7.37所示。

图 7.37　设置脉冲宽度的参数值

② 设置脉冲延时。

a. 按 Pulse 键选择"延时"，更改脉冲延时参数值。屏幕中显示的脉冲延时为上电时的默认值，或者是预先选定的值。在更改参数时，如果当前值对于新波形是有效的，则使用当前值。

b. 输入所需的脉冲延时参数值。使用数字键盘或旋钮，输入所选参数值，然后选择脉冲延时所需单位，按下对应于所需单位的软键，信号发生器立即调整脉冲延时，并以指定的值输出脉冲波，如图7.38所示。

图 7.38　设置脉冲延时参数值

此时按 View 键切换为图形显示模式，查看波形参数，如图7.38所示。

7.4　SDS2000X 系列数字示波器

示波器是一种能把随时间变化的电信号用图像显示出来的电子仪器。用示波器来观察电压（或转换成电压的电流）的波形，并测量电压的幅值、频率和相位等，便于人们研究各种电现象及相应的变化过程。因此，示波器被广泛应用在电子电路测量中。目前大量使用的示波器有两种：模拟示波器和数字示波器。模拟示波器发展得较早，技术也非常成熟，其优点主要是带宽宽、成本低。但是随着数字技术的飞速发展，数字示波器拥有许多模拟示波器不具备的优点：具有可存储波形、体积小、功耗低、使用方便等优点；具有强大的信号实时处理分析功能；具有输入输出功能，可以与计算机或其他外设相连以实现更复杂的数据运算或分析。随着相关技术的进一步发展，数字示波器的频率范围也越来越高，其使用范围更广泛，因此学习数字示波器的使用具有重要的意义。

数字示波器基本原理：首先通过探头输入波形，经由前端的放大器进行放大，之后由模数转换单元进行转换，进而存储到采集内存中，然后显示到显示器上，如图7.39所示。

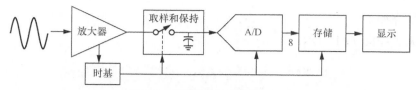

图 7.39　数字存储示波器基本原理

数字示波器的性能参数主要包括：带宽、采样频率、存储深度、通道数。带宽通常是指正弦波信号被衰减至信号−3dB 功率时的频率，即 3dB 带宽。例如，输入 1GHz、1V 的正弦波，通过 1GHz 示波器观察到的信号为 1GHz、0.707V。采样频率是指 AD 在 1s 内采样的次数。根据采样定理，只要采样频率高于信号频率的 2 倍，即可还原被采样信号。当然，为了更加准确，一般采样频率 ＝（5～10）×信号频率。存储深度也叫记录长度，所有的数字示波器在经过 AD 采集后，被触发的信号都会被存储在一个存储空间里，这个存储空间的大小就是存储深度，并且存储深度 ＝ 当前时基×10 格×采样频率。通道数也就是同时可测量的信号路数，不同通道之间可以对比分析。上述参数值越高性能越好。

7.4.1　SDS2000X 系列数字示波器的主要特点

SDS2000X 系列数字示波器的主要特点如下。

（1）模拟带宽：70MHz、100MHz、200MHz、300MHz。

（2）实时采样频率最高 2 GSa/s。

（3）存储深度可达 140 Mps。

（4）波形捕获率：140000 wfm/s（正常模式）；500000 wfm/s（Sequence 模式）。

7.4.2　SDS2000X 面板及用户界面说明

前面板操作说明如图 7.40 所示。

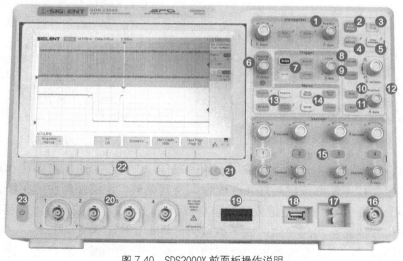

图 7.40　SDS2000X 前面板操作说明

①—水平控制系统；②—自动设置；③—停止/运行；④—默认设置；⑤—键清除；⑥—多功能旋钮；⑦—触发控制系统；⑧—串行解码功能；⑨—数字通道功能；⑩—Math 波形；⑪—Ref 参考波形；⑫—Math 和 Ref 波形垂直控制；⑬—常用功能区；⑭—内置信号发生器开关按键；⑮—垂直控制系统；⑯—内置信号发生器输出端；⑰—补偿信号输出端/接地端；⑱—USB 端口；⑲—数字通道道入端；⑳—模拟通道输入端；㉑—键存储功能键；㉒—菜单软键；㉓—电源软开关

前面板简介如下。

水平控制区如图 7.41 所示。

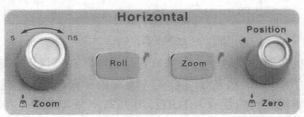

图 7.41　水平控制区

Roll：按下该键进入滚动模式。滚动模式的时基范围为 50ms/div～50s/div。

Zoom：按下该键开启延迟扫描功能。再次按下可关闭延迟扫描。

水平 **Position** ：修改触发位移。旋转旋钮时触发点相对于屏幕中心左右移动。修改过程中，所有通道的波形同时左右移动，屏幕上方的触发位移信息也会相应变化。按下该按钮可将触发位移恢复为 0。

水平挡位 ：修改水平时基挡位。顺时针旋转减小时基，逆时针旋转增大时基。修改过程中，所有通道的波形被扩展或压缩，同时屏幕上方的时基信息相应变化。按下该按钮可快速开启 Zoom 功能。

垂直控制区如图 7.42 所示，垂直挡位功能如图 7.43 所示。

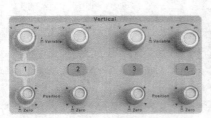

图 7.42　垂直控制区

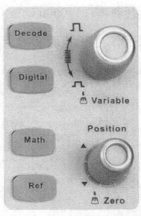

图 7.43　垂直挡位功能

 ：模拟输入通道。4 个通道标签用不同颜色标识，且屏幕中波形颜色和输入通道连接器的颜色相对应。按下通道按键可打开相应通道及其菜单，连续按两次则关闭该通道。

垂直 **Position** ：修改对应通道波形的垂直位移。修改过程中波形会上下移动，同时屏幕中下方弹出的位移信息会相应变化。按下该按钮可将垂直位移恢复为 0。

垂直电压挡位 ：修改当前通道的垂直挡位。顺时针转动减小相应值，逆时针转动增大相应值。修改过程中波形幅值会增大或减小，同时屏幕右方的挡位信息会相应变化。按下该按钮可快速切换垂直挡位调节方式为"粗调"或"细调"。

Decode：解码功能按键。按下该键打开解码功能菜单。SDS2000X 支持 IIC、SPI、

UART/RS232、CAN、LIN 等串行总线解码。

　　Digital：数字通道按键。按下该键打开数字通道功能菜单。SDS2000X 支持 16 个集成数字通道。

　　Math：按下该键打开波形运算菜单。可进行加、减、乘、除、傅里叶变换（FFT）、积分、微分、平方根等运算。

　　Ref：按下该键打开波形参考功能。可将实测波形与参考波形相比较，以判断电路故障。

　　Math/Ref 波形 Position：修改 Math 或 Ref 波形的垂直位移。顺时针旋转增大位移，逆时针旋转减小位移。修改过程中波形会上下移动，按下该按钮可将垂直位移恢复为 0。

　　Math/Ref 波形垂直挡位：修改 Math 或 Ref 波形的垂直挡位。顺时针转动减小挡位，逆时针转动增大挡位。修改过程中波形幅值会增大或减小，按下该按钮可快速切换垂直挡位调节方式为"粗调"或"细调"。

　　触发控制区如图 7.44 所示。

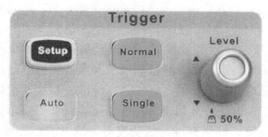

图 7.44　触发控制区

　　Setup：按下该键打开触发功能菜单。本示波器提供边沿、斜率、脉宽、视频、窗口、间隔、超时、欠幅、码型和串行总线（IIC/SPI/URAT/RS232）等丰富的触发类型。

　　Auto：按下该键切换触发模式为 Auto（自动）模式。

　　Normal：按下该键切换触发模式为 Normal（正常）模式。

　　Single：按下该键切换触发模式为 Single（单次）模式。

　　Level：设置触发电平。顺时针旋转旋钮增大触发电平，逆时针旋转减小触发电平。旋转过程中，触发电平线上下移动，同时屏幕右上方的触发电平值发生相应变化。按下该按钮可快速将触发电平恢复至对应通道波形中心位置。

　　运行控制区如图 7.45 所示。

　　Auto Setup：按下该键开启波形自动显示功能。示波器将根据输入信号自动调整垂直挡位、水平时基与触发方式，使波形以最佳方式显示。

　　Run/Stop：按下该键可将示波器的运行状态设置为"运行"或"停止"。"运行"状态下，该键黄灯被点亮；"停止"状态下，该键红灯被点亮。

　　Default：按下该键快速恢复至默认状态。系统默认设置下的电压挡位为 1V/div，时基挡位为 1μs/div。

　　Clear Sweeps：按下该键快速清除余辉或测量统计，然后重新采集信号或计数。

　　功能菜单如图 7.46 所示。

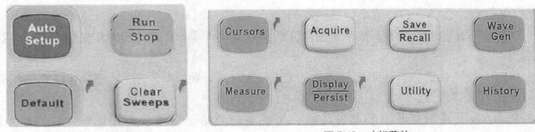

图 7.45　运行控制区　　　　　　　　　　图 7.46　功能菜单

Cursors：按下该键直接开启光标功能。示波器提供手动和追踪两种光标模式，另外有电压和时间两种光标测量类型。

Acquire：按下该键进入采样设置菜单。可设置示波器的获取方式（普通、峰值检测、平均值、增强分辨率）、内插方式、分段采集和存储深度。

Save/Recall：按下该键进入文件存储/调用界面。可存储/调出的文件类型包括设置文件、二进制数据、参考波形文件、图像文件、CSV 文件和 MATLAB 文件。

Wave Gen：按下该键打开内置信号发生器功能菜单。SDS2000X 支持内置信号发生器选件功能。

Measure：按下该键快速进入测量系统，可设置测量参数、统计功能、全部测量、Gate 测量等。测量可选择并同时显示最多 5 种任意测量参数，使用统计功能可统计当前显示的所有选择参数的当前值、平均值、最小值、最大值、标准差和统计次数。

Display/Persist：按下该键快速开启余辉功能。可设置波形显示类型、色温、余辉、清除显示、网格类型、波形亮度、网格亮度、透明度等。选择波形亮度/网格亮度/透明度后，通过多功能旋钮调节相应亮度。透明度指屏幕弹出信息框的透明程度。

Utility：按下该键进入系统辅助功能设置菜单。可设置系统相关功能和参数，如接口、声音、语言等。此外，还支持一些高级功能，如 Pass/Fail 测试、自校正和升级固件等。

History：按下该键快速进入历史波形菜单。历史波形模式最大可录制 8 万帧波形。

后面板如图 7.47 所示。

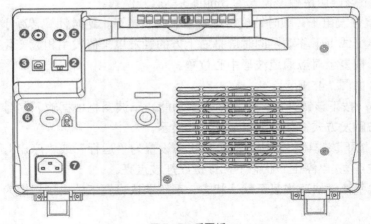

图 7.47　后面板

①—手柄；②—LAN 接口；③—USB Device；④—Pass/Fail 或 Trig Out 输出；
⑤—外触发通道；⑥—锁孔；⑦—AC 电源输入端

如果在使用示波器过程中有任何疑问，可长按（约 2s）前面板的任意键开启帮助信息功能，以帮助理解当前所执行操作的具体含义，辅助进行下一步操作。

在当前菜单界面下，若要查看某一按键的帮助信息，需长按（约 2s）该键打开如图 7.48 所示的帮助界面。

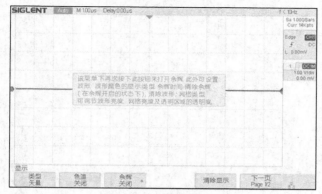

图 7.48　帮助界面提示信息

按任意键即退出帮助界面。

7.4.3　垂直系统调节

本小节介绍示波器的垂直系统功能设置。

向通道 1 接入稳定信号后，按下示波器前面板的 Auto Setup 自动显示波形，垂直通道图如图 7.49 所示。

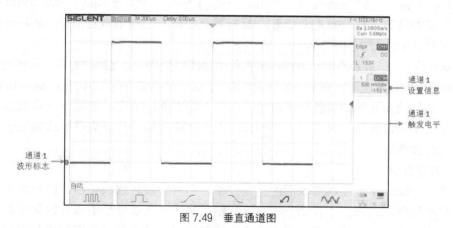

图 7.49　垂直通道图

1．开启通道

SDS2000X 有 4 个模拟输入通道 1、2、3 和 4，每个通道有独立的垂直控制系统，且这 4 个通道的垂直系统设置方法完全相同。本小节将以通道 1 为例详细介绍垂直系统的设置方法。

分别接入两个不同的正弦信号至 1 和 2 的通道连接器后，按下示波器前面板的通道键开启通道，此时，通道键灯被点亮。按下前面板的通道键后显示如图 7.50 所示波形。

打开通道后，可根据输入信号调整通道的垂直挡位、水平时基以及触发方式等参数，使波形显示易于观察和测量。注意：若同时开启多个通道，在关闭通道之前必须查看通道菜单。例如，如果通道 1 和通道 2 已打开，且示波器显示通道 2 菜单，要关闭通道 1，需先按下 1 显示通道 1 菜单，然后再次按下 1 关闭通道 1。

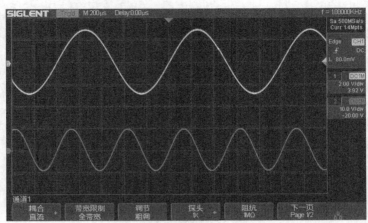

图 7.50　通道波形图

2．调节垂直挡位

垂直挡位的调节方式有"粗调"和"细调"两种。

- 粗调（顺时针旋转）：步进调节垂直挡位，例如，10 V/div、5 V/div、2 V/div、…、5 mV/div、2 mV/div、1 mV/div。
- 细调（顺时针旋转）：在较小范围内进一步调节垂直挡位，以改善垂直分辨率。例如，2 V/div、1.98 V/div、1.96 V/div、1.94 V/div、…、1 V/div、990 mV/div、980 mV/div 等。

选择所需的调节方式（粗调或细调）。旋转垂直挡位旋钮调节垂直挡位。顺时针旋转减小分辨率，逆时针旋转增大分辨率。

调节垂直挡位时，屏幕右侧状态栏中的挡位信息实时变化。垂直挡位的调节范围与当前设置的探头比有关，默认情况下，探头衰减比为 1X，垂直挡位的调节范围为 1mV/div～10V/div。

注意　如果输入波形的幅值在当前垂直挡位下略大于满刻度，使用下一垂直挡位，显示波形的幅值又明显偏低，此时可采用"细调"方式使幅值显示恰好为满屏或微低于满屏，以便更好地观察波形细节。

3．调节垂直位移

使用垂直 Position 旋钮调节波形的垂直位移。顺时针旋转增大位移，波形向上移动，逆时针旋转减小位移，波形向下移动。按下该按钮可快速将当前波形的垂直位移恢复为 0。

调节垂直位移时，屏幕中下方弹出的垂直位移信息实时变化。垂直位移范围与当前设置的电压挡位有关，如表 7.6 所示。

表 7.6　　　　　　　　　　　　　　　垂直位移范围与当前设置的电压挡位

电压挡位	垂直位移范围
2 mV/div～100 mV/div	±1V
102 mV/div～1 V/div	±10V
1.02 V/div～10 V/div	±100V

4．设置通道耦合

设置耦合方式可以滤除不必要的信号。例如，被测信号是一个含有直流偏置的方波信号。

- 设置耦合方式为"DC"：被测信号含有的直流分量和交流分量都可以通过。
- 设置耦合方式为"AC"：被测信号含有的直流分量被阻隔。
- 设置耦合方式为"GND"：被测信号含有的直流分量和交流分量都被阻隔。

连续按耦合软键切换并选择耦合方式，或使用多功能旋钮选择所需的耦合方式（默认为 DC）。当前耦合方式显示在屏幕右边的通道标签中。

5．设置带宽限制

开启带宽限制可以滤除不必要的高频噪声。例如，被测信号是含有高频振荡的脉冲信号。

- 关闭带宽限制：被测信号含有的高频分量可以通过。
- 开启带宽限制：通道的带宽被限制在 20MHz，从而可衰减多余的高频分量。

连续按"带宽限制"软键切换以开启或关闭带宽限制，带宽限制标志显示在屏幕右边的通道标签中。

6．设置探头衰减比例

连续按"探头"软键切换并选择所需探头比，或使用多功能旋钮进行选择（探头比默认为 1X）。当前所选探头比显示在屏幕右边的通道标签中。当插入探头为带 Readout 接口的"10X"探头时，示波器会自动将探头比设置为 10X。

SDS2000X 支持的探头衰减比例为 0.1X、0.2X、0.5X、1X、500X、1000X、2000X、5000X、10000X。

7．设置通道输入阻抗

设置当前通道的输入阻抗，可选择的阻抗值为 50Ω 或 1MΩ。进行阻抗匹配能将沿信号路径的反射最小化，使测量结果更精确。

- 设置阻抗值为 50Ω：可与高频测量时常用的 50Ω 电缆和 50Ω 有源探头匹配。
- 设置阻抗值为 1MΩ：适用于许多无源探头，可进行通用测量，高阻抗可在被测设备上使示波器的负载效应最小化。

连续按"阻抗"软键切换并选择所需阻抗值。当前所选单位显示在屏幕右边的通道标签中。

8．设置波形幅值单位

设置当前通道波形幅值显示的单位，可选择的单位为 V、A，示波器的默认幅值单位为 V。

连续按"单位"软键切换以选择所需幅值单位，当前所选单位显示在屏幕右边的通道标签中。

9．设置正向（反向）显示波形

执行波形反向功能时，波形相对地电位翻转 180°。关闭波形反向时，波形正常显示。

打开或关闭反向功能。

7.4.4　设置水平系统

本小节介绍示波器的水平系统功能设置。

本小节内容如下。

- 设置水平时基挡位。
- 设置触发位置。
- 切换水平时基模式。

水平控制包括：对波形进行水平调整，启用分屏缩放功能以及改变水平时基模式。水平控制如图 7.51 所示。

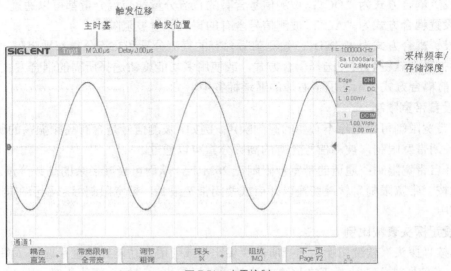

图 7.51　水平控制

1．设置水平时基挡位

旋转示波器前面板上的水平挡位旋钮，调节水平时基挡位。顺时针旋转减小挡位，逆时针旋转增大挡位。显示屏顶部的"▽"符号表示时间参考点。

设置水平挡位时，屏幕左上角显示的挡位信息（如 M 500 μs）实时变化。水平挡位的变换范围是 1ns/div～50s/div。

2．设置触发位置

旋转示波器前面板上的水平 Position 旋钮设置触发位置。顺时针旋转使波形水平向右移动，逆时针旋转使波形水平向左移动。默认设置下，波形位于屏幕水平中心。水平触发位移为 0，且触发点"▽"与时间参考点重合。

调整水平触发位移时，屏幕上方信息栏中显示的延迟时间（如 Delay:-860.0μs）实时变化。波形向右移动，延迟时间（负值）相应减小，波形向左移动，延迟时间（正值）相应增大。

显示在触发点左侧的事件发生在触发之前，这些事件称为预触发信息。触发点右侧的事件发生在触发之后，称为后触发信息。可用的延迟时间范围（预触发和后触发信息）取决于示波器当前选择的时基挡位和存储深度。

3．切换水平时基模式

按示波器前面板的相应按键后，按 XY（关闭/开启）软键切换以选择所需的时基显示模式（YT/XY）。默认的时基显示模式（关闭）是 YT 模式。

注意 YT 模式是示波器的正常显示模式。只有该模式启用时，分屏缩放功能才有效。在此模式中，X 轴表示时间量，Y 轴表示电压量。触发前出现的信号事件被绘制在触发点左侧，触发后出现的信号事件被绘制在触发点右侧。

注意 XY 模式下示波器将输入通道从"电压-时间"显示转化为"电压-电压"显示。其中，X 轴、Y 轴分别表示通道 1、通道 2 电压幅值。通过李沙育测量法可方便地测量频率相同的两个信号间的相位差。图 7.52 给出了相位差的测量原理。

根据 sin*α*= *A/B* 或 *C/D*，其中 *α* 为通道间的相位角，*A*、*B*、*C*、*D* 的定义如图 7.52 所示。因此可得出相位角，即 *α*=arcsin(*A/B*) 或 arcsin(*C/D*)，如果椭圆的主轴在Ⅰ、Ⅲ象限内，那么所求的相位角应在Ⅰ、Ⅳ象限内，即在 0～π/2 或 3π/2～2π 范围内。如果椭圆的主轴在Ⅱ、Ⅳ象限内，那么所求的相位角应在Ⅱ、Ⅲ象限内，即在 π/2～π 或 π～3π/2 范围内。

XY 模式可用于测试信号经过一个电路网络后产生的相位变化。将示波器与电路连接，监测电路的输入输出信号。

使用李沙育测量法在 XY 模式下测量两相同频率信号的相位差示例如下。

（1）将正弦波信号连接到通道 1，将相同频率但异相的正弦波信号连接到通道 2。

（2）开启 XY 模式。自动设置通道 1、通道 2 波形，然后按 XY（关闭/开启）软键选择。

（3）分别使用通道 1 和 2 垂直 Position 旋钮使信号在显示屏上居中，然后使用通道 1 和 2 垂直挡位旋钮展开信号以便于观察。李沙育测量法实例如图 7.53 所示。

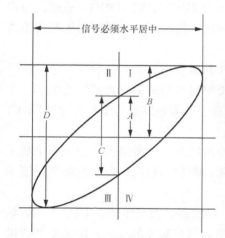

图 7.52　李沙育测量原理

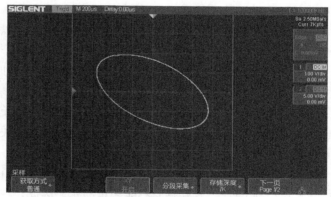

图 7.53　李沙育测量法实例

（4）按下示波器前面板键启用光标测量功能。

（5）将 Y1 移动到信号与 Y 轴上半轴交点处，Y2 移动到信号与 Y 轴下半轴交点处。记下 Y1 和 Y2 的差值 ΔY1。

（6）在信号的顶部设置光标 Y1，在信号的底部设置光标 Y2。记下 Y1 和 Y2 的差值 ΔY2。

（7）根据公式计算通道 1 和通道 2 波形相位差：sin*θ* =ΔY1/ΔY2，即求出相位差 *θ*。

注意　示波器在 YT 模式下可使用任意采样频率（指标范围内）捕获波形。XY 模式下最高采样频率 500 MSa/s。一般情况下，适当降低采样频率可得到显示效果较好的李沙育图形。

7.4.5　设置触发系统

触发是指按照需求设置一定的触发条件，当波形流中的某一个波形满足这一条件时，示波器即时捕获该波形和其相邻部分，并显示在屏幕上。只有稳定的触发才有稳定的显示。触发电路保证每次时基扫描或采集都从输入信号上与用户定义的触发条件开始，即每一次扫描和采集同步，捕获的波形相重叠，从而显示稳定的波形。

图 7.54 所示为显示采集存储器的概念演示。为使学生便于理解触发事件，可将采集存储器分为预触发和后触发缓冲器。触发事件在采集存储器中的位置是由时间参考点和延迟（水平位置）设置定义的。

图 7.54　采集存储器的概念演示

触发设置应根据输入信号的特征，指示示波器何时采集和显示数据。例如，可以设置在模拟通道 1 输入信号的上升沿处触发。因此，应该对被测信号有所了解，才能快速捕获所需波形。

SDS2000X 拥有多种丰富先进的触发类型，包括多种串行总线触发。串行总线触发外的其他触发类型包括边沿触发、斜率触发、脉宽触发、视频触发、窗口触发、间隔触发、超时触发、欠幅触发和码型触发。本小节主要介绍边沿触发、斜率触发、脉宽触发等。

要对特定信号进行成功的触发，需了解以下触发相关条件的设置。

1．触发信源

S2000X 的触发信源包括模拟通道（1、2、3 和 4）和外触发（EXT TRIG）通道，市电信号（AC Line，交流电源），可按示波器前面板触发控制区中的信源，选择所需的触发信源（CH1/CH2/CH3/CH4/EXT/(EXT/5)/AC Line）。

模拟输入通道——模拟输入通道的输入信号均可以作为触发信源。

外触发输入通道——外部触发源可用于示波器多个模拟通道同时采集数据的情况下，在"EXT TRIG"通道上外接触发信号。触发信号（如外部时钟、待测电路信号等）将通过"EXT TRIG"连接器接入 EXT 触发源。

市电信号（AC Line）。触发信号取自示波器的交流电源输入。这种触发信源可用来显示信号（照明设备）与动力电（动力提供设备）之间的关系。例如，稳定触发变电站变压器输出的信号，主要应用于电力行业的相关测量。

应选择稳定的触发源以保证波形能稳定触发。例如，示波器当前显示的是 CH2 波形，触发信源却选择 CH1，导致波形不能稳定显示。因此，在实际选择触发信源时，应谨慎细心以保证信号能稳定触发。

2．选择合适的触发方式

SDS2000X 的触发方式包括自动触发方式、正常触发方式和单次触发方式。当示波器运行时，触发方式指示示波器在没有触发时要进行的操作。下面通过预触发和后触发缓冲区简要介绍示波器的触发采集过程。

示波器开始运行后，将首先填充预触发缓存区，然后搜索一次触发，并继续将数据填充预触发缓冲区，采样的数据以先进先出（First In First Out，FIFO）的方式传输到预触发缓冲区。

找到触发后，预触发缓冲区将包含触发前采集的数据。然后，示波器将填充后触发缓冲区，并显示采集数据。

选择示波器前面板控制区中的自动、正常或单次触发方式，当前选中方式的状态灯变亮。

在自动触发方式中，如果在指定时间内未找到满足触发条件的波形，示波器将强制采集一帧波形数据，在示波器上显示。

自动触发方式（Auto）适用于检查 DC 信号或具有未知电平或活动的信号。

在正常触发方式中，只有在找到指定的触发条件后才会进行触发和采集，并将波形稳定地显示在屏幕上。否则，示波器将不会触发。

正常触发方式（Normal）适用于只需要采集由触发设置指定的特定事件；在串行总线信号（IIC、SPI 等）或在突发中产生的其他信号上触发时，使用正常模式可防止示波器自动触发，从而使显示稳定。

在单次触发方式中，当输入的单次信号满足触发条件时，示波器即进行捕获并将波形稳定显示在屏幕上。此后，即使再有满足条件的信号，示波器也不予理会。需要进行再次捕获时需重新进行单次设置。

单次触发方式适用于捕获偶然出现的单次事件或非周期性信号，捕获毛刺等异常信号。

3．调节触发电平

触发电平和斜率控制定义基本的触发点，决定波形如何显示。触发电平和斜率控制如图 7.55 所示。

斜率控制决定触发点是位于信号的上升沿还是下降沿。上升沿具有正斜率，而下降沿具有负斜率。触发电平控制决定触发点在信号边沿的何处触发。

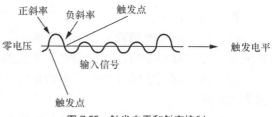

图 7.55 触发电平和斜率控制

旋转触发电平旋钮可调节所选模拟通道触发电平的垂直位移，同时电平的位移值实时变化并显示在屏幕右侧的状态栏中。电平位置由屏幕最右侧的触发电平图标指示。按下触发电平旋钮可使电平恢复到波形幅值的 50%。

4．触发耦合

按示波器前面板触发控制区中的"→"耦合，旋转多功能旋钮选择所需的耦合方式，并按下旋钮以选中该耦合方式。或连续按"耦合"软键切换并选择所需耦合方式。SDS2000X 的触发耦合方式有以下 4 种。

- 直流耦合：允许直流和交流信号进入触发路径。
- 交流耦合：阻挡信号的直流成分并衰减低于 8Hz 的信号。当信号具有较大的直流偏移时，使用交流耦合可获得稳定的边沿触发。
- 低频抑制：阻挡信号的直流成分并抑制低于 900kHz 的低频成分。低频抑制从触发波形中移除任何不必要的低频分量。例如，可干扰正确触发的电源线频率等。当波形中具有低频噪声时，使用低频抑制可获得稳定的边沿触发。
- 高频抑制：抑制信号中高于 500kHz 的高频成分。

注意 触发耦合与通道耦合无关。

5．触发释抑

触发释抑可稳定触发复杂波形（如脉冲系列）。释抑时间是指从触发之后到下一次重新启用触发电路之前示波器等待的时间。示波器在释抑结束前不会触发。如图 7.55 所示，释抑可在重复波形上触发，这些波形具有多个边沿（或其他事件）。如果知道波形之间的最短距离，还可以使释抑在波形的第一个边沿上触发。

例如，要在图 7.56 所示的重复脉冲上获得稳定的触发，可将释抑时间（t）设置为 200ns$<t$ $<$600ns。

正确的触发释抑时间一般略小于波形的一次重复，将触发释抑设置为此时间，会为一个重复波形生成唯一的触发点。只有边沿触发和码型触发有释抑时间。SDS2000X 释抑时间的可调范围为 100ns～1.5s。

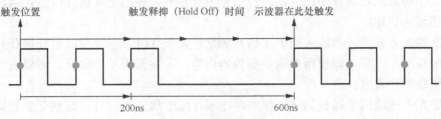

图 7.56　设置触发释抑时间

操作方法如下。

（1）对于示波器当前所显示稳定波形，按键后，使用水平 Position 旋钮和时基挡位旋钮对波形进行平移和缩放，以找到波形重复的位置，并测量此时间。

（2）按下前面板触发控制区中的相应按钮进入触发系统功能菜单。示波器默认的触发方式为边沿触发。

（3）按下"释抑关闭"软键打开释抑时间设置，并旋转多功能旋钮设置正确的释抑时间（默认为 100ns）。示波器默认为"释抑关闭"。

注意　更改时间设置和平移波形不会影响触发释抑时间。

6．噪声抑制

开启该功能后，能减小触发信号中噪声触发的可能性，但同时会降低触发的灵敏度。

按前面板触发控制区中的"噪声抑制"，可开启或关闭噪声抑制功能。噪声抑制关闭与开启分别如图 7.57 和图 7.58 所示。

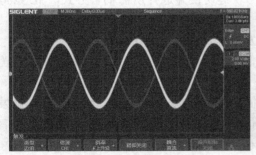

图 7.57　噪声抑制关闭

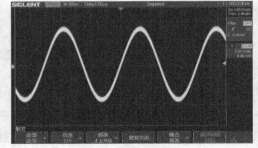

图 7.58　噪声抑制开启

7．触发类型

SDS2000X 拥有多种丰富、先进的触发类型，包括多种串行总线触发：边沿触发、斜率触发、脉宽触发，视频触发、窗口触发、间隔触发，超时触发、欠幅触发、码型触发，串行总线触发和解码（选件）。

（1）边沿触发

边沿触发类型通过查找波形上的指定沿（上升沿、下降沿、上升&下降沿）和电平来识别触发。可以在此菜单中设置触发源和斜率。触发类型、触发源、触发耦合与触发电平值信息显示在屏幕右上角的状态栏中。边沿触发示意图如图 7.59 所示。

操作方法如下。

① 在前面板的触发控制区中按 SetUp 键打开触发功能菜单。

② 在触发菜单下，按"类型"软键，旋转多功能旋钮选择"边沿"，并按下该旋钮以选中"边沿"触发。

③ 选择触发源。

- CH1～CH4：模拟通道。
- EXT、EXT/5：外触发输入，在示波器后面板的外触发输入端上触发。
- AC Line：市电，在交流信号源的上升沿或下降沿的 50%电平上触发。

边沿触发可选择触发源有 CH1、CH2、CH3、CH4、EXT、(EXT/5)、AC Line。

当前所选择的触发源（如 CH1）显示在屏幕右上角的状态栏中。只有选择已接入信号通道作为触发源才能得到稳定的触发。

④ 按下"斜率"软键，旋转多功能旋钮选择任一边沿（上升沿、下降沿、上升&下降沿），并按下旋钮以确认。所选斜率（如 ▟）显示在屏幕右上角的状态栏中。

使用触发电平旋钮将电平调节在波形范围内，使波形能稳定触发。所设电平值（如 ▟ 580mV）实时变化并显示在屏幕右上角的状态栏中。边沿触发如图 7.60 所示。

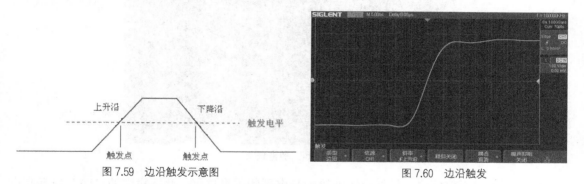

图 7.59　边沿触发示意图

图 7.60　边沿触发

在边沿触发中也可设置触发释抑、触发耦合以及噪声抑制，具体设置方法可分别参见前文中的"释抑时间""触发耦合"和"噪声抑制"等。

注意　按 Auto 键，示波器将使用简单的边沿触发类型在波形上触发。

（2）斜率触发

斜率触发设置示波器在指定时间的正斜率或负斜率上触发。可以在此菜单中设置触发源、斜率（上升沿、下降沿）、限定条件、时间与高/低电平。触发类型、触发源、触发耦合与高/低电平值信息显示在屏幕右上角的状态栏中。斜率触发时间设置示意图如图 7.61 所示，我们将高、低触发电平分别与波形上升沿（下降沿）相交的两点间的时间差定义为正（负）斜率时间。

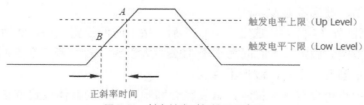

图 7.61　斜率触发时间设置示意图

操作方法如下。

① 在前面板的触发控制区中按下 SetUp 键打开触发功能菜单。

② 在触发菜单下，按"类型"软键，旋转多功能旋钮选择"斜率"，并按下该旋钮以选中"斜率"触发。

③ 按下"信源"软键，旋转多功能旋钮选择所需触发源，并按下该旋钮以选中该触发源。斜率触发的触发源有 CH1、CH2、CH3、CH4。所选触发源显示在屏幕右上角的状态栏中。

按下"斜率"软键，旋转多功能旋钮选择任一边沿（上升沿、下降沿），并按下旋钮以确认。所选斜率显示在屏幕右上角的状态栏中。

④ 调节高/低电平设置斜率时间。按下"Lower"软键启用高/低电平设置功能，继续按该软键以选择低电平（Lower）或高电平（Upper），然后旋转触发电平旋钮调节高（低）电平的垂直位置以获得所需的斜率时间 T。相应位移信息实时变化并显示在屏幕右上角的状态栏中。

斜率触发如图 7.62 所示。

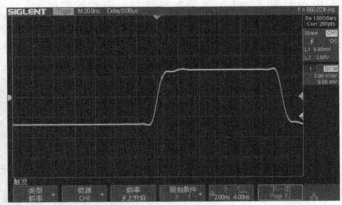

图 7.62　斜率触发

低电平的垂直位移值应始终小于或等于高电平的垂直位移。状态栏中的"L1"表示高电平位移值，"L2"表示低电平位移值。

按"限定条件"键选择时间限定符并进行对应时间设置。

- 小于时间值（<）。选定"<"后，按下时间设置软键（默认时间值小于 2.00ns），然后旋转多功能旋钮设置限定符时间（2ns～4.2s）。假定设置时间为 500ns，若 T 小于 500ns，则波形能稳定触发；否则，波形不触发。

- 大于时间值（>）。选定">"后，按下时间设置软键，然后旋转多功能旋钮设置限定符时间。假定设置时间为 500ns，若 $T>500$ns，则波形稳定触发；否则，波形不触发。

- 时间值范围内（[--,--]）。选定"[--,--]"后，按下时间设置软键，然后旋转多功能旋钮设置限定符时间范围。假定设置时间为小于 10μs，大于 500ns。若 500ns$<T<10$μs，则波形能稳定触发；否则，波形不触发。

- 时间值范围外（--] [--）。选定"--] [--"后，按下时间设置软键，然后旋转多功能旋钮设置限定符时间范围。假定设置时间为小于 10μs，大于 500ns。若 T 在 500ns～10μs 的范围外，则波形能稳定触发；否则，波形不触发。

在斜率触发中也可设置噪声抑制，触发耦合和噪声抑制的具体设置方法可参见前文中的

"触发耦合""噪声抑制"。

（3）脉宽触发

脉宽触发指将示波器设置为在指定宽度的正脉冲或负脉冲上触发。可以在此菜单中设置触发源、极性（正脉宽、负脉宽）、限制条件、脉宽时间（2ns～4.2s）与触发耦合方式。其中触发类型、触发源、触发耦合与触发电平值信息显示在屏幕右上角的状态栏中。脉宽触发如图7.63所示。

操作方法如下。

① 在前面板的触发控制区中按下Setup键打开触发功能菜单。

② 在触发菜单下，按"类型"软键，旋转多功能旋钮选择"脉宽"，并按下该旋钮以选中"脉宽"触发。

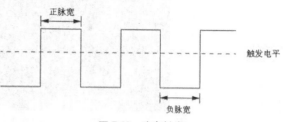

图7.63 脉宽触发

③ 按下"信源"软键，旋转多功能旋钮选择所需触发源，并按下该旋钮以选中该触发源。脉宽触发的触发源有CH1、CH2、CH3、CH4。所选触发源显示在屏幕右上角的状态栏中。

④ 调节触发电平。旋转"触发电平"旋钮将电平调节在脉冲范围内，使脉冲能稳定触发。相应电平值实时变化并显示在屏幕右上角的状态栏中。

⑤ 按下"极性"软键以选择要捕获的脉冲宽度的正极性（Π）或负极性（Ц）。所选脉冲极性显示在屏幕右上角的状态栏中。

⑥ 按下"限制条件"软键选择时间限定符。限定符软键可设置示波器触发的脉冲宽度如下。

a. 小于时间值（<）。按下时间设置软键，然后旋转多功能旋钮设置脉宽范围为小于100ns。例如，对于正脉冲，如果设置t（脉冲实际宽度）小于100ns，则波形触发，如图7.64所示。

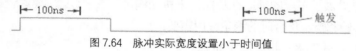

图7.64 脉冲实际宽度设置小于时间值

b. 大于时间值（>）。按下时间设置软键，然后旋转多功能旋钮设置脉宽范围为大于100ns。例如，对于正脉冲，如果设置$t>100ns$，则波形触发，如图7.65所示。

图7.65 脉冲实际宽度设置大于时间值

c. 时间值范围内（[--,--]）。按下时间设置软键，然后旋转多功能旋钮设置脉宽范围为100～300ns。

例如，对于正脉冲，如果设置$t>100ns$且$t<300ns$，则波形触发，如图7.66所示。

图7.66 脉冲实际宽度设置在时间值范围内

d. 时间范围外（--] [--）。按下时间设置软键，然后旋转多功能旋钮设置脉宽范围使波形能稳定触发。脉冲实际宽度设置在时间值范围外如图7.67所示。

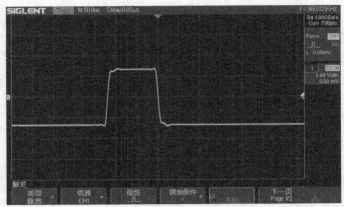

图 7.67　脉冲实际宽度设置在时间值范围外

7.5　台式数字万用表 GDM-8341

7.5.1　概述

固纬电子推出新一代以 USB 为通信接口的双量测数字万用表 GDM-834x 系列，该系列包含 2 个型号，即 GDM-8341 和 GDM-8342，均搭配 50000 位数 VFD 双显示屏、0.02%直流电压基本准确度和 USB 通信接口，为所有使用者提供测量上的准确性、清晰的数值观测和连接计算机的便利性。该系列万用表除支持一般万用表所拥有的基本测量项目外，还配有可测量电容和温度的能力。此外该系列也提供了多样的辅助性功能，来协助满足制程测试、教学实验和检验场合时的测量应用需要。

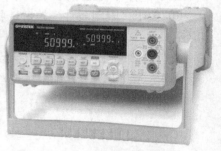

图 7.68　台式数字万用表 GDM-8341

GDM-8341（见图 7.68）具有如下特点。

（1）50000 位数，VFD 显示屏，双测量双显示功能。

（2）测量速度可选择，直流电压基本精确度为 0.02%。

（3）可选择自动/手动换挡，真有效值测量（AC、AC+DC）。

（4）10 或 11 种基本测量功能。

（5）高级测量功能：Max./Min、REL/REL#、Math、Compare、Hold、dB、dBm。

（6）标配接口 USB，可与计算机连线。

7.5.2　GDM-8341 使用方法

1.　交流/直流电压测量

GDM-8341 能够测量 0～750V 交流（Alternating Current，AC）或 0～1000V 直流（Direct Current，DC）电压。

（1）设置 ACV/DCV 测量

① 按下 DCV 或 ACV 键来测量 DC 或 AC 电压。

对于 AC + DC 电压，同时按下 ACV 和 DCV 键。

② 模式可在 AC、DC 或 AC+DC 间快速切换。

③ 连接 V 和 COM 端口的测试表笔，显示屏会更新读数，读数如图 7.69 所示。

图 7.69 读数

（2）选择电压量程

① 自动量程选定：设置自动量程，按下 Auto/Enter 键。

② 手动量程选定：按 Range+键或 Range-键来调量程（表 7.5 为可选电压量程），AUTO 显示自动关闭。如果不确定合适的量程，请选择最大量程。

2．AC/DC 电流测量

GDM-8341 数字万用表有两个输入端口用来进行电流测量：一个 0.5A 端口测量小于 0.5A 的电流，一个 10A 端口用来测量最大到 12A 的电流。这些能够测量包括 DC/AC 的 0～10A 的电流。可选电压量程如表 7.7 所示。

表 7.7 可选电压量程

量程	分辨率	最大量程
500mV	10μV	510.00mV
5V	0.1mV	5.1000V
50V	1mV	51.000V
500V	10mV	510.00V
750V（AC）	100mV	765.0V
1000V（DC）	100mV	1020.0V

（1）设置 ACI/DCI 测量

按下 SHIFT/EXIT 键→DCV 键或 SHIFT/EXIT 键→ACV 键，分别测量 DC 或 AC 电流。对于 AC+DC 电流，根据输入电流，用测试引线连接 DC/AC 的 10A 端口和 COM 端口或 DC/AC 的 0.5A 端口和 COM 端口。如果电流小于 0.5A，则连接 0.5A 端口。如果电流最大达到 12A，则连接 10A 端口。显示屏会更新示数。

（2）选择电流量程

① 电流量程：可以被自动或者手动设定。

② 自动量程：选择自动量程按下 Auto/Enter 键。最大的合适量程在当前测量输入后将被自动选定。万用表通过记忆上次最后的量程来进行选定，并用相关信息进行自动量程的转换。每当电流转换为其他端口，输入设定需重新设置。

③ 手动量程：按 Range+键或者 Range-键来选择量程（表 7.8 所示为可选电流范围），AUTO 指示自动关闭。如果不确定合适的量程，请选择最大量程。

表 7.8 可选电流范围

量程	分辨率	最大量程
500μA	10nA	510.00μA
5mA	100nA	5.1000mA
50mA	1μA	51.000mA
500mA	10μA	510.00mA
5A	100μA	5.1000A
10A	1mA	12.000A

3．电阻测量

（1）设置“Ω 测量”

① 按下 Ω/·ı)) 键，从而激活阻值测量。注意：按下 Ω/·ı)) 两次将会激活连续测量功能。

② 电阻测量模式，如图 7.70 所示。

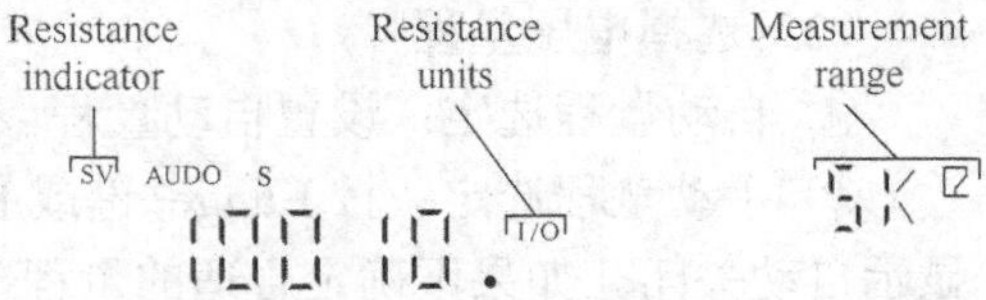

图 7.70 电阻测量模式

③ 连接 GDM- 8341 使用双线进行电阻测量，连接 VΩ→⊢ ⊣⊢ 端口和 COM 端口的测试引线。

（2）选择电阻量程

电阻量程可以手动或自动设置。

① 自动设置：调节自动量程，按下 Auto/Enter 键。

② 手动设置：按下 Range+键或 Range−键来调整量程（表 7.9 所示为可选电阻量程）。AUTO 指示自动关闭。如果不知道合适的量程，请选择最大量程。

表 7.9 可选电阻量程

量程	分辨率	最大量程
500Ω	10mΩ	510.00Ω
5kΩ	100mΩ	5.1000kΩ
50kΩ	1Ω	51.000kΩ
500kΩ	10Ω	510.00kΩ
5MΩ	100Ω	5.1000MΩ
50MΩ	1kΩ	51.000MΩ

4．频率/周期测量

GDM-8341 能够用来测量信号的周期和频率。量程范围为频率 10Hz～1MHz，周期 1.0μs～100ms。

（1）设置频率/周期测量

要进行频率测量，首先按下 Hz/P 键，频率将首先显示在屏幕上，量程将会显示在第二屏幕上。要测量周期，按两次 Hz/P 键，周期将首先显示在屏幕上，量程将显示在第二屏幕上。连接 VΩ→⊢ ⊣⊢ 端口和 COM 端口的测试引线，显示屏将更新读数。

（2）测量频率/周期时输入信号量程的设定

测量周期和频率时，可手动或自动设置输入信号的量程。系统默认频率和周期范围内的输入信号，量程范围设置为自动。

① 手动量程：用 Range+键和 Range−键来调节量程，AUTO 指示会在新量程选定之后自动关闭。

② 自动量程：按下 Auto/Enter 键，AUTO 指示将会再次在屏幕上显示，表示当前处于自动设置量程状态。

5．dBm/dB/*W* 测量与计算

（1）dBm/dB//*W* 计算

使用 ACV 或 DCV 测量结果，依据下面的计算公式所给出的参考电阻值计算 dB 或 dBm 值。

$$dBm=10\times\log10(1000\times U_{reading2}/R_{ref})$$

$$dB=dBm-dBm_{ref}$$

$$W=U_{reading2}/R_{ref}$$

式中，$U_{reading}$ 等于输入电压，ACV 或 DCV；R_{ref} 为在输出负载上所模拟的参考阻值；dBm_{ref} 为参考 dBm 值。

（2）测量 dBm/W

① 选择 ACV 或 DCV 测量。

② 测量 dBm，按 SHIFT/EXIT 键→ ╫ ╫ 键，主屏幕将会显示 dBm 测量，与此同时，第二屏幕将显示参考电阻值。如要设定参考电阻，使用 Range+键和 Range−键，可选的参考电阻为 2、4、8、16、50、75、93、110、124、125、135、150、250、300、500、600、800、900、1000、1200、8000，结果用"Watts"表示。当电阻值小于 50Ω时，可用"Watts"作为单位计算阻值。如果参考阻值等于或大于 50Ω，那么这步可以忽略。再次按 SHIFT/EXIT 键→ ╫ ╫ 键，用"watts"来表示结果。

③ 退出 dBm 测量，再次按 SHIFT/EXIT 键→ ╫ ╫ 键来退出 dBm 测量，或者激活其他的测量功能。

（3）测量 dB

dB 定义为 dBm−dBm_{ref}。当激活 dB 测量时，万用表通过在第一时间读取读数并将其存储为 dBm_{ref} 来计算 dBm。

① 选择 ACV 或 DCV 测量。

② 按 SHIFT/EXIT 键→ Ω/·») 键来激活 dB 测量模式。主屏幕给出 dB 读数，第二屏幕给出电压读数。

③ 浏览 dBm 参考值。为了浏览 dBm 参考值，按 2ND 键。

Range+键和 Range−键也可以被用来调整电压量程和读数。再次按 SHIFT/EXIT 键→ Ω/·») 键来退出 dB 测量，或者激活其他测量功能。

第 8 章　Multisim 的应用

Multisim 最初是加拿大图像交互技术公司（Interactive Image Technologies，IIT）推出的以 Windows 操作系统为基础的仿真工具。该公司于 1988 年推出一个用于电子电路仿真和设计的 EDA 工具软件——电子工作台（Electronics Work Bench，EWB），其因界面形象直观、操作方便、分析功能强大、易学易用而得到迅速推广和使用。1996 年，IIT 推出了 EWB 5.0 版本，而从 EWB 6.0 版本开始，IIT 对 EWB 进行了较大改动，如将名称改为 Multisim（多功能仿真软件），用于电路级仿真。IIT 后被美国国家仪器（National Instruments，NI）公司收购，软件更名为 NI Multisim，目前常用的有 Multisim 11、Multisim 12、Multisim 13、Multisim 14 等。

Multisim 系列软件包括 NI 电路设计套件（Circuit Design Suite）、布线引擎（Ultiroute）和通信电路分析与设计模块（Commsim）3 款设计软件。各个部分相互独立，可以分别使用。Multisim 系列软件能完成从电路的仿真设计到电路板生成的全过程。其中 Circuit Design Suite 是一个完整的集成化设计环境，包括电路仿真设计模块（Multisim）、PCB 设计软件（Ultiboard）。

Multisim 经历了多个版本的升级，Multisim 9 之后增加了单片机和 LabVIEW 虚拟仪器的仿真和应用。该软件的优势为：操作界面直观易用，有大量元器件库、3D 元件库；虚拟仪器仪表种类齐全，分析方法完备，可调用 LabVIEW 虚拟仪器（自定义）；有强大的 Help 功能，包括软件本身的操作说明、各种元器件功能说明。

从事电子产品设计、开发等工作的人员经常需要对所设计的电路进行实物模拟和调试。其目的一方面是验证所设计的电路是否能达到设计要求的技术指标，另一方面是通过改变电路中元器件的参数，使整个电路性能达到最佳。以往的电路设计模拟常常是制作一块模拟试验板，在这块试验板上用实际元器件进行试验和调试。取得数据后，再来修正原设计的电路参数，直至达到设计提出的要求。这样既影响工作的顺利进行，又束缚了设计人员的工作方式。

Multisim 改变了一些电路仿真软件输入电路采用文本方式的不便之处，使得创建电路、选用元器件和测试仪器等均可以直接从屏幕图形中选取，而且测试仪器的图形与实物外形基本相似。实践证明，具有一般电子技术基础知识的人员，只要几个小时就可学会 Multisim 软件的基本操作，从而大大提高电子设计工作的效率。

Multisim 还是一种非常优秀的电子技术实训工具。因为掌握电子技术不仅需要理论知识，而且更重要的是通过实际操作来加强对内容的理解。作为电子类相关课程的辅助教学和实训手段，它不仅可以弥补实验仪器、元器件缺乏带来的不足，而且可以排除原材料消耗和仪器损坏等因素，可以帮助学生更快、更好地掌握课堂讲述的内容，加深对概念、原理的理解，弥补课堂教学的不足。通过电路仿真，可以使学生熟悉常用电子仪器的测量方法，进一步培养学生的综合分析能力、排除故障能力和开发、创新能力。

8.1　Circuit Design Suite 的组成与基本功能

Circuit Design Suite 是一个完整的集成化设计环境，包括电路仿真设计模块、PCB 设计软件，其各模块间的关系如图 8.1 所示，它为用户提供了规模庞大的元件库及方便的电路输入方式。在 Multisim 工作界面中，用户根据自己的设计目的，首先利用其创建原理图的编辑功能，以图形输入方式绘制未来印制电路板（Printed-Circuit Board，PCB）上的电路。用户创建的电路可能是模拟、数字或者是模数混合电路，只要是 Multisim 元件库内的元器件，几乎都具有仿真模型，允许用户在 PCB 前端设计阶段对其设计的电路进行软件仿真，从而最大限度地降低设计失误，这是目前 EDA 工具最具魅力的功能之一。Multisim 可输出 PCB 前端设计结果，以网表等文件形式将设计信息准确传递到 PCB 后端设计模块 Ultiboard 中。

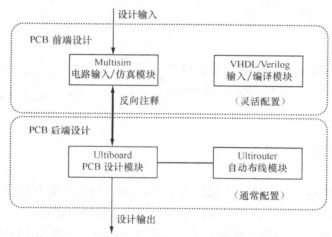

图 8.1　Circuit Design Suite 各模块间的关系

8.2　Multisim 电路设计流程

一般来说，完整的 Multisim 设计流程包括电路设计与输入、电路仿真与电路分析、PCB 设计与制作等主要步骤。在设计一个电路时，设计流程如图 8.2 所示。每个具体设计的每个步骤会略有变化，但在本质上这些步骤是相同的。

1. 设计出电路草图

在进行电路设计之前，首先要明确设计要求与设计目的。明确设计需求，最好能够先在纸上设计出电路的草图，再利用 Multisim 软件进行设计。

2. 设置工作区的尺寸、选择元器件符号的标准

草图设计好后，可根据草图的大小设置工作区（与图纸）的尺寸，选择元器件符号的标准（ANSI 标准和 DIN 标准）。Multisim 14 只能调出符合两种标准的电路元器件符号，即美

国的 ANSI 标准和欧洲的 DIN 标准。

3．原理图输入

原理图的输入包括放置元器件和连接电路两个步骤。首先向工作区添加元器件，设置元器件参数。按照电路的草图放置好元器件后，通过导线将元器件连接起来，形成电路原理图。

4．电路规则检查

检查电气连接关系的正确性，以便于后续的仿真操作。

5．设置仿真仪器与分析方法

按仿真的需求，将合适的仪器仪表加入并连接到设计的电路中，观察仪器仪表的输出结果。根据仿真结果对电路的参数或电路结构进行调整、更改，最终完成设计要求。

6．标记电路原理图相关信息

电路图设计完成后，完成相关信息的填写。

7．后期处理

后期处理包括导出元器件列表、导出电路原理图的统计信息、转换到 Ultiboard 或 Protel 等操作。

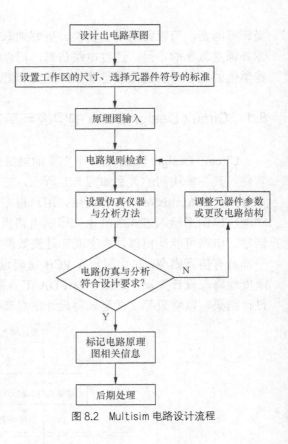

图 8.2　Multisim 电路设计流程

8.3　电路原理图设计工具

Multisim 模块是整个 Multisim 系列软件中最具特色的模块，它具有强大的电路仿真功能，并具有人性化设计的友好界面，在此软件平台上操作，有类似在实验室工作台上进行操作的感觉。该模块属于 PCB 前端设计模块，它主要完成设计电气原理图的输入、编辑、存储、电路仿真和可编程逻辑器件（Programmable Logic Device，PLD）设计等功能，设计结果将以网络表等文件形式直接传递给 PCB 后端设计工具 Ultiboard。

8.3.1　Multisim 用户界面简介

从"开始"菜单启动 Multisim 14 软件后，屏幕出现图 8.3 所示的 Multisim 14 软件的主窗口，主窗口包括菜单栏、设计工具箱、数据表格视图、标准工具栏、元件工具栏、单片机仿真工具栏仿真开关、元件工具栏、仪器仪表工具栏和电路设计工作区。

菜单栏包括 File、Edit、View 等菜单，主要用于文件的创建、管理、编辑、窗体的管理，以及电路仿真软件的各种操作命令。

标准工具栏提供了常用命令的快捷操作方式，方便用户使用。从左到右依次包括基本操作按钮（包括新建设计文件、打开文件、打开实例设计文件、保存文件、打印设计文件、打印预览、剪切、复制、粘贴、撤销、重做等）、电路工作区控制按钮（包括全屏显示、放大工作区、缩小工作区、选择区域缩放、缩放到合适页面等）、电路操作按钮（包括查找设计实例、显示/隐藏 Spice 网表查看器、显示/隐藏设计工具箱、显示/隐藏数据表格视图、数据库管理器、创建元件、分析方法列表、后处理器、电气规则检查、捕捉屏幕范围、转到父图、从 Ultiboard 反相注释、向前注释到 Ultiboard 等)、使用过的元器件列表及仿真暂停控制按钮。

图 8.3　Multisim 14 软件的主窗口

　　元件工具栏提供了电路原理图中的具体元器件。从左到右依次是电源库、基本元器件库、二极管库、晶体管库、模拟集成电路库、TTL 数字集成电路库、CMOS 数字集成器电路库、数字器件库、模拟混杂集成电路库、指示器件库、电源器件库、其他器件库、键盘显示器件库、射频元器件库、机电类器件库、NI 组件库、微控制器库等。

　　设计工具箱对当前设计文件进行控制和管理,用于宏观管理设计中的原理图文件、PCB 文件及报告清单文件等,同时可方便地管理层次化电路的层次结构。

　　数据表格视图可方便快速地显示所编辑元件的参数,包括封装、属性、参考值等内容,设计人员可通过该窗口改变元件的参数。

　　仪器仪表工具栏提供了在电路仿真过程中会用到的各种虚拟仪器。Multisim 14 为设计者提供了大量的虚拟仪表,从上到下依次为数字万用表、函数发生器、功率表、双通道示波器、四通道示波器、波特仪、频率计、数字信号发生器、逻辑分析仪、逻辑转换器、IV 分析仪、失真度分析仪、频谱分析仪、网络分析仪、安捷伦函数信号发生器、安捷伦万用表、安捷伦示波器、泰克示波器、测试探针、NI LabVIEW 虚拟仪器、NI 教学实验虚拟仪器套件仪器及电流探针等。利用这些仪器仪表,设计者可以对设计的电路进行各种综合分析和测量。

　　电路设计工作区是设计人员进行电路设计的工作区域,电路的设计和仿真在设计工作区完成。

8.3.2　菜单和命令

Multisim 的主要菜单共包括 10 项,常见的各对应选项的功能如表 8.1 所示。

表 8.1 　　　　　　　　　　　Multisim 主要菜单下常见的各对应选项的功能

主要菜单	下拉菜单选项	主要功能
Edit/Orientation	Flip vertical	垂直翻转
	Flip horizontal	水平翻转
	Rotate 90° clockwise	顺时针旋转 90°
	Rotate 90° counter clockwise	逆时针旋转 90°
View	Zoom in	放大设置
	Zoom out	缩小设置
	Grid	显示或关闭栅格
	Design Toolbox	显示或关闭设计工具箱
	Spreadsheet View	显示或关闭数据表格视图
	Description Box	显示或关闭电路描述工具箱（在 Tools/Description Box Editor 描述电路功能）
	Toolbar	显示工具条
	Grapher	显示或关闭图形编辑器
Place	Component	放置器件
	Probe	放置测试探针
	Junction	放置节点
	Wire	放置导线
	Bus	放置总线
	Connectors	放置输入/输出端口连接器
	New hierarchical block	放置层次模块
	Replace by hierarchical block	替换层次模块
	Hierarchical block from file	来自文件的层次模块
	New subcircuit	创建子电路
	Replace by subcircuit	子电路替换
	Multi-page	设置多页
	Bus vector connect	总线矢量连接
	Comment	注释
	Text	放置文字
	Grapher	放置图形
	Title block	放置工程标题栏
MCU	No MCU component found	没有创建 MCU 器件
	Debug view format	调试格式
	Line numbers	引脚标号
	Pause	暂停
	Step into	单步运行
	Step over	单步跨越

续表

主要菜单	下拉菜单选项	主要功能
MCU	Step out	单步跳出
	Run to cursor	运行到光标
	Toggle breakpoint	设置断点
	Remove all breakpoint	移除所有的断点
Simulate	Run	开始仿真
	Pause	暂停仿真
	Stop	停止仿真
	Analyses and simulation	分析和仿真
	Instruments	选择仪器仪表
	Mixed-mode simulation settings	复杂仿真设置
	Probe settings	探针设置
	Reverse probe direction	逆转探针方向
	Postprocessor	启动后处理器
	Simulation error log/audit trail	仿真误差记录/查询索引
	XSPICE command line interface	XSPICE 命令行界面
	Load simulation settings	导入仿真设置
	Save simulation settings	保存仿真设置
	Automatic fault option	自动故障选择
	Clear instrument data	清除仪器数据
	Use tolerances	使用公差
Transfer	Transfer to Ultiboard	将仿真文件的网络表传送给 Ultiboard
	Forward annotate to Ultiboard	将 Multisim 中电路元件的注释变动传送给 Ultiboard
	Backward annotate from file	将 Ultiboard 中的电路元件的注释改变传送到 Multisim，从而使 Multisim 中的元件注释相应变动
	Export to other PCB layout file	将网络表输出给其他的 PCB 布线文件
	Export SPICE netlist	输出 SPICE 网络表
	Highlight selection in Ultiboard	在 Ultiboard 中高亮显示
Tools	Component wizard	元件创建向导
	Database	用户数据库管理
	Circuit wizards	电路创建向导（包括 555 定时器电路设计向导、滤波器电路设计向导、集成运算放大器电路设计向导、单管共射放大电路设计向导）
	SPICE netlist viewer	SPICE 网表观测窗
	Replace components	元件替换
	Update components	更新元器件

主要菜单	下拉菜单选项	主要功能
Tools	Electrical rules check	电气规则检验
	Clear ERC markers	清除 ERC 标志
	Toggle NC marker	设置空闲引脚标志
	Symbol Editor	符号编辑器
	Title Block Editor	工程图明细表比较器
	Description Box Editor	描述箱编辑器（在 Design Toolbox 窗口中添加关于电路功能的文本表述）
	Capture screen area	捕捉屏幕区域
Reports	Bill of Materials	材料清单
	Component detail report	元件详细报告
	Netlist report	网络表报告
	Cross reference report	参照表报告
	Schematic statistics	统计报告
	Spare gates report	未用元件门电路报告
Options	Global options	全局电路参数对话框
	Sheet properties	电路工作区属性（用于设置电路工作区中参数是否显示、显示方式和 PCB 参数的设置）
	Global restrictions	全局约束
	Circuit restrictions	电路约束
	Lock toolbars	锁定快捷工具条
	Customize interface	用户界面设置（用于设置个性化的用户界面）
Help	Multisim help	主题目录
	Getting Started	初学者指导书
	Find examples	查找实例

8.3.3 定制用户界面

Multisim 的界面可以定制，包括工具箱、电路的显示颜色、页面大小、自动保存的时间间隔、符号标准（ANSI 或 DIN）及打印设置等。这种定制可以针对每一个电路进行设置，可以将不同的电路设置成不同的颜色，也可以将同一电路中的元件、仪表设置成不同的颜色。设置当前电路时，单击鼠标右键即可。如果要建立一种默认的界面设置，可以执行菜单"Options"中的"Global options"和"Sheet properties"命令，弹出的对话框如图 8.4 所示，但该设置只对随后的电路文件有效，对当前电路文件无效。

（1）"Global Options"对话框的"Components"选项卡如图 8.4（a）所示，在"Components"选项卡中进行如下操作。

① 在"Place component mode"区域选择元器件操作模式。

• Place single component：选定时，从元器件库里取出元器件，只能放置一次。

(a)"Global Options"对话框　　　　　(b)"Sheet Properties"对话框

图 8.4　电路工作区属性对话框

- Continuous placement for multi-section component only（ESC to quit）：选定时，如果从元器件库里取出的元器件是 74××之类的单封装、内含多组件的元器件，则可以连续放置元器件。停止放置元器件，可按"Esc"键退出。

- Continuous placement（ESC to quit）：选定时，从元器件库里取出的零件可以连续放置。停止放置元器件，可按"Esc"键退出。

② 在"Symbol standard"区域选择元器件符号标准。

- ANSI Y32.2：设定采用美国标准元器件符号。

- IEC 60617：设定采用欧洲标准元器件符号。

（2）"Sheet Properties"对话框提供了 7 个选项卡，如图 8.4（b）所示。

① 其中"Sheet visibility"选项卡用于对电路窗口内的仿真电路图和元件参数进行设置。如设置元件的 Labels（显示元件的标号）、RefDes（显示元件的名称与序号）、Values（显示元件值）等信息，以及网络名（Net names）和总线（Bus entry）是否显示。

② "Colors"选项卡用于设置仿真电路图的颜色。

下拉选项中是颜色类型，其下端的窗口是效果预览窗口，右边的颜色条用来设置电路图的背景、连线、有源元件、无源元件和虚拟元件的具体颜色。

③"Workspace"选项卡用于设置电路图纸的纸张大小和纸张的显示方式，如图 8.5 所示。

在"Show"区域，左半部分是设置的预览窗口，右半部分是显示条目的复选框。自上至下的复选框分别为：Show grid（选择电路工作区里是否显示格点）；Show page bounds（选择电路工作区里是否显示页面分隔线或边界）；Show border（选择电路工作区里是否显示边界）。

"Sheet size"区域的功能是设定图纸大小（A～E、A0～A4 及 Custom 选项），并可选择尺寸单位为英寸（Inches）或厘米（Centimeters），以及设定图纸方向是纵向（Portrait）或横向（Landscape）。

④ "Wiring" 选项卡可对导线的宽度进行设置，如图 8.6 所示。在 "Wiring" 下可对导线的宽度（Wire width）和总线的宽度（Bus width）进行设置。

⑤ "Font" 选项卡用于对电路窗口中元器件的标识符和参数等信息进行字的大小和字体的设置，如图 8.7 所示。

在 "Font" 区域，可以直接在列表框里选取所要采用的字型。在 "Font style" 区域选择字型，字型可以为粗体字（Bold）、粗斜体字（Bold Italic）、斜体字（Italic）、正常字（Regular）等。"Size" 区域选择字型大小，可以直接在列表框里选取。"Preview" 区域显示的是所设定的字型。

在 "Change all" 区域可为所设定的字型选择应用项目。Component values and labels：选择元器件标注

图 8.5 "Workspace" 选项卡

文字和数值采用所设定的字型。Component RefDes：选择元器件编号采用所设定的字型。Component attributes：选择元器件属性文字采用所设定的字型。Footprint pin names：选择引脚名称采用所设定的字型。Symbol pin names：选择符号引脚采用所设定的字型。Net names：选择网络表名称采用所设定的字型。Schematic text：选择电路图里的文字采用所设定的字型。

在 "Apply to" 区域可选择本对话框所设定的字型的应用范围。Selection：应用在选取的项目。Entire sheet：应用于整个电路图。

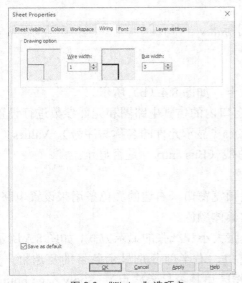

图 8.6 "Wiring" 选项卡

图 8.7 "Font" 选项卡

8.3.4 创建电路原理图

创建电路原理图是完整的电路设计过程的第一步，用户可选择要使用的元件，放置到电路窗口中确定的位置，进行元件的连接，同时可以修改元件的属性与参数。

1. 元器件的操作

Multisim 14 提供了丰富的元器件库，元器件库栏图标和名称如图 8.8 所示。单击元器件库栏的某一个图标可打开该元器件库。

（1）调用元器件。

选用元器件时，在元器件库栏中单击包含该元器件的图标，即可打开该元器件库。可以浏览所有元器件组，

图 8.8　Multisim 14 元器件库

从选中的元器件库中单击该元器件，然后单击"OK"按钮，拖动该元器件到电路设计工作区的适当地方即可。

也可通过执行菜单命令"Place/Component"来调出元器件库，选择元器件。

Multisim 提供了一些虚拟元器件，这些元器件在现实中是不存在的，只是为便于电路仿真专门设置的。虚拟元器件没有引脚，也不能从市场中买到，在电路窗口中一般以特别的颜色显示，显示的颜色用户可以在电路显示控制中进行设置。

（2）选中元器件。

在连接电路之前，有时需要对元器件进行移动、旋转、删除、设置参数等操作，这就需要先选中该元器件。要选中某个元器件，可单击该元器件，被选中元器件的四周出现 4 个黑色小方块（电路设计工作区为白底时），便于识别。

按住鼠标左键拖动鼠标指针形成一个矩形区域，可以同时选中在该矩形区域内所包围的一组元器件。要取消某一个元器件的选中状态，只需单击电路工作区的空白部分即可。

（3）元器件的移动。

单击该元器件（按住鼠标左键不放），拖动该元器件即可移动该元器件。要移动一组元器件，必须先选中该组元器件，然后按住鼠标左键拖动，则所有选中的部分会一起移动。

（4）元器件的旋转与翻转。

对元器件进行旋转或翻转操作，需要先选中该元器件，然后单击鼠标右键或者选择菜单"Edit/Orientation"，选择菜单中的"Flip horizontal"（将所选择的元器件水平翻转）、"Flip vertical"（将所选择的元器件垂直翻转）、"Rotate 90°clockwise"（将所选择的元器件顺时针旋转 90°）、"Rotate 90° counter clockwise"（将所选择的元器件逆时针旋转 90°）等命令。

（5）元器件的复制、删除。

对选中的元器件进行复制、移动、删除等操作，可以单击鼠标右键或者使用菜单中的"Edit/Cut"（剪切）、"Edit/Copy"（复制）和 "Edit/Paste"（粘贴）、"Edit/Delete"（删除）等命令来实现。

（6）元器件标签、编号、数值、模型参数的设置。

在选中元器件后，双击该元器件，或者选择菜单命令"Edit/Properties"（元器件特性），会弹出相关的对话框，可供输入数据。器件特性对话框具有多种选项可供设置，包括 Label（标识）、Display（显示）、Value（数值）、Fault（故障设置）、Pins（引脚端）、Variant（变量）等。

2. 元件的连接

在电路窗口放置好元件后，便可连线完成元件到元件、元件到仪表之间的电气连接。每

个元件都有供连接的引脚，既可以选择自动连接，也可以选择手动连接。自动连接是 Multisim 的一个重要功能，可以避免从元件上连接或交叠。

（1）自动连线。

将鼠标指针移动到第一个元件的引脚，鼠标指针呈十字形，单击鼠标左键，然后移动鼠标指针到第二个元件的相应引脚，单击鼠标左键，即可完成自动连线，并自动标注节点号。如果连线没有成功，可能是连接点与其他元件太靠近所致，移开一段距离即可。若要删除某条线，选中相应线，按"Delete"键，或单击鼠标右键，在弹出的快捷菜单中选择"Delete"命令即可。

（2）手动连线。

① 将鼠标指针移动到第一个元件的引脚，鼠标指针呈十字形，单击鼠标左键，显示随鼠标指针移动的线。

② 控制连线的轨迹，在拐点的相应位置单击鼠标左键，则连线必须通过该点。默认情况下，程序避免跨接没有连线的元件。若要跨接元件，在拖动鼠标指针到要跨接的元件上时，按"Shift"键可以达到跨接的目的。

③ 在第二个元件相应引脚单击鼠标左键，完成连线。

手动连线和自动连线可以交互使用，在默认情况下，程序应用自动连线。

（3）改变连线轨迹。

选中相应线后，线上出现很多调整点，将鼠标指针移到调整点上，显示为三角形，拖动鼠标即可改变连线的形状。在选中相应线后，按住"Ctrl"键，拖动鼠标指针移动到调整点上时，显示为叉号形状，单击鼠标左键可以删除一个调整点，也可以改变连线轨迹。若移动到线上其他位置，鼠标指针显示双箭头形状，单击鼠标左键可以添加一个调整点，做进一步调整。

（4）设置连线颜色。

默认的颜色设置是由控制电路显示所设定的，若需要特别设定连线颜色，可以通过如下方式进行。

选中相应连线，单击鼠标右键，从弹出的快捷菜单中选择 "Change Color"或"Color Segment"命令进行设置。前者用于改变选中连线的等电位导线颜色，后者用于改变选中导线段的颜色。

（5）放置总线。

放置总线的操作过程如下。

① 选择"Place /Bus"命令，进入绘制总线状态。

② 拖动所要绘制总线的起点，拉出一根总线。如要转弯，则单击鼠标左键，到达终点后，双击即可完成总线的绘制，系统也将自动给出总线的名称。如要修改名称，则双击该总线，打开"Bus"对话框，在其中"Reference ID"栏内输入新的总线名称，然后单击"确定"按钮。注意：两根或多根总线只要名称相同，在电气上就是一根总线，相当于连在一起。

③ 将要连接的多个引脚分别接到总线上。

④ 若希望两个引脚电气连接，则在弹出的对话框"Bus line"中填上相应的网络标号。

3．手动添加连接点

如果需要在既不是连接点又不是元件引脚的位置添加连接点，可以手动添加连接点，执行菜单命令"Place/Junction"按相关提示进行操作即可。

8.3.5　子电路和层次设计

大规模复杂电路可以通过先建立主电路，然后为总电路添加子电路（Subcircuits）的方式完成。Multisim 允许用户创建子电路，即一个电路中允许包含另一个电路，被包含电路以图标形式显示在包含电路中，就像使用一个元件一样。在子电路接入电路之前，需要给子电路添加输入/输出结点。当子电路被嵌入主电路时，该结点会出现在子电路的符号上，以便设计者能看到接线点。

子电路是用户自己建立的一种单元电路。将子电路存放在用户元器件库中，可以反复调用。利用子电路可使复杂系统的设计模块化、层次化，可增加设计电路的可读性，提高设计效率，缩短电路设计周期。创建子电路的工作需要以下几个步骤：选择、创建、调用、修改。

1．子电路的输入/输出

为了能对子电路进行外部连接，需要对子电路添加输入/输出。选择"Place / Connectors/Input Connector（Output Connector）"命令，屏幕上出现输入/输出符号，将其与子电路的输入/输出信号端进行连接。带有输入/输出符号的子电路才能与外电路连接。

2．子电路选择

把需要创建的电路放到电子工作平台的电路窗口上，按住鼠标左键拖动，选定电路。被选择电路的部分通过周围的方框标示，完成子电路的选择。

3．子电路创建

选择"Place/Replace by subcircuit"命令，在弹出的"Subcircuit Name"对话框中输入子电路名称 sub1，单击"OK"按钮，选择电路复制到用户元器件库，同时给出子电路图标，完成子电路的创建。

4．子电路调用

选择"Place/New subcircuit"命令或使用"Ctrl+B"快捷键操作，输入已创建的子电路名称 sub1，即可使用该子电路。

5．子电路修改

双击子电路模块，在弹出的对话框中单击"Edit Subcircuit"命令，屏幕显示子电路的电路图，直接修改该电路图。

8.3.6　Multisim 14 中电路设计向导的使用

1．555 定时器电路设计向导

对于数字电路中常用的 555 定时器电路，Multisim 14 提供了设计向导功能，用户可以自行提出设计参数和指标，由 Multisim 软件来完成 555 定时器电路的设计。

在菜单栏的"Tools"下选择"Circuit wizards/555 timer wizard"命令，弹出如图 8.9 所示的对话框，该对话框中的参数说明如下。

（1）顶部"Type"下拉列表用于选择 555 时基电路的类型，包括 Astable operation（多谐振荡器）、Monostable（单稳态电路）两种类型。

（2）555 定时器设定参数区，用于设置相关设计参数。

按图 8.9 所示的默认设置创建图 8.10 所示的电路和波形，在输出端（OUT）接入测试仪表——示波器，可以观测到该振荡器输出频率（Frequency）为 1kHz，占空比（Duty）为 60%，满足设计要求。示波器的使用见 8.4.3 小节常用仿真仪表介绍。

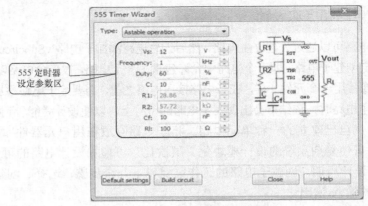

图 8.9　555 定时器设计向导对话框

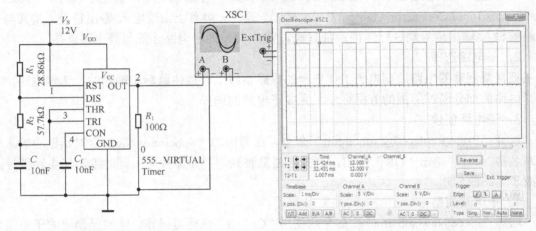

（a）定制出的多谐振荡器电路　　　　　　　　　　（b）仿真波形

图 8.10　定制出的多谐振荡器电路及其仿真波形

2．滤波器设计向导

若没有便捷的设计工具设计滤波器电路，滤波器设计将是一个有难度的设计任务。Multisim 14 提供了滤波器设计向导工具，通过该工具，可以快捷地设计各种有源滤波器或无源滤波器（包括低通滤波器、高通滤波器、带通滤波器、带阻滤波器等）。

在菜单栏的"Tools"下选择"Circuit wizards/Filter wizard"命令，弹出如图 8.11 所示的对话框，该对话框中的参数说明如下。

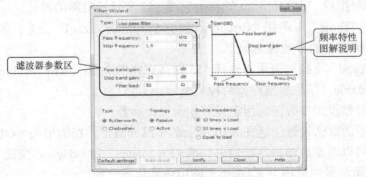

图 8.11　滤波器设计向导对话框

（1）顶部"Type"下拉列表用于选择滤波器的类型，包括低通、高通、带通及带阻滤波器等。

（2）滤波器参数区用于设置滤波器的相应参数。其中低通滤波器和高通滤波器参数包括通带截止频率、阻带截止频率、通带允许的最大衰减、阻带允许的最大衰减和输出负载电阻阻值的大小等。

（3）"Type"选项区用于选择滤波器的类型，包括 Butterworth（巴特沃斯型）和 Chebyshev（切比雪夫型）等。

（4）"Topology"选项区用于设置滤波器电路，包括 Passive（无源型，即滤波器由电阻、电容、电感构成）和 Active（有源型，即滤波器由运算放大器加无源器件构成）。

（5）"Source impedance"选项区用于设置输出阻抗。该选项区只有在设计无源滤波器时才会出现。

按图 8.11 所示的默认设置创建无源低通滤波器电路，单击"Verify"按钮检查参数设置的合理性，单击"Build circuit"按钮，生成如图 8.12 所示的电路。在该电路中接入测试仪表——波特图仪，可以观测到该低通滤波器的频谱图。波特图仪的使用见 8.4.3 小节常用仿真仪表介绍。

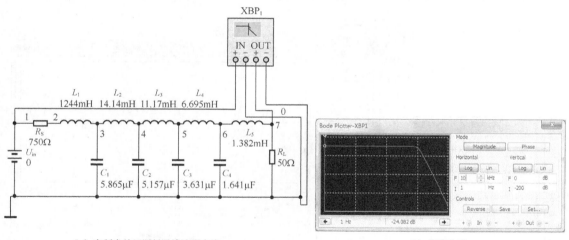

（a）定制出的无源低通滤波器电路 　　　　　　　　　　　　　　　　　　（b）仿真波形

图 8.12　定制出的无源低通滤波器电路及其仿真波形

有源滤波器的设计方法：在"Topology"选项区选择"Active"，单击"Verify"按钮校验设定的参数是否有效，最后单击"Build circuit"按钮，生成滤波器电路即可。

3. 运算放大器设计向导

对于模拟电路中常用的运算放大器设计电路，Multisim 14 提供了设计向导功能，用户可以自行提出设计参数和指标，由 Multisim 软件来完成运算放大器设计电路实现模拟信号处理的设计。

在菜单栏的"Tools"下选择"Circuit wizards/Opamp wizard"命令，弹出如图 8.13 所示的对话框，该对话框中的参数说明如下。

（1）顶部"Type"下拉列表用于选择设计类型，包括 Inverting amplifier（反向比例）、Non- inverting amplifier（同向比例）、Difference amplifier（减法电路）、Summing amplifier inv.

（反向求和，反向比例放大倍数相同）、Summing amplifier non-inv.（同向求和，同向比例放大倍数相同）及 Scaling adder（反向加法，可设置反馈电阻和输入电阻，即可单独设定每一路信号的放大倍数）。

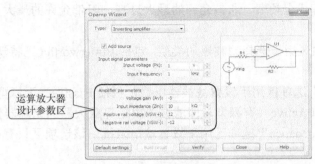

图 8.13　运算放大器设计向导对话框

（2）运算放大器设计参数区，用于设置相关设计参数。

按图 8.13 所示的默认设置创建如图 8.14 所示的电路，在输入端、输出端接入测试仪表——双踪示波器，可以观测到 $U_o/U_i=-5$，输入阻抗 $Z_{in}=R_1=10\text{k}\Omega$，满足设计要求。

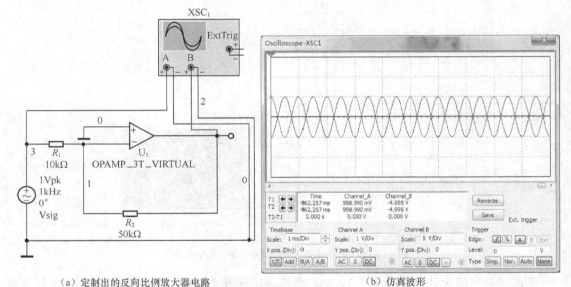

（a）定制出的反向比例放大器电路　　　　　　　　　　（b）仿真波形

图 8.14　定制出的反向比例放大器电路及其仿真波形

4．单管共射放大电路设计向导

Multisim 14 提供了定制单管共射放大电路的功能，用户可以根据实际参数自行设计各种参数的单管共射放大电路。

在菜单栏的"Tools"下选择"Circuit wizards/CE BJT amplifier wizard"命令，弹出如图 8.15 所示的对话框，该对话框中的参数说明如下。

（1）"BJT selection"区：用于设置双极型晶体管自身参数。

● "Beta of the BJT（hfe）"：设置双极型晶体管的放大倍数，改变该值将改变晶体管元件的模型值。

- "Saturated（Vbe）"：设置基极和发射极在饱和导通时的电压，对于硅晶体管，U_{be}=0.7V。
（2）"Amplifier specification"区：用于设置信号源参数。
- "Peak input voltage（Vpin）"：设置交流信号源的峰值电压。
- "Input source frequency（fs）"：设置交流信号源的频率。
- "Signal source resistance（Rs）"：设置交流信号源的内阻。
（3）"Quiescent point specification"区：设置静态工作点。
- "Collector current（Ic）"：设置静态工作点的集电极电流 I_{CQ}。
- "Collector-emitter voltage（Vce）"：设置静态工作点的集电极和发射极之间的电压差 U_{CEQ}。
- "Peak output volt. swing（Vps）"：设置输出电压的最大幅值。
以上 3 个选项为单选项，当用户选中其中一个选项后，单击"Verify"按钮，软件自动计算出其他两个单选项的值。
（4）"Cutoff frequency（fcmin）"：设置放大器的下截止频率。
（5）"Load resistance and power supply"区：设置负载电阻阻值和直流电源相关参数。
- "Power supply voltage（Vcc）"：设置提供直流偏置的直流电源的大小。
- "Load resistance（Rl）"：设置负载电阻的大小。
（6）"Amplifier characteristics"区：显示设计的放大特性的理论结果，该结果由软件计算完成。
- "Small signal voltage gain（Av）"：小信号的电压增益。
- "Small signal current gain（Ai）"：小信号的电流增益。
- "Maximum voltage gain（Avmax）"：最大电压增益。
按图 8.15 所示的默认设置创建单管共射放大电路，单击"Verify"按钮检查参数设置的合理性，单击"Build circuit 按钮"，生成如图 8.16 所示的电路。在该电路中接入测试仪表——双踪示波器，可以观测到该电路的输入信号和放大后的信号。

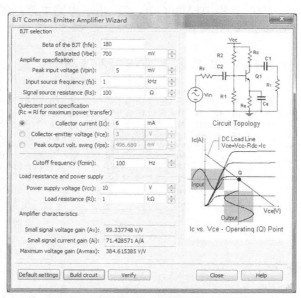

图 8.15　单管共射放大电路设计向导对话框

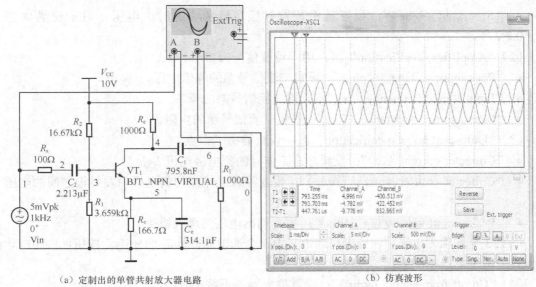

（a）定制出的单管共射放大器电路　　　　　　　（b）仿真波形

图 8.16　定制出的单管共射放大器电路及其仿真波形

8.4　仿真仪表

Multisim 提供了多种常用的虚拟仪表，用户可以通过这些仪表观察电路的运行状态和仿真结果。它们的设置、使用和读数与实际的测量仪表类似，就像在实验室中使用仪表一样。虚拟仪表有两种显示方式：一种是图标，表示与电路的连接；另一种是控制显示窗口，可以在其中进行设置和观察仿真结果。

8.4.1　仪表工具箱

Multisim 14 在仪器仪表工具栏中提供了 20 多种电子电路中常用的仪器仪表，就像一个仪表工具箱，如图 8.17 所示。

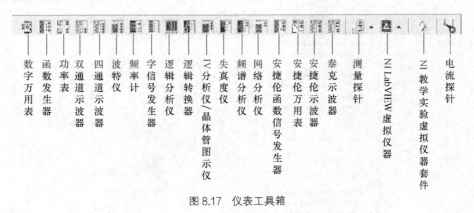

图 8.17　仪表工具箱

8.4.2　仪表的默认设置

执行菜单命令"Simulate/Analyses and simulation/Interactive Simulation"，弹出如图 8.18

所示的对话框，在此对话框中可进行初始条件设置和分析设置。在分析设置中，Start time 必须大于等于 0，小于终止时间（End time）。设置完毕，单击"Save"按钮，这些设置会在下次仿真时起作用。

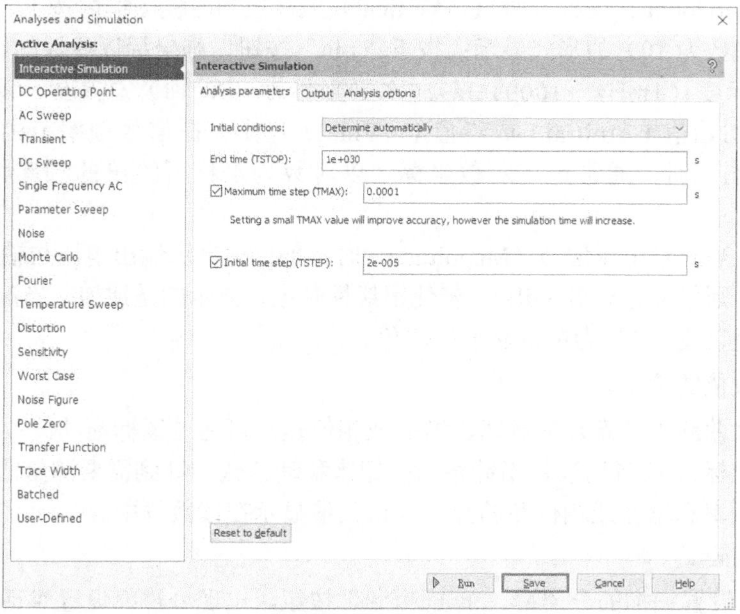

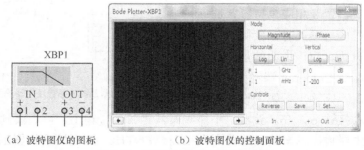

图 8.18　仪表的默认设置对话框

8.4.3　常用仿真仪表介绍

1. 波特图仪（Bode Plotter）

波特图是一种利用折线或渐近线描述电路系统频率特性的近似图。使用 Multisim 中的波特图仪可得到电路频响特性曲线的波特图，这对于滤波器电路的仿真分析很重要，可同时得到幅频特性和相频特性曲线。波特图仪的图标和控制面板如图 8.19 所示。在使用时，必须保证在电路中有 AC 信号源，而信号源的频率对波特图仪并无影响，波特图仪产生的频率可以覆盖指定的频率范围。垂直和水平标尺都预设为最大值，也可进行调整，在任何设置改动后，都应该重新运行一次仿真，以确保仿真结果正确。

（a）波特图仪的图标　　　　（b）波特图仪的控制面板

图 8.19　波特图仪的图标和控制面板

在控制面板中单击"Magnitude"按钮，表示测量电路中任意节点间的幅度增益，可以用倍数表示，也可以用分贝（dB）表示；单击"Phase"按钮表示相移测量，单位是度（°）。

两者都以频率为自变量。图 8.19（a）中的"In"和"Out"是波特图仪的输入和输出端子，两个正端子应分别连接到要测量的两个电路节点，两个负端子都应接地。

（1）坐标设置。

在水平（Horizontal）坐标或垂直（Vertical）坐标控制面板图框内按下"Log"按钮，则坐标以对数（底数为 10）的形式显示；按下"Lin"按钮，则坐标以线性的结果显示。

水平坐标标度（1mHz～1000THz）：水平坐标轴（X 轴）总是显示频率值。它的标度由水平轴的初始值 I（Initial）或终值 F（Final）决定。在信号频率范围很宽的电路中，分析电路频率响应时，通常选用对数坐标（以对数为坐标所绘出的频率特性曲线称为波特图）。

垂直坐标：当测量电压增益（Magnitude）时，垂直轴显示输出电压与输入电压之比，若使用对数基准，则单位是分贝（dB）；若使用线性基准，显示的是比值。当测量相位（Phase）时，垂直轴总是以度（°）为单位显示相位角。

（2）坐标数值的读出。

要测量特性曲线上任意点的频率、增益或相位差，可通过鼠标拖动读数指针（位于波特图仪中的垂直光标），或者用读数指针移动按钮来移动读数指针到需要测量的点。读数指针与曲线交点处的频率和增益或相位角的数值，该数值显示在读数框中。

（3）分辨率设置。

"Set"用来设置扫描的分辨率，单击"Set"按钮，出现分辨率设置对话框，数值越大分辨率越高。

2. 函数发生器（Function Generator）

Multisim 中的函数发生器可以输出正弦信号、三角波信号和方波信号，且它们的波形可以选择，其频率、振幅、占空比和直流偏置都可以进行设置，调整占空比可以改变脉宽，也可使三角波变为锯齿波。函数发生器的输出频率范围应满足 AC 分析的需要。函数发生器有 3 个输出连接端子，其中 Common 端子提供一个信号参考端。函数发生器的图标和控制面板如图 8.20 所示。面板上面 3 个按钮分别为三角波信号、正弦信号和方波信号输出选择按钮。

信号选项（Signal options）分别为频率、振幅、占空比和直流偏置及相应单位设置选项，当鼠标指针移动到相应选项上时，鼠标指针变成手掌形，即可进行设置。应该说明的是，这里的振幅是指正端或负端对 Common 端输出的振幅，若从正端和负端输出，则输出振幅为设置振幅的 2

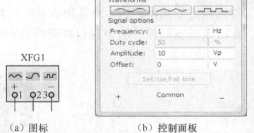

（a）图标　　（b）控制面板
图 8.20 函数发生器的图标和控制面板

倍。并且使用此种接法后，在示波器上不能观察其正弦信号输出，可观察到三角波信号和方波信号。函数发生器输出频率的设置范围为 1Hz～999THz，占空比的设置范围为 1%～99%，振幅的设置范围为 0～999kV（不含 0），直流偏置的设置范围为–999～999kV。"Set rise/Fall time"按钮用于设置方波上升/下降时间，可由用户设置，也可恢复为默认设置。

3. 示波器（Oscilloscope）

与实际的示波器一样，仿真用的示波器可以双踪输入，不仅能显示出信号的波形，还能直接给出被测信号的各种参数值（如正弦信号的周期、振幅，脉冲信号的占空比、幅值、前后沿持续时间等）。示波器的图标和面板如图 8.21 所示，面板功能包括：图形显示窗口、通道设置、触发设置、时间设置等。示波器面板各按键的作用、调整与参数的设置与实际的示波器类似。

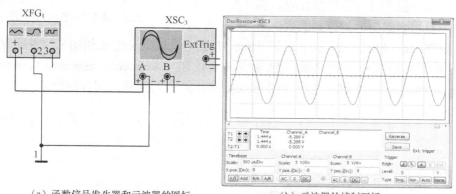

（a）函数信号发生器和示波器的图标 （b）示波器的控制面板

图 8.21 示波器的图标和控制面板

（1）时间参数设置。

在面板的"Timebase"栏内可设置时间参数，为了方便读数，时间参数的设置要与 AC 分析、函数发生器中信号的频率相对应，以能观察 3～4 个周期的信号为宜，这就相当于只有当示波器调整到与被测信号同步时才能看到清晰稳定的波形。坐标轴可以设置成波形对时间（Y/T），一个通道对另一个通道（A/B 或 B/A），后者可用于观察李沙育图形。

（2）通道设置。

① Y 轴灵敏度（1pV/div～100TV/div）。Y 轴灵敏度设置决定了 Y 轴显示的标度。为了方便读数，应使其设置为与输入信号相当的水平，如输入信号幅值为 3V，则 Y 轴灵敏度应设置为 1V/div，并以此为单位乘波形所占的格数，就可得到被测信号的幅值。

② Y 轴定位。这项设置控制着 Y 轴的起点，设置为 0.00，起点为 X 轴；若设置为 1.00，则起点为 X 轴上方第一个格，以此类推。这种设置便于双踪输入读数，使不同通道的波形明显分开。

③ 输入耦合方式。使用 AC 耦合方式，只有信号中的交流成分才能显示出来；使用 DC 耦合方式，交流成分和直流成分同时显示出来。

④ 触发。

a. 选择触发极性（Trigger Edge）。正触发方式下，触发点发生在信号增加（上升）的方向；负触发方式下，触发点发生在信号减小（下降）的方向，可以分别设置。

b. 选择触发电平（Trigger Level）。将鼠标指针移动到触发电平的设置框，鼠标指针变成手掌形，可以设置数值，也可以改变电平单位。

c. 选择触发信号（Trigger Signal）。触发信号分内部触发和外部触发，内部触发指触发信号来自 A 通道或 B 通道，外部触发指触发信号来自专门的输入触发通道。

4．功率表（Wattmeter）

功率表就是用来测量信号功率的一种仪表。功率表的图标和控制面板如图 8.22 所示。

5．数字万用表（Multimeter）

这是一种可自动调整量程的数字万用表，其电压挡、电流挡的内阻，电阻挡的电流值和分贝挡标准电压值都可进行任意设置。图 8.23 所示为数字万用表的图标和控制面板。

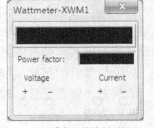

（a）功率表的图标　　（b）功率表的控制面板

图 8.22　功率表的图标和控制面板

需要设置时，可按控制面板下面的"Set"按钮，此时就会出现如图 8.24 所示的对话框，可以设置数字万用表内部的参数，包括电流表内阻（Ammeter resistance）、电压表内阻（Voltmeter resistance）、欧姆表电流（Ohmmeter current）与测量范围等参数。

（a）数字万用表的图标　（b）数字万用表的控制面板

图 8.23　数字万用表的图标和控制面板

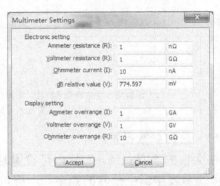

图 8.24　数字万用表内部参数设置对话框

6．字信号发生器（Word Generator）

字信号发生器可以采用多种方式产生 32 位同步逻辑信号，用于对数字电路进行测试。单击 Multisim 14 仪器仪表工具栏中的字信号发生器，双击字信号发生器图标，显示出字信号发生器面板，如图 8.25 所示。

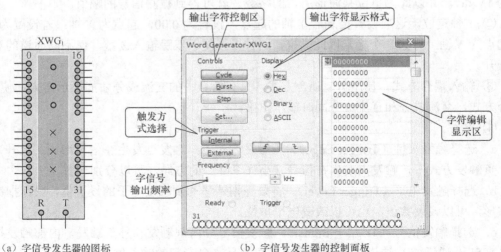

（a）字信号发生器的图标　　　　　（b）字信号发生器的控制面板

图 8.25　字信号发生器的图标和控制面板

字信号发生器面板大致分为输出字符控制区、触发方式选择、字信号输出频率、输出字符显示格式和字符编辑显示区 5 个部分。常用操作介绍如下。

（1）输出字符控制区。

控制字符编辑显示区中字符信号的输出方式有循环（Cycle）、突发（Burst）和单步（Step）3 种模式。

① 循环模式：在已经设置好的初始值和终止值之间循环输出所有设置的字符。

② 突发模式：每运行一次仿真，字信号发生器将从设置的初始值到终止值之间的所有逻辑字符输出一次，该模式也称为单页模式。

③ 单步模式：每运行仿真一次，在设置好的初始值到终止值之间的所有逻辑字符按次序输出一个字信号。

（2）设置按钮（Set）。

单击"Set"按钮，弹出如图 8.26 所示的对话框，用来设置输出字符信号的变化规律。该对话框中各参数的含义如下。

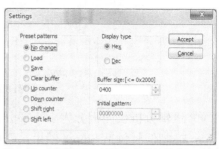

图 8.26　设置输出字符信号变化规律的对话框

No change：保持原有的设置不变。

Load：装载字符信号文件并加入字符编辑显示区。

Save：保存当前字符编辑显示区中字符信号的变化规律。

Clear buffer：清除字符编辑显示区中的字符信号（将字符编辑显示区中的字符信号设为零）。

Up counter：字符编辑显示区中的字符信号以加一计数。

Down counter：字符编辑显示区中的字符信号以减一计数。

Shift right：字符编辑显示区中的字符信号右移一位。

Shift left：字符编辑显示区中的字符信号左移一位。

注意　仿真时编辑显示区中的字符信号均在触发信号的有效触发沿（上升沿或下降沿，在触发方式选择中设置）到来时转变到下一行的状态。

Display type 选项区：有 Hex（十六进制）和 Dec（十进制）两个选项，用来设置 Buffer size（字符编辑区缓冲区的大小）和 Initial Pattern（十六进制或十进制的初始值）的编码形式。

（3）输出字符显示格式（Display）。

用来设置字信号发生器字符编辑显示区中的字符显示格式，有 Hex（十六进制）、Dec（十进制）、Binary（二进制）、ASCII 共 4 种格式。

（4）触发方式选择（Trigger）。

用于设置触发方式，有 Internal（内部触发）和 External（外部触发）两种方式供选择。

（5）字信号输出频率（Frequency）。

用来设置字符信号的输出时钟频率。

7．逻辑分析仪（Logic Converter）

逻辑分析仪可以同步显示和记录 16 路逻辑信号，用于对数字逻辑信号的高速采集和时序分析。

逻辑分析仪的图标左侧有 1～F 共 16 个输入端，使用时接到被测电路的相关节点。图标下部有 3 个端子：C 是外部时钟输入端，Q 是时钟控制输入端，T 是触发控制输入端。

用鼠标左键单击 Multisim 14 仪器仪表工具栏中的逻辑分析仪（Logic Analyzer），将其放入电路工作区，双击逻辑分析仪图标，显示出逻辑分析仪面板，如图 8.27 所示。

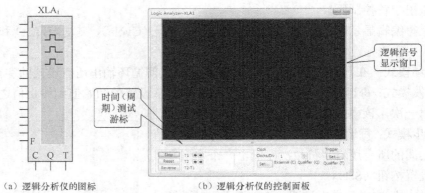

（a）逻辑分析仪的图标　　　　　（b）逻辑分析仪的控制面板

图 8.27　逻辑分析仪的图标和控制面板

逻辑分析仪面板分为上下部分，上半部分是显示窗口，下半部分是逻辑分析仪的控制窗口，控制信号包括 Stop（停止，停止逻辑信号的显示）、Reset（复位，清除显示窗口的波形，重新仿真）、Reverse（反相显示，将逻辑信号显示区域由黑色变为白色）、Clock（时钟）设置和 Trigger（触发）设置。

（1）时钟脉冲设置区（Clock 选项区）。

Clock/Div（时间刻度设置）用来设置显示窗口每个水平刻度所显示的时钟脉冲个数。

单击 Clock 区的"Set"按钮，弹出"Clock Setup"对话框，如图 8.28 所示。在该对话框中可设置与采样相关的参数。其中，"Clock source"用于设置触发模式，有 External（外触发）和 Internal（内触发）两种；"Clock rate"用于设置时钟频率，仅对内触发有效，可在 1Hz～1MHz 范围内选择；"Sampling setting"用于设置采样方式，有 Pre-trigger samples（触发前采样）和 Post-trigger samples（触发后采样）两种形式；"Threshold volt.(V)"用于设置门限电平。

（2）触发沿设置区（Trigger 选项区）。

单击 Trigger 下的"Set"按钮，弹出"Trigger Settings"（触发设置）对话框，如图 8.29 所示。

图 8.28　时钟设置对话框

图 8.29　触发设置对话框

"Trigger clock edge"（触发时钟沿）用于设置触发沿，包括 3 种触发方式：Positive（上升沿触发）、Negative（下降沿触发）和 Both（上升沿和下降沿都触发）。"Trigger patterns"（触发模式）包含 3 种触发模式（PatternA、PatternB、PatternC），可用鼠标左键单击 A、B

或 C 的文本框，然后输入二进制码 0、1 或 x（"x"表示只要有信号逻辑分析仪就采样，"0"表示输入为零时开始采样，"1"表示输入为 1 时开始采样）。单击对话框中"Trigger combinations"（触发组合）下拉列表中的选项，弹出 A、B、C 组合的 21 种触发字，可根据需要选择其中的一种触发组合。3 个触发模式的默认设置均为"xxxxxxxxxxxxxxxx"，表示只要输入逻辑信号到达，无论什么逻辑值，逻辑分析仪均被触发并开始采样（触发模式和触发组合来选择触发字）。

（3）用逻辑分析仪作为显示仪表观察数据，仿真电路。

在本实验中，通过字信号发生器产生激励信号，逻辑分析仪作为观测仪表测试数据，仿真电路如图 8.30 所示。其中逻辑分析仪的 1、2、3 通道连接字信号发生器的 3 路激励信号，用以观察输入信号，而逻辑电路的输出显示在逻辑分析仪的第 4 个通道上。

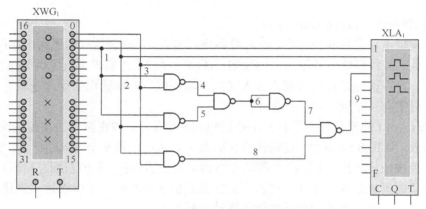

图 8.30 用字信号发生器和逻辑分析仪仿真电路

字信号发生器的设置如下：单击"Set"按钮，在弹出的"Settings"对话框中选择"Up counter"（加计数）单选按钮，在"Buffer size"（缓冲区大小）文本框中输入"0008"，其余选项为默认状态，单击"Accept"按钮；字信号发生器频率设为 1kHz，如图 8.31 所示。

逻辑分析仪设置如下：单击 Clock 区的"Set"按钮，弹出"Clock Setup"对话框，将"Clock rate"（时钟频率）设为 1kHz，其余为默认，如图 8.32 所示。

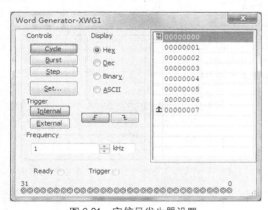

图 8.31 字信号发生器设置

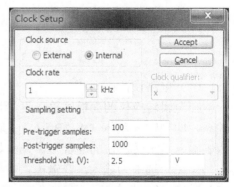

图 8.32 逻辑分析仪设置

单击运行仿真按钮，在逻辑分析仪面板上可观测到输入输出的时序图，如图 8.33 所示。

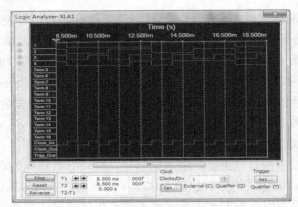

图 8.33　逻辑分析仪观测电路时序图

8. 逻辑转换仪（Logic Converter）

在组合逻辑电路分析和设计中，经常需要将真值表、逻辑表达式和逻辑电路图相互转换。Multisim 提供了一种现实中并不存在的仪表：逻辑转换仪。逻辑转换仪提供 8 路输入端子、1 个输出端子，可以快速设计或求解多输入（8 个输入以下）单输出的组合逻辑电路。对于本设计电路，只需有 3 个输入、1 个输出。

从 Multisim 14 的仪器仪表工具栏中把逻辑转换仪拖出，双击逻辑转换仪图标，显示出逻辑转换仪面板，如图 8.34 所示。逻辑转换仪面板上有 A～H 共 9 个输入端子，1 个输出端子；右边 6 个转换按钮，自上到下依次是逻辑电路到真值表的转换、真值表到逻辑表达式的转换、真值表到最简逻辑表达式的转换、逻辑表达式到真值表的转换、逻辑表达式到逻辑电路的转换以及逻辑表达式到与由非门构成的逻辑电路的转换。

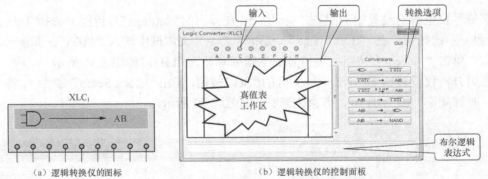

（a）逻辑转换仪的图标　　　　　　（b）逻辑转换仪的控制面板

图 8.34　逻辑转换仪的图标和控制面板

（1）电路设计。

在逻辑转换仪的面板中输入设计目标的逻辑关系，即确定 3 输入（A、B、C）1 输出，把真值表输入逻辑转换仪的面板上。操作如下：单击 A、B、C，选中为输入，在输出栏中单击对输出进行赋值（0、1 或 X），其中"X"表示无关项，如图 8.35 所示。

单击真值表到逻辑表达式的转换按钮，可实

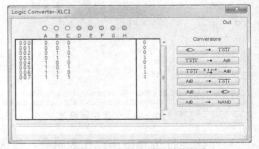

图 8.35　待设计的逻辑函数真值表

现真值表到逻辑表达式的转换，转换结果如图 8.36 所示。单击真值表到最简逻辑表达式的转换按钮，可实现真值表到最简逻辑表达式的转换，转换结果如图 8.37 所示。

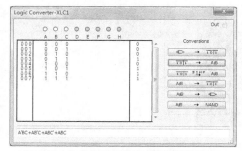

图 8.36　真值表到逻辑表达式的转换结果

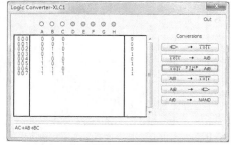

图 8.37　真值表到最简逻辑表达式的转换结果

单击逻辑表达式到逻辑电路的转换按钮，可实现真值表到逻辑电路的转换，转换结果如图 8.38 所示。单击逻辑表达式到非门构成的逻辑电路的转换按钮，可实现真值表到非门构成逻辑电路的转换，转换结果如图 8.39 所示。

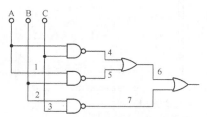

图 8.38　逻辑表达式到逻辑电路的转换结果

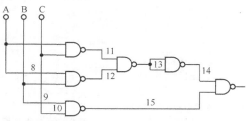

图 8.39　逻辑表达式到与非门逻辑电路的转换结果

（2）电路分析。

逻辑转换仪还可以对组合逻辑电路进行分析，即对电路求解。下面举一个简单的例子说明该功能的用法。将图 8.39 的电路输入接入逻辑转换仪的输入，输出接入逻辑转换仪最后一个接线处，更改为图 8.40。打开逻辑转换仪面板，选择（单击）第一个 Conversions（逻辑电路→真值表）按钮，这样可以得到电路的真值表。然后可以进行真值表到逻辑表达式的转换等，即完成了对逻辑电路功能的分析。

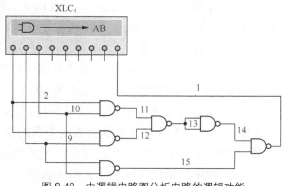

图 8.40　由逻辑电路图分析电路的逻辑功能

9．频谱分析仪（Spectrum Analyzer）

频谱分析仪通常用于测量与频率相对应的信号的幅值。它的功能类似于示波器测量与时间相对应的幅值，所不同的是两者的横坐标代表的函数不一样，前者是 $f(f)$，而后者是 $f(t)$。频谱分析仪的图标和控制面板如图 8.41 所示。

该面板的设置很容易理解，不再阐述。

10．失真分析仪（Distortion Analyzer）

失真分析仪也是常用的一种仿真仪表。它的功能是测量某电路的失真比例或失真电平。

基本工作原理是用滤波器滤除基本分量，测量剩余分量，转换成失真比例，输出显示。

失真分析仪的图标和控制面板如图8.42所示。

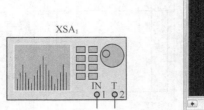

（a）频谱分析仪的图标

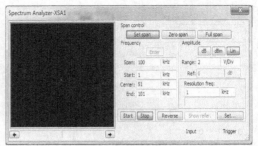

（b）频谱分析仪的控制面板

图8.41 频谱分析仪的图标和控制面板

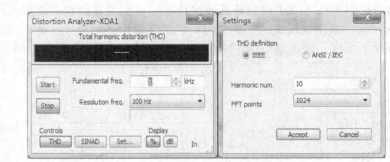

（a）失真分析仪图标　　　　　　　　　（b）失真分析仪控制面板

图8.42 失真分析仪的图标和控制面板

Total harmonic distortion(THD)：总的谐波失真显示区。

首先设置分析基频（Fundamental freq.）和失真分析的频率分辨率（Resolution freq.），然后设置显示模式（Display）是用百分比（%）还是用dB，最后设置控制模式（Controls）。控制模式下面有3个按钮。

THD：单击该按钮显示的是总的谐波失真。

SINAD：单击该按钮显示的是信号+噪声+失真；SINAD比例=(信号+噪声+谐波)/(噪声+谐波)。

Set：设置分析参数。单击"Set"按钮，弹出"Settings"对话框（见图8.42（b））。其中，"THD definition"用于设置总的谐波失真的定义方式，"Harmonic num."用于设置谐波分析的次数，"FFT points"用于设置傅里叶变换的点数。

11．网络分析仪（Network Analyzer）

网络分析仪是一种用来分析双端口网络的仪器，它可以测量衰减器、放大器、混频器、功率分配器等电子电路与元件的特性。Multisim提供的网络分析仪可以测量电路的 S 参数并计算出 H、Y、Z 参数。该仪表适合在较高频率下测量电路的特性参数。网络分析仪的图标和控制面板如图8.43所示。

要详细了解网络分析仪的相关知识，请参阅用户指南。

12．测量探针和电流探针

Multisim提供测量探针和电流探针。在电路仿真时，将测量探针和电流探针连接到电路中的测量点，测量探针可测量出该点的电压和频率值，电流探针可测量出该点的电流值。

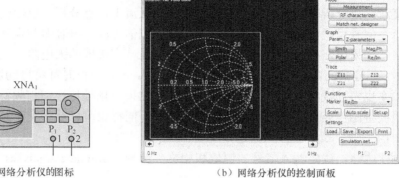

（a）网络分析仪的图标　　　　　　　　（b）网络分析仪的控制面板

图 8.43　网络分析仪的图标和控制面板

13. IV（电流/电压）分析仪

IV（电流/电压）分析仪用来分析二极管、PNP 型晶体管和 NPN 型晶体管、PMOS 和 CMOS FET 的伏安特性。注意：IV 分析仪只能测量未连接到电路中的单个元器件。

14. 安捷伦虚拟仪器

安捷伦虚拟仪器是 Multisim 14 根据安捷伦公司生产的实际仪器而设计的仿真仪表，包括安捷伦函数发生器（Agilent Function Generator）、安捷伦万用表（Agilent Multimeter）、安捷伦示波器（Agilent Oscilloscope）。它们的面板和真实仪器的面板、按钮、旋钮的操作方式完全相同。

15. LabVIEW 仪器

Multisim 14 中有 7 种 LabVIEW 虚拟仪器，分别是 BJT Analyzer（晶体管特性分析仪）、Impedance Meter（阻抗计）、Microphone（话筒）、Speaker（播放器）、Signal Analyzer（信号分析仪），Signal Generator（信号发生器）以及 Streaming Signal Generator（信号流发生器）。

8.5　仿真分析

Multisim 提供了多种分析类型，所有分析都是利用仿真程序产生用户需要的数据。这些仿真程序既可用于简单的基础电路性能分析，也可用于复杂电路的性能分析。用鼠标左键单击"Simulate"（仿真）菜单中的"Analyses and simulation"，可以弹出电路分析对话框。

1. 直流工作点分析（DC Operating Point）

在进行直流工作点分析时，电路中的交流源将被置零，电容器开路，电感器短路。这种分析方法是对电路进行进一步分析的基础。例如在对二极管和晶体管进行交流分析时，首先需要了解它的直流工作点。直流工作点分析的一般步骤如下。

（1）创建电路。

（2）执行菜单命令"Options/ Sheet Properties"，进入"Sheet Properties"对话框，在该对话框中单击"Sheet visibility"选项卡，在"Net names"（网络名）区中选中"Show all"单选按钮。

（3）在"Analysis"栏内选定"DC Operating Point"，出现一个 DC 分析对话框，选择"Output"（输出变量）选项卡。在此框内选择要分析的内容（包括电路图中每个元件的功率、电压、电流等），然后单击"Run"（运行）按钮，Multisim 会自动把电路中所有选中的节点的电压值和电源支路的电流值显示在"Grapher View"中。

2. 交流扫描分析（AC Sweep）

进行交流扫描分析时，程序先自动对电路进行直流工作点分析，以便建立电路中非线性元件的交流小信号模型，并把直流电源置零，对交流信号源、电容器与电感器等元件用相应的交流模型，如果电路中含有数字元件，将认为它是一个接地的大电阻。交流分析以正弦波为输入信号，不管我们在电路的输入端输入何种信号，进行分析时都将自动以正弦信号替换，而其信号频率也将以设定的范围替换。交流分析的结果以幅频特性和相频特性的两个图形显示。如果用波特图仪连至电路的输入端和被测节点，同样也可以获得交流频率特性。

交流扫描分析步骤如下。

（1）创建电路，确定输入信号的幅值和相位，选择"Simulate/Analyses and simulation"中的"AC Sweep"（交流频率）。

（2）在对话框中确定需分析的电路节点、分析的起始频率（FSTART）、终止频率（FSTOP）、扫描形式（Sweep type）、显示点数（Number of points per decade）和纵向尺度（Vertical scale），设置情况如表 8.2 所示。

（3）选择待分析的节点或变量（切换至"Output"选项卡，在"Selected variables for analysis"的下拉列表中进行选择设置）。

（4）单击"Run"（运行）按钮，即可在显示图上获得被分析变量的频率特性。

表 8.2　　　　　　　　　　　　交流扫描分析参数含义和设置要求

交流扫描分析参数	含义和设置要求
Start frequency	扫描起始频率。默认设置：1Hz
Stop frequency	扫描终止频率。默认设置：1GHz
Sweep type	扫描形式：十进制/倍频程/线性。默认设置：十进制
Number of points per decade	显示点数。默认设置：10
Vertical scale	纵向尺度形式：线性/对数/分贝/倍频程。默认设置：对数
Output/Selected variables for analysis	选择待分析的节点或变量

3. 瞬态分析（Transient）

瞬态分析是指对所选定的电路节点的时域响应进行分析，即观察该节点在整个显示周期中每一时刻的电压波形，故用示波器可观察到相同的结果。

瞬态分析步骤如下。

（1）创建分析电路，选择"Simulate/Analyses and simulation"中的"Transient"（瞬态分析）。

（2）根据要求设置参数。其含义和设置要求如表 8.3 所示。

表 8.3　　　　　　　　　　　　瞬态分析参数含义和设置要求

瞬态分析参数	含义和设置要求
Start time	进行分析的起始时间。必须大于等于零，小于终点时间。默认设置：0
End time	进行分析的终点时间。必须大于起始时间。默认设置：0.001s
Minimum number of time points	仿真输出的图上，从起始时间到终点时间的点数。默认设置：100 点
Maxmum time step	仿真时能达到的最大时间步长。默认设置：10^{-5}s
Generate time steps automate	自动选择一个较为合理的或最大的时间步长。默认设置：选用

（3）选择待分析的节点或变量（Output/Selected variables for analysis）。

（4）单击"Run"（运行）按钮，即可获得被分析节点的瞬态波形。

4．傅里叶分析（Fourier）

傅里叶分析是分析非正弦周期信号的一种方法，使用该方法可以清楚地知道周期性非正弦信号中的直流分量、基波分量和各次谐波分量的大小。傅里叶分析给出幅值频谱和相位频谱。

在进行傅里叶分析时，必须先选择被分析的节点，一般将电路中交流激励的频率设定为基频，若在电路中有几个交流源时，可以将基频设定在这些频率的最小公因数上。比如有一个 10.5kHz 和一个 7kHz 的交流激励源信号，则基频可取 0.5kHz。

傅里叶分析步骤如下。

（1）创建需进行分析的电路，选择"Simulate/Analyses and simulation"中的"Fourier"（傅里叶分析）。

（2）根据要求设置参数。其含义和设置要求如表 8.4 所示。

（3）确定被分析的电路节点或变量（Output/Selected variables for analysis）。

（4）单击"Run"（运行）按钮，即可在显示图上获得被分析节点离散傅里叶变换的波形。

表 8.4　　　　　　　　　　　傅里叶分析参数含义和设置要求

傅里叶分析参数	含义和设置要求
Frequency resolution （Fundamental frequency）	设置基频。如果电路之中有多个交流信号源，则取各信号源频率的最小公倍数。如果不知道如何设置时，可以单击"Estimate"按钮，由程序自动设置
Number of harmonics	希望分析的谐波的次数。默认设置：9
Stop time for sampling	设置停止取样的时间。如果不知道如何设置，也可以单击"Estimate"按钮，由程序自动设置
Edit transient analysis	弹出与瞬态分析类似的对话框，设置方法与瞬态分析相同
Display phase	设置显示相频特性曲线。默认设置：无
Display as bar graph	设置显示线条状谱线图
Normalize graphs	设置显示归一化频谱图
Degree of polymonial for interpolation	设置多项式维数，维数越高，仿真精度越高
Sampling frequency	设置采样频率
Vertical scale	纵向尺度（线性、对数、分贝、8 倍刻度）

5．失真分析（Distortion）

失真分析用于分析电子电路中的谐波失真和内部调制失真。

失真分析步骤如下。

（1）创建需进行分析的电路，选择"Simulate/Analyses and simulation"中的"Distortion"（失真分析）。

（2）确定被分析的电路节点、输入信号源。

（3）根据要求设置参数。其含义和设置要求如表 8.5 所示。

（4）单击"Run"（运行）按钮，即可获得被分析节点的失真曲线图。

表 8.5 失真分析参数含义和设置要求

失真分析参数	含义和设置要求
Start frequency	扫描起始频率。默认设置：1Hz
Stop frequency	扫描终点频率。默认设置：10GHz
Sweep type	扫描形式，十进制/线性/倍频程。默认设置：十进制
Number of points per decade	在线性形式时，是频率起始至终点的点数。默认设置：10
Vertical scale	纵向尺度，（对数、线性、分贝、8 倍刻度）。默认设置：对数
F2/F1 ratio	若信号有两个频率 F1 和 F2，选定该项时，在 F1 进行扫描时，F2 被设定成该比值乘起始频率，必须大于 0，小于 1。默认设置：无
Output/Selected variables for analysis	选择被分析的节点或变量

6．噪声系数分析（Noise Figure）

噪声系数分析用于检测电子线路输出信号的噪声功率幅值，用于计算、分析电阻或晶体管的噪声对电路的影响。该分析提供热噪声、散粒噪声和闪烁噪声模型，在分析中假设各个噪声源互不相关，总噪声为每个噪声源对指定输出节点产生的噪声的和（用有效值表示）。输出图形为输入噪声功率和输出噪声功率随频率变化的曲线。

噪声系数分析步骤如下。

（1）创建需进行分析的电路，选择"Simulate/Analyses and simulation 中的"Noise Figure"（噪声分析）。

（2）确定被分析的电路节点、输入噪声源。

（3）根据要求设置参数。其含义和设置要求如表 8.6 所示。

（4）单击"Run"（运行）按钮，即可在显示图上获得被分析节点的噪声分布曲线图。

表 8.6 噪声系数分析参数含义和设置要求

噪声系数分析参数	含义和设置要求
Input noise reference source	选择输入噪声参考源
Output node	选择噪声输出结点
Frequency	设置输入信号频率
Temperature	选择仿真温度

除上述分析外，还有直流扫描分析、DC 和 AC 灵敏度分析、参数扫描分析、转移函数分析、最坏情况分析、蒙特卡罗分析和批处理分析等。由于篇幅有限，此处不再阐述，若要详细了解，可参阅 Multisim 帮助菜单（按 F1 键）目录中的"Simulation/Analyses"内容。

8.6 Multisim 14 仿真实例

8.6.1 复杂电路分析仿真

1．题目

计算如图 8.44 所示电路的各节点电压 V(un1)、V(un2)、V(un3)、V(un4)、V(un5)。

2．仿真分析

在 Multisim 14 的主窗口上绘制如图 8.44 所示的电路。在 Simulate 下拉选项中选择 "Analyses and simulation"，再在 "Analyses and simulation" 的下拉选项中选择 "DC Operating Point"，开始直流工作点分析。在 "Output" 选项卡中选择 V(un1)、V(un2)、V(un3)、V(un4) 和 V(un5)这 5 个节点，单击 "Simulate" 按钮，分析结果如图 8.45 所示。

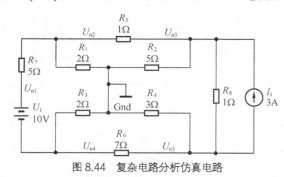

图 8.44　复杂电路分析仿真电路

DC Operating Point	
1	V(un1)	7.93340
2	V(un2)	2.00430
3	V(un3)	1.82062
4	V(un4)	-2.06660
5	V(un5)	-998.92589 m

图 8.45　复杂电路分析仿真结果

3．仿真结果

从图 8.45 中读得 V(un1)=7.93340V，V(un2)=2.00403V，V(un3)=1.82062V，V(un4)=−2.06660V，V(un5)=−998.92589mV；而通过节点电压法理论计算结果为 V(un1)=7.933V，V(un2)=2.004V，V(un3)=1.821V，V(un4)=2.067V，V(un5)=−0.999V。由此可以看出，计算结果与实验结果相同。

8.6.2　RLC 串联谐振电路仿真

1．题目

分析 RLC 串联谐振电路的频率响应和频率特性。

2．仿真分析

在 Multisim 14 的工作界面上建立如图 8.46 所示的仿真电路，并设置 L_1=25mH，C_1=10nF，R_1=10Ω。双击 "XFG$_1$" 函数发生器，调整 "Waveforms" 为正弦波，"Frequency" 为 1kHz，"Amplitude" 为 1V。

3．仿真结果

（1）RLC 电路谐振状态下的特性分析。

打开仿真开关，双击 "XSC$_1$" 虚拟示波器和 "XMM$_1$" 电压表，将电压表调整为交流挡，并拖放到合适的位置，再调整 "XFG$_1$" 函数发生器中的

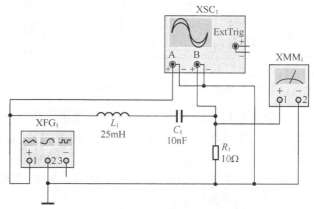

图 8.46　RLC 串联谐振电路图

"Frequency" 正弦波频率，分别观察示波器的输出电压波形和电压表的电压，使示波器的输出电压最大或电压表显示值最大；然后记录 "XFG$_1$" 函数发生器中的 "Frequency" 正弦波频率，如图 8.47 所示。谐振时输入、输出电压的相位关系如图 8.48 所示。

谐振时，电抗 $\omega_0 L$ 与容抗 $1/(\omega_0 C)$ 相等，电感器上的电压 U_L 与电容器上的电压 U_C 大小相等，相位差 180°，在激励电源电压（有效值）不变的情况下，谐振回路中的电流 $I = U_i/R$ 为最大值。

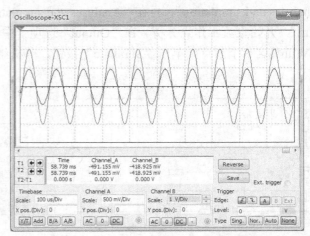

图 8.47　谐振时输入频率

图 8.48　谐振时输入、输出电压的相位关系

（2）谐振电路的频率特性。

串联回路响应电压与激励电源角频率之间的关系称为幅频特性。在 Multisim 14 中可使用波特图仪或交流分析方法进行观察。波特图仪的连接电路如图 8.49 所示。

波特图仪法：双击"XBP₁"波特图仪，幅频特性如图 8.50 所示，当 f_0 约为 10kHz 时输出电压为最大值。

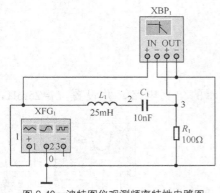

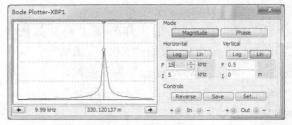

图 8.49　波特图仪观测频率特性电路图

图 8.50　幅频特性

交流分析法：选择"Simulate"菜单中的"Analyses and simulation"，进入"AC Sweep"的交流扫描分析，分析前进行相关设置。将"Frequency parameters"选项卡中的"Start frequency"设置为 1kHz，"Stop frequency"设置为 100kHz。在"Output"选项卡中选择"V（3）"节点为输出点。单击"Simulate"开始仿真，RLC 串联幅、相频特性仿真结果如图 8.51 所示。

（3）品质因数 Q。

RLC 串联回路中的电感和电容保持不变，改变电阻的大小，可以得出不同 Q 值时的幅频特性曲线。取 $R_1=100\Omega$，$R_1=300\Omega$，$R_1=500\Omega$ 这 3 种阻值分别观察品质因数 Q。

双击电阻 R_1，在弹出的对话框中修改电阻的阻值为 100Ω，双击"XBP₁"波特图仪，打开仿真开关，幅频特性如图 8.52 所示。关闭仿真开关，修改 R_1 电阻阻值为 300Ω，双击"XBP₁"

波特图仪,打开仿真开关,幅频特性如图 8.53 所示。关闭仿真开关,将 R_1 电阻阻值设为 500Ω,双击"**XBP$_1$**"波特图仪,再打开仿真开关,幅频特性如图 8.54 所示。由 3 张图可以观测到:当电阻增大时,Q 值变小,曲线变平坦,频率选择性变差。

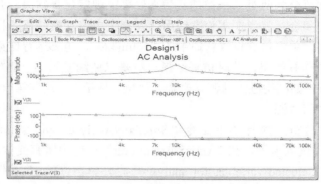

图 8.51　RLC 串联幅、相频特性仿真结果

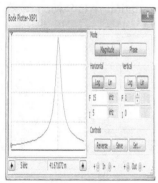 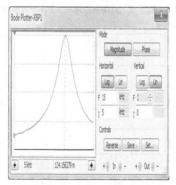 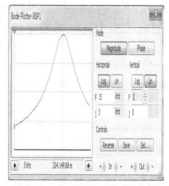

图 8.52　R=100Ω 时的幅频特性　　　图 8.53　R=300Ω 时的幅频特性　　　图 8.54　R=500Ω 时的幅频特性

从 Multisim 14 进行 RLC 串联谐振电路实验的结果来看,RLC 串联谐振电路在发生谐振时,电感器上的电压 U_L 与电容器上的电压 U_C 大小相等,相位相反。这时电路处于纯电阻状态,且阻抗最小,激励电源的电压与回路的响应电压同相位。谐振频率 f_0 与回路中的电感和电容有关,与电阻和激励电源无关。品质因数 Q 值反映了曲线的尖锐程度,电阻的阻值直接影响 Q 值。

8.6.3　单级晶体管放大电路的特性仿真分析

1. 题目
分析单级晶体管放大电路的特性。

2. 仿真分析
应用 Multisim 14 对图 8.55 所示的单级晶体管放大电路进行直流工作点分析、交流扫描分析、瞬态分析和参数扫描(R_2)分析。

（1）仿真分析内容。

① 直流工作点分析:计算各节点电压和支路电流。

② 交流扫描分析:采用每 10 倍频程扫描 10 点的方式分析频率为 1Hz~10GHz 的电路的频率特性。

③ 瞬态分析：同时用示波器观察输入输出波形并进行比较。

④ 参数扫描分析：R_2 以 20kΩ 为增量，从 80kΩ 线性增长到 120kΩ，分析电路的瞬态特性。

（2）仿真分析。

仿真结果的观察可分为两类：一类是从仿真仪表上观察仿真结果，开始仿真时可直接单击仿真电源开关使之闭合，就像在实验室使用仪表测试电路观察结果一样；另一类是从分析设置的运行来看结果，单击仿真设置窗口中的“Simulate”，仿真运行结束后，系统直接进入 Analysis Graphs 观察仿真结果，此时仿真结果一般是以曲线显示的。例如运行 AC 分析，便可得到频率特性曲线，如同用逐点法测试数据，画在坐标纸上。这与第一类观察方式有区别，相应地必须使用一些信号源。

① 直流工作点分析。执行菜单命令“Simulate/Analyses and simulation/DC Operating Point”。在“Output”选项卡下，在“Variable in circuit”栏选中所有变量，单击“Add”按钮将选中的变量加到“Selected variables for analysis”栏，单击“Run”按钮进行直流工作点分析，得到如图 8.56 所示的结果。

② 交流扫描分析。执行菜单命令“Simulate/ Analyses and simulation /AC Sweep”，在出现的对话框中进行参数设置。

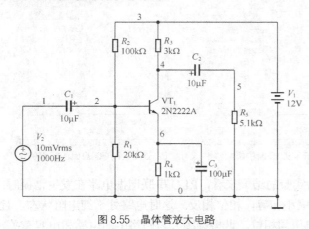

图 8.55 晶体管放大电路

晶体管放大电路
DC Operating Point

	DC Operating Point	
1	V(4)	8.27983
2	V(2)	1.87323
3	V(3)	12.00000
4	V(6)	1.24766
5	V(1)	0.00000
6	V(5)	0.00000
7	I(v1)	-1.34132 m
8	I(v2)	0.00000

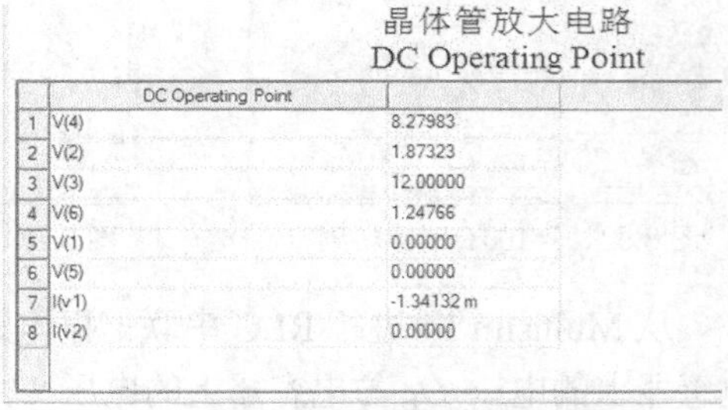

图 8.56 直流工作点分析结果

在“Frequency parameters”中设置参数如下。

Start frequency：1Hz。

Stop frequency：100GHz。

Sweep type：Decade。

Number of points per decade：10。

Vertical scale：Linear。

在“Output”下设置参数：从“Variables in circuit”栏选择需要分析的输出节点 5，这样输出节点的仿真结果就可显示在“Analysis View”窗口中。

参数设置好后，单击“Run”按钮，进行交流扫描分析，得到如图 8.57 所示的分析结果，包括幅频特性和相频特性。

③ 瞬态分析。执行菜单命令“Simulate/ Analyses and simulation /Transient”，在“Analysis parameters”中设置参数如下。

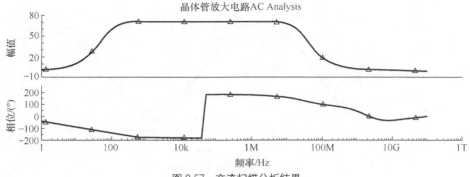

图 8.57 交流扫描分析结果

Initial conditions：Determine automatically。

Start time：0。

End time：0.002s。

Maximum time step：Generate time steps automatically。

同样，选择好分析节点后，单击"Run"按钮，进行瞬态分析，得到如图 8.58 所示的输出结果。

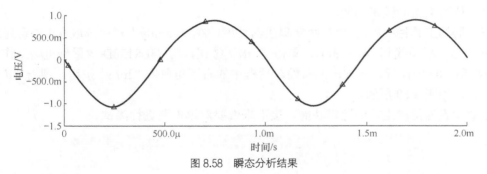

图 8.58 瞬态分析结果

④ 参数扫描分析。执行菜单命令"Simulate/ Analyses and simulation /Parameter Sweep"，在"Analysis parameters"中设置参数如下。

Sweep parameter：Device parameter。

Device type：Resistor。

Name：r2。

Parameter：Resistance。

Sweep variation type：Linear。

Start：80 000。

Stop：120 000。

Number of points：3。

Analysis to sweep：Transient。

选中"Group all traces on one"复选框，单击"Edit analysis"按钮，进入"Sweep of Transient Analysis"对话框，设置相应参数，然后单击"OK"按钮返回"Parameter Sweep"对话框，单击"Run"按钮，进行参数扫描分析，得到如图 8.59 所示的分析结果。

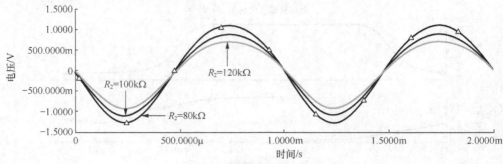

图 8.59　参数扫描分析结果

8.6.4　组合逻辑功能测试与仿真

1. 题目

以 3-8 线译码器 74LS138D 为例进行组合逻辑的测试与仿真。

2. 仿真分析

常用的组合逻辑电路器件包括门电路、编码器、译码器以及数据选择器等。本节以 3-8 线译码器 74LS138D 为例进行组合逻辑的测试与仿真。

（1）待测电路的逻辑功能。

在元器件工具栏中单击 TTL 数字集成器件库，在"Family"栏中选取 74LS 系列，并在"Component"栏中找到 74LS138D，单击"OK"按钮，将 74LS138D 放置到电路工作区中。双击 74LS138D 的图标，在弹出的属性对话框中的右下角单击"Info"按钮，调出 74LS138D 的功能表，如图 8.60 所示。

本功能表为待测电路的逻辑功能，接下来就要对该电路进行测试。

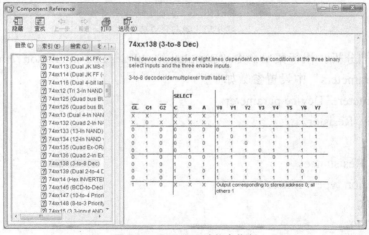

图 8.60　74LS138D 功能表信息

（2）测试电路。

在电路工作区搭建仿真电路，如图 8.61 所示。输入 3 位二进制信号，由字信号发生器产生，电路的输入信号以及输出信号由逻辑分析仪测试并显示。

（3）测试结果。

单击仿真按钮，在逻辑分析仪面板上可观测到输入输出的时序图，如图 8.62 所示。

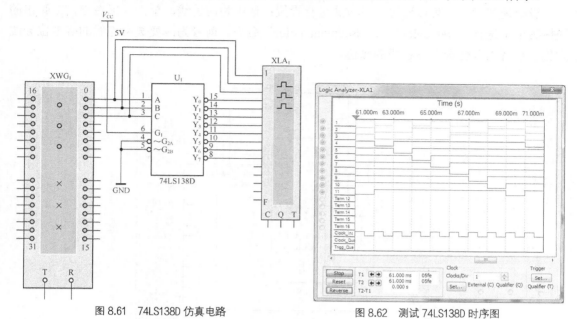

图 8.61　74LS138D 仿真电路　　　　　　图 8.62　测试 74LS138D 时序图

当 G_1=1，G_{2A}=0，G_{2B}=0 中任何一个输入不满足时，只需把 3 个使能端（G_1、G_{2A}、G_{2B}）的输入逻辑电平按照测试需求重新连接至 V_{CC}（5V）和 GND（地）即可。输出结果大家自行测试。

（4）待测电路的逻辑功能和测试结果的比较。

由逻辑分析仪的面板测试结果可以看出，在 74LS138D 译码器的 G_1=1，G_{2A}=0，G_{2B}=0 的情况下，实现了功能表中的译码功能。

当 G_1=1，G_{2A}=0，G_{2B}=0 中任何一个输入不满足时，Y_0～Y_7 输出为全 1。

该测试符合测试电路功能表的要求。

8.6.5　时序逻辑功能测试与仿真

1．题目
用二进制计数器 74LS161D 实现一个模 7 计数器。

2．仿真分析
本小节用同步置数异步清零的二进制计数器 74LS161D 实现一个模 7 计数器，通过该模 7 计数器来介绍时序逻辑电路的测试。

（1）待测电路的逻辑功能。

采用置数法，模 7 计数器的有效循环是：0000—0001—0010—0011—0100—0101—0110—0000，共 7 个状态，其余计数状态为偏离态。

计数器在时钟 CLK 的驱动下进行计数，当计数器计数到 0110 时，通过与非门反馈给置数使能端（Load，低电平有效）"0"，在下一个时钟有效沿到来时，计数器将置数端 DCBA（"0000"）送给 QA、QB、QC、QD，即实现 0000～0110 的模 7 计数。

（2）测试电路。

测试电路如图 8.63 所示。

设定连线颜色，可以通过如下方式进行设置：选中相应连线，单击鼠标右键，在弹出的快捷菜单中选择"Net color"或"Segment color"命令。前者为改变选中连线的等电位导线颜色，后者为改变选中导线段的颜色。

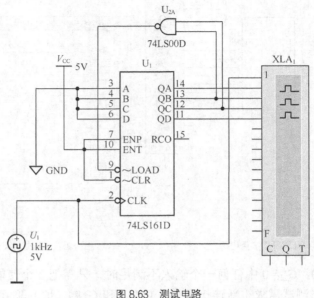

图 8.63　测试电路

（3）测试结果。

单击仿真按钮，在逻辑分析仪面板上可观测到输入输出的时序图，如图 8.64 所示。

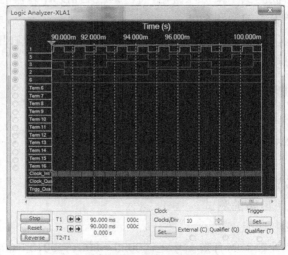

图 8.64　测试时序图

（4）结论。

由逻辑分析仪的面板测试结果可以看出，模 7 计数器的有效循环是：0000—0001—0010—0011—0100—0101—0110—0000，共 7 个状态，实现了模 7 计数的功能。

附录 A DGDZ-5 型电工电子综合实验箱 使用说明

1．实验箱电源

220V/50Hz 交流电信号输入，由实验箱内部开关电源产生±12V 直流电源，电源插座在实验箱后部，电源开关在插座旁，实验结束后请勿拔下电源线。

实验箱电源由电源接线柱输入：使用单电源时在"+12V"和"GND"之间加+12V，使用双电源时在"+12V""GND""-12V"之间加±12V。

以上两种电源输入方式可以任选。

实验箱上标注"+5V"的插孔已经和电源"+5V"连接，标注"GND"或"地"的插孔已经和电源"GND"连接。

每个子模块的上端两个接线柱和电源"+5V"连接，下端两个接线柱和"地"连接。

2．数字电路信号源

使用信号源前必须按下信号源模块左上角的电源开关，电源指示灯亮。

信号源模块可以产生以下信号：6 路时钟信号，频率分别为 1MHz、16kHz、8kHz、4kHz、2kHz 和秒信号； 8 路逻辑电平输出，发光二极管指示；2 路正负单脉冲输出，脉冲宽度大于100ms。

3．直流信号源

实验箱电源模块包含一个-5V~+5V 的直流可调信号源，输出信号电压值通过多圈电位器调整。

4．显示模块

使用显示模块前必须按下显示模块左上角的电源开关，电源指示灯亮。

6 位动态显示数码管为共阴极数码管，实验箱内部已加显示译码电路和驱动电路，数据信号 DCBA 高电平有效，位选信号 W1～W6 低电平有效，数码管从左到右依次为 W1~W6。

提供 8 个大型贴片发光二极管的逻辑电平指示，有红、绿、黄 3 种颜色，高电平有效。

5．分立元件

实验箱上分立元件模块包含：1kΩ、47kΩ和 100kΩ这 3 个多圈电位器，额定功率为 1W；有 20Ω、100Ω 和 1 kΩ这 3 个电阻器，额定功率为 1W；5.6mH、10mH 和 22mH 这 3 个电感器；0.1μF 和 1μF 两个电容器。

分立元件接线区最右边一列为大插孔，用于接发光二极管和稳压二极管等引脚较粗的元件。

6．可编程器件 XC3S50AN TQG144 实验板

在实验箱上使用该模块时必须按下模块左上角的电源开关，电源指示灯亮，20 引脚插针和 40 引脚插针无须再接电源。单独使用该模块时 20 引脚插针必须接"地"，40 引脚插针必须接电源"+5V"，否则无法使用。

下载使用的 USB 接口在实验箱后部，下载器安装在实验箱内部。

该模块提供 12MHz 晶振信号，由 XC3S50AN 芯片 57 引脚输入。Xilinx XC3S50AN TQG144 芯片引脚与实验箱插座对应关系如表 A.1 所示。

表 A.1　　　　　Xilinx XC3S50AN TQG144 芯片引脚与实验箱插座对应关系

实验箱插座	40	晶振	38	37	36	35	34	33	32	31	30	29	28	27	26	25	24	23	22	21
XC3S50AN	VCC	57	32	31	30	29	28	27	21	20	19	15	13	12	10	7	6	5	4	3
		25																		
XC3S50AN	76	77	78	79	90	91	92	93	102	102	104	105	110	111	113	114	124	125	126	GND
实验箱插座	1	2	3	4	5	6	7	8	9	10	11	12	13	14	15	16	17	18	19	20

注：XC3S50AN TQG144 芯片 124 引脚为 GCLK4，125 引脚为 GCLK5，126 引脚为 GCLK6。

一、电阻器

电阻器是实验电路中常用的元件，电阻器的种类极其繁多，分类的方法也很多，如可按材料、结构、用途、阻值大小、屏蔽保护等来分类。常用的电阻器有线绕电阻器、碳膜电阻器和金属膜电阻器等。

1. 电阻器的主要技术指标

（1）标称值。标称值是以 20℃为工作温度来标定的。各电阻器阻值的间隔有一定的规定，称为标称值，《电阻器和电容器优先数系（GB/T 2471—1995）》规定了电阻器的标称阻值系列。因此在选用电阻器时应根据各系列标称值选取。常用电阻器的优先数系有 E6、E12、E24，精密电阻器的优先数系有 E24、E96、E192。

（2）允许误差。电阻器的阻值无法做到与标称值完全一致，电阻的允许误差如下。

$$允许误差= (实测值-标称值)/标称值$$

在电子电路中通常选用允许误差为 5%的电阻器，在精密仪器与特殊电路中常选用精密电阻器。

（3）额定功率。当电流通过电阻器时会消耗功率引起升温，在正常大气压与额定温度条件下，电阻器长时间工作不损坏或性能不显著改变所允许消耗的最大功率为额定功率。实际使用功率超过规定值时，会使电阻器因过热致阻值改变甚至烧毁。对一些准确度高的电阻器，为保证其准确度，往往要降低功率使用。因此在选用电阻器时要注意选用合适的额定功率（或电流）的电阻器，而并不是仅仅考虑其阻值。

（4）额定电压。电阻器两端电压高到一定程度时，会发生电击穿现象，电阻器的工作电压不应该超过额定工作电压。

（5）噪声。电阻器的噪声分为热噪声和电流噪声。降低电阻器的工作温度，可以减小热噪声。电流噪声与电阻器的微结构有关。合金型电阻器基本无电流噪声，金属膜电阻器和碳膜电阻器的电流噪声小，合成膜电阻器的电流噪声大。应根据电路对噪声的要求，合理选用电阻器。

2. 各种电阻器的特点

线绕电阻器的特点：具有较低的温度系数，阻值精度高，稳定性好，耐热、耐腐蚀，主要用作精密大功率电阻器，缺点是高频性能差，时间常数大。

碳膜电阻器的特点：碳膜电阻器成本低，性能稳定，阻值范围宽，温度系数和电压系数低。

金属膜电阻器的特点：阻值精度高，性能稳定，噪声小，温度系数低，在仪器仪表和通信设备中被广泛使用。

合成膜电阻器的特点：噪声大，精度低，主要用于制作高压、高阻小型电阻器。

金属氧化膜电阻器的特点：高温下性能稳定，耐热冲击，负载能力强。

金属玻璃釉电阻器的特点：耐潮湿、高温，温度系数小，主要用于厚膜电路。

贴片电阻器的特点：体积小、精度高，温度系数低，稳定性好，高频性能好，可靠性高。

3．电阻器的选用

（1）电阻器类型的选择：对于一般的电子电路，如果没有特殊要求，可选用碳膜电阻器，以降低成本；对于稳定性、耐热性、可靠性与噪声要求较高的电路，宜选用金属膜电阻器；对于工作频率低、功率大且对耐热性要求较高的电路，可选用线绕电阻器；在高频电子电路中应选用金属膜、金属氧化膜电阻器或无感电阻器；在高增益放大电路中，应选用噪声小的电阻器，如金属膜、碳膜、线绕电阻器。如果需要耐高压与高阻值的电阻器，则应选用合成膜电阻器或玻璃釉电阻器。

（2）阻值和误差的选择：阻值按照标称值系列选取，如所需要的阻值不在相应系列中，可选择最接近这个阻值的标称值，或者通过串并联电阻器获得所需的阻值。误差等级可根据电路的精度要求合理选择。

（3）额定功率的选择：为提高电路的可靠性，选用的额定功率应大于实际消耗功率的 1.5～2.5 倍。

二、电容器

电容器由极间放有绝缘电介质的两个金属极板构成。电容器所用的电介质有真空的、气体的、云母的、纸质的、高分子合成薄膜的、陶瓷的、金属氧化物的等。

电容器按其工作电压的高低来分，可分为高压电容器和低压电容器。高压电容器两极板间的距离相对较大。低压电容器常见的有平板式电容器，它由两组金属平板互相交错叠成，板间填充有电容器所用的电介质（气体介质）。按电容量与电压的关系来分，电容器分为线性电容和非线性电容，以空气、云母、纸、油、聚苯乙烯等为介质的电容器是线性电容器；以铁电体陶瓷为介质的陶瓷电容器是非线性电容器，它虽有较大的电容量，但由于铁电体的介电系数 ε 不是常数，所以其电容量会随所加电压的大小而改变。

在低频电路中电容器的等效电路如图 B.1（a）所示，其间电容 C 由介质中的电场储能能力决定，电导 g 由电容器的损耗决定，它包括介质的直流泄漏和交流极化损耗。当电容器的工作频率较高，或电容器极板尺寸较大时，还要考虑等效电路电流在引线和极板上传导所引起的损耗和产生的磁场，这时要用图 B.1（b）和图 B.1（c）的等效电路。大尺寸电容器在超高频电路中使用时则要采用分布参数的等效电路。

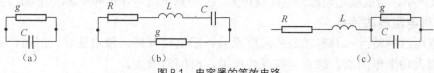

图 B.1　电容器的等效电路

1. 电容器的主要技术指标

（1）标称值：电容器的标称值是指该电容器在标准工作条件下的电容量。标称电容是标准化了的电容，与电阻器一样，也采用 E6、E12、E24 优先数系。一般在电容器上都有标明。通常电容器的电容量在 pF 级至 $10^4\mu F$ 级的范围内。

（2）允许误差：固定电容的允许误差一般分为 4 个等级，其误差范围为±0.2%～±20%。

（3）绝缘电阻：绝缘电阻是指加在电容器上的电压与通过电容器的漏电流的比值，电容器的绝缘电阻一般在 1000MΩ 以上。绝缘电阻越小，电容器的漏电流越大，电容器的漏电流会引起能量的损耗，这种损耗不仅影响电容器的寿命，而且影响电路的正常工作。因此，电容器的绝缘电阻越大越好。对于大容量的电容器也可以用时间常数 τ 来衡量绝缘性能的优劣，电容器的时间常数是电容器绝缘电阻和电容量的乘积，充电后电容器的端电压由于自行放电而逐渐下降。电压下降到充电电压的 36.8%时所需的时间为电容器的时间常数 τ。

（4）损耗和损耗角正切：电容器的损耗主要是电容器极板间的介质损耗，包括漏电阻损耗和介质极化损耗。相当于在理想电容器两端并联了一个等效电阻，其电流超前电压的相位角 φ 小于 90°，它的余角称为损耗角。电容器用损耗角正切表征损耗特性，电容器的损耗角正切一般在 $10^{-4}～10^{-2}$，值越小就越接近理想电容器。在高频电路中应选用损耗角正切小的电容器。

（5）电容器的额定电压：电容器的额定使用电压通常在电容器上都有标出，低的只有几伏，高的可达数万伏。使用时要注意选择具有合适额定电压的电容器，避免因工作电压过高而使电容器击穿造成短路。一些容易被瞬时电压击穿的瓷介电容器应尽量避免接于低阻电源的两端。有些电容器经不太严重的击穿后，虽仍可恢复绝缘性质，但容量和精度都将降低。电解电容器的耐压和储存时间有很大关系，长期未加电压的电解电容器耐压水平会下降，重新使用时应先加半额定电压，一段时间后才能恢复原有的耐压水平。

（6）电容器的使用频率范围：电容器的等效电容量和 $\tan\delta$ 都与频率相关。通常电容器的等效电容量 C_e 在低频段随 f 增加略有降低，中频后则随 f 增加而增加。$\tan\delta$ 在低频随 f 增大，下降较为明显，但也并不与 f 成反比，在某一频率时将出现一最小值。由于电容器所用介质不同，各种电容器有一定的使用频率范围。由于电解电容器损耗大，杂散电感大，使用的频率上限很低，所以在用电解电容器旁路时，还需并联小容量的其他电容以降低高频时的总阻抗。

2. 电容器的选用

（1）电容器类型的选择：对于技术要求不同的电路应选用不同类型的电容器，如谐振回路应选用介质损耗小、温度稳定性好、电容量精度高的云母电容器或高频瓷介电容器；在高压环境下应用的电容应具有较高的耐压性能，可选云母电容器、高频穿心式电容器；低频滤波电容器一般选用电解电容器；隔直、旁路、退耦、耦合电容器选用涤纶、纸介、电解等电容器。在滤波器与对容量精度要求高的电路中常采用聚苯乙烯电容器，这种电容器的高频损耗小，电容量稳定。

（2）电容量和精度的选择：电容量的数值也按照标称值来选取。电容器精度等级的选择根据电路的实际要求来确定。如在振荡、延时选频等电路中对电容器的精度要求较高，在耦合、电源滤波、去耦等电路中对电容器的精度要求较低。

（3）电容器耐压值的选择：电容器的实际工作电压要低于额定的工作电压。为提高电路的可靠性，一般选耐压值为实际工作电压的两倍以上的电容器。

3. 电容器的好坏和容量大小的判别

电容器的好坏和容量大小的判别可根据电容器放电时的电流、电压的变化快慢来判定。对于 1μF 以上的固定电容器，直接用指针式万用表的欧姆挡，选用 R×1k 或 R×100 挡。测量前应先将电容器的两个引出线短接，使电容器上充的电荷释放，然后用两表笔接触电容器两电极，同时观察万用表指针摆动情况。如果指针摆动大且返回慢，返回位置接近无穷大，说明该电容器正常，且电容量大。如果指针摆动大，但返回时指针指示的电阻值小，说明该电容器漏电流较大。如果指针摆动大，接近于 0 但不返回，说明该电容器已经被击穿。如果指针不摆动，则说明该电容器已经开路，失效了。

数字万用表有电容测量挡，可以估测电容量的大小。但测量精度较低，能测量的电容范围也较小。在测量电容时，首先必须将电容器短接放电。若显示屏显示"000"，表明电容器已经被击穿，短路；若显示"1"，则说明该电容器断路。

三、电感器

在实验中常需用到电感元件（电感器）。实验所需的电感元件大多是用绕在空心圆筒或带肋骨的架子上的线圈来构成。电感器按结构可分为空心、磁芯和铁芯电感器，按工作参数分为固定式电感器和微调电感器，按功能可分为振荡线圈、耦合线圈和偏转线圈。一般低频电感器大多采用铁芯，中高频电感器采用空心电感器。

电感线圈的等效电路如图 B.2 所示，图 B.2（a）是低频时的等效电路，图 B.2（a）中 L 是电感器的标称电感，取决于线圈的磁路并与匝数平方成正比，r 则表征电感器的功率损耗。对于低频空心线圈来说，该电阻即构成线圈的导线电阻。如果电路的频率较高，或线圈的杂散电容（绕组的匝间电容与层间电容）较大，则要使用图 B.2（b）的等效电路，其中 L 主要是由磁路决定的电感，r 主要由导线的电阻决定，线圈的杂散电容则用一个集中的电容 C 来表征。频率越高，杂散电容 C 对电感等效参数的影响越显著，电导 g 则是考虑在高频时线圈周围介质的极化损耗。对于更高的频率，当线圈的尺寸与线圈中电压、电流的波长不可忽略时，其等效电路则应按分布参数电路考虑。

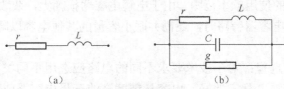

（a）　　　　　　　　　　（b）

图 B.2　电感线圈的等效电路

通常为了增加电感线圈的电感量，可在线圈中加磁芯。常用的磁芯材料是硅钢片。硅钢片是低频电路（主要是工频电路）中应用较广的磁芯。坡莫合金则以磁导率高著称。通常只在电感元件的体积受到限制，需要有小体积的大电感场合才考虑使用坡莫合金的磁芯。由于磁芯中的磁滞和涡流的影响，一般硅钢片和坡莫合金只在低频电路中使用，其使用的上限频率为音频段。

1. 电感器的主要技术指标

（1）标称值。电感器的标称值是指在正常工作条件下该电感器的电感量，一般在电感器上都有标明。铁芯线圈的标称值是线圈在额定电压（电流）条件下的电感量。

（2）最大允许电流。电感器工作时的电流不得超过其规定的允许电流。

（3）分布电容。线圈的匝间、线圈与屏蔽罩间、线圈与底板间存在的电容称为分布电容。分布电容的存在，使线圈的 Q 值减小，稳定性变差，因此，线圈的分布电容越小越好。

（4）稳定性。对于空心电感器，其稳定度取决于制造电感器材料的机械结构的稳定性。含磁芯的电感器的电感量随时间而变化，主要是磁芯材料老化引起内部结构性质的改变所致。

（5）使用频率。由于电感器的等效参数与频率有较大的关系，所以电感器的标称值、准确度等指标都是在指定的频率范围内给出的。

（6）品质因数 Q。当线圈在某一频率的交流电压下工作时，线圈所呈现的电抗和线圈直流电阻的比即 $Q=\omega L/R$，反映了线圈损耗的大小。不同的使用场合，对线圈的品质因数要求不同，如在谐振回路中对线圈的 Q 值要求高，对于耦合线圈的 Q 值要求低，对高频扼流线圈和低频扼流线圈的 Q 值没有要求。

2．电感器的选择

电感器类型的选择：在选用电感器时，应根据电感器的工作频率范围选择电感器。如工作频率在音频段一般用铁芯线圈，工作频率在几百千赫兹到几兆赫兹的线圈应选用铁氧体芯多股绝缘线绕制。工作频率在 100MHz 以上时，用空气线圈。在使用线圈时应注意接线正确，以免烧坏线圈和其他电子元件。线圈是磁感应元件，它对周围的电感性元件有影响，安装时应注意电感性元件之间的相互位置，一般应使靠近的电感线圈的轴线相互垂直以尽量减少耦合。

四、二极管

二极管是一种单向导电器件，二极管两端加正向电压时导通，二极管的导通压降与其正向电流有关，通常二极管导通压降近似为常数，称为转折点电压或死区电压，硅管的为 0.6～0.8V，锗管的为 0.1～0.3V。当外电压超过死区电压后，二极管内电阻变小，电流随电压的增加而急速上升，这就是二极管的正常工作区。在这一区域，无论电流增大或减小，压降基本保持在导通电压值附近，变化很小。二极管加反向电压时截止，反向电流近似为 0，所以在反向电压的作用下，二极管呈现很大的电阻值，即反向电阻。二极管按材料分为硅二极管、锗二极管和砷化镓二极管；按用途分为整流二极管、检波二极管、发光二极管、开关二极管、稳压二极管、变容二极管等。

1．二极管的主要参数

（1）最大整流电流 I_F。指二极管长期工作时允许流过的最大正向电流值，使用时不能超过此值，否则二极管会因为过热而损坏。

（2）最高反向工作电压 U_{RM}。指二极管参数变化不超过允许反向电流时的最大反向电压峰值。通常取击穿电压的一半作为最高反向工作电压。

（3）反向电流 I_R。指二极管未击穿时的反向电流。反向电流越小，二极管的单向导电性越好。反向电路受温度的影响大。

（4）最高工作频率 f_{max}。指二极管的工作上限频率。超过此值，由于二极管结电容的作用，二极管将不能很好地实现单向导电性。

（5）反向恢复时间。二极管所加正向电压突变为反向电压时，二极管恢复反向阻断的时间。

（6）最大功率 P。二极管两端的电压与流过电流的乘积，该极限参数对稳压二极管最重要。

2. 常用二极管的分类与特点

（1）整流二极管

整流二极管主要用于整流电路，工作频率不是很高，但额定整流电流是需要考虑的一个重要指标。表 B.1 为部分整流二极管的主要参数。

表 B.1　　部分整流二极管的主要参数

型号	额定整流电流 I_F/A	浪涌电流 I_{FSM}/A	最大反向电流 I_R/μA	正向压降 U_F/V	最高反向工作电压/V
1N4001					50
1N4002					100
1N4003	1	30	5	1.1	200
1N4004					400
1N4005					600

（2）开关二极管

开关二极管主要应用于开关、脉冲和逻辑控制电路，数字电路的开关频率或开关时间是一个非常重要的指标，而决定开关频率的主要因素是二极管反向恢复时间。表 B.2 为部分开关二极管的主要参数。

表 B.2　　部分开关二极管的主要参数

型号	最大正向工作电流 I_{FM}/mA	正向压降 U_F/V	反向恢复时间 t_{TT}/ns	最高反向工作电压 U_{RM}/V	正向电流 I_F/mA
2CK110	100	0.8	≤4	35	10
2CK73	100	1	≤5	20	20
2CK77	300	1	≤10	50	20
1N4149	150	1	≤4	75	10
1N4448	150	<1		75	10
1N4148	150	1	≤4	75	10

（3）稳压二极管

稳压二极管是一种硅材料制成的面接触型的晶体二极管。稳压二极管在反向击穿时，在一定的电流范围内，电压几乎不变，表现出电压稳定的特性。

稳压二极管的主要参数如下。

稳定电压值 U_z：在规定电流下稳压二极管的反向击穿电压。

稳定电流 I_z：稳压二极管正常工作时的最小工作电流，小于该电流时，稳压二极管稳压不准，内阻较大。

动态电阻 r_z：稳压二极管反向击穿段的动态微变电阻，反映了稳压二极管的稳压性能，该值越小，反向击穿特性曲线越陡，电流变化时稳压值变化越小，稳压性能越好。

最大耗散功率 P_{max}：稳压二极管允许的最大功率，超过此值，稳压二极管将因热击穿而损坏。

稳压二极管主要应用于简单的并联型稳压电路，通过限流电阻限定稳压二极管反向击穿电流（大于最小稳定电流，小于最大稳定电流），为电子电路提供小功率直流电源，或作为要求不高的基准电压。稳压二极管应用电路中限流电阻的选择很重要，既要保证稳压二极管工作在"击穿区"，又要保证稳压二极管不会工作到"热击穿区"，限流电阻 R 的选择应满足

$$\frac{U_{Imax}-U_Z}{I_{Wmax}} \leqslant R \leqslant \frac{U_{Imin}-U_Z}{I_{Omax}+I_{Wmin}}。$$

式中，U_{Imax} 和 U_{Imin} 为输入直流电压最大值和最小值；U_Z 为稳压二极管稳压值；I_{Wmin} 为稳压二极管最小稳定电流；I_{Wmax} 为稳压二极管最大稳定电流，由 P_{max} 和 U_Z 值可以推算出稳压二极管的最大稳定电流，即 $I_{Zmax}=P_{max}/U_Z$；I_{Omax} 为最大输出电流。

表 B.3 为部分稳压二极管的主要参数。

表 B.3　　　　　　　　部分稳压二极管的主要参数

型号	最大耗散功率 P_{ZM}/W	最大工作电流 I_{FSM}/A	反向电流 I_R/μA	正向压降 U_F/V	动态电阻				稳定电压 U_Z/V
					R_{Z1}/Ω	I_{Z1}/mA	R_{Z2}/Ω	I_{Z2}/mA	
2CW50		83	≤10		≤300		≤50	10	1～2.8
2CW52		55	≤2		≤550		≤70	10	3.2～4.5
2CW54	0.25	38	≤0.5	≤1	≤500	1	≤30	10	5.5～6.6
2CW58		23	≤0.5		≤400		≤25	5	9.2～10.5
2CW60		19	≤0.5		≤400		≤40	5	11.5～12.5

（4）发光二极管（部分发光二极管的主要参数如表 B.4 所示）

表 B.4　　　　　　　　部分发光二极管的主要参数

型号	材料	发光颜色	极限参数			电参数			
			P_{max}/mW	I_F/mA	U_R/V	工作电压 U_F/V	工作电流 I_F/mA	反向电流 I_R/mA	反向电压 U_R/V
BT111-X	GaAsP	红	100	20	5	1.9	20	<100	5
BT112-X	GaP	红	100	20	5	2.5	20	<100	5
BT113-X	GaP	绿	100	20	5	2.5	20	<100	5
BT114-X	GaAsP	黄	100	20	5	2.3	20	<100	5
BT116-X	GaAlAs	亮红	100	20	5	2.5	20	<100	5

发光二极管是以磷化镓或磷砷化镓等半导体材料制成的。其内部有一个 PN 结，具有单向导电性。半导体的材料不同，发光二极管的颜色不同。发光二极管的正向压降一般较大，正向电流越大发光亮度越高。使用时应注意不能超过最大功耗、最大正向电流和反向击穿电压等极限参数。一般情况下，发光二极管的正向工作电压为 1.5～3V，允许流过的电流为 2～20mA，所以发光二极管在与 TTL 组件连接使用时，应串接限流电阻，以防器件损坏。

（5）检波二极管

通常检波二极管用锗材料制成，它具有正向电流与压降小、结电容小、工作频率高等特

点，国内常用的型号为 2AP 系列。检波二极管常在小信号、高频率的电路中进行信号检波鉴频等。表 B.5 为部分检波二极管的典型参数。

表 B.5　　　　　　　　　　　　　部分检波二极管典型参数

型号	最高反向工作电压 U_{RM}/V	正向压降 U_F/V	正向电流 I_F/mA	总电容 C_T/pF	截止频率 f/MHz
2AP11	10	1	10	1	40
2AP9	10	0.5	3	1	100
2AP7	100	1	5	1	150
2AP31A	10	1	2	0.3	400
1N60	35	1	4	1	150

（6）变容二极管

变容二极管在电路中起可变电容的作用，变容二极管的结电容随外加电压的改变而改变，常用于压控振荡器自动频率控制等电路。

3．二极管的检测

用数字万用表可以判别二极管的正负极和好坏等。

（1）二极管正负极判别

二极管的正负极可以通过二极管的外形或管壳上的标志直接确定，也可以用指针式万用表判别。用指针式万用表的电阻挡检测二极管正负极的方法是：将万用表置于 $R \times 1k$ 或 $R \times 100$ 挡，先将两表笔分别接在二极管两极，记录万用表上显示的阻值，再交换两表笔，记录第二次测出的阻值，阻值小的那次黑表笔所接的就是二极管的正极。二极管的反向电阻与材料有关。对于数字万用表，不宜用电阻挡来检测二极管，因为数字万用表的电阻挡所提供的测试电流太小，通常为 100nA～0.5mA（视所选电阻挡位而定）。二极管是非线性元件，正反向电阻值与测试电流有很大关系，所以测量出来的阻值与正常值相差很大，有时难以判定。用数字万用表测量二极管时，可以直接放在二极管挡来检测二极管，不仅准确可靠而且显示直观。用数字万用表的二极管挡检测二极管正负极的方法是：用两只表笔分别接触被测二极管的两个电极，同时观察显示值，然后交换表笔再测一次。如果二极管是好的，在这两次的测量中，一次显示值应该是二极管的正向压降，是小于 1 的值。这时二极管处于正向导通状态，红表笔接的是二极管的正极，黑表笔接的是二极管的负极。另一次应该显示溢出符号"1"，这时二极管处于反向截止状态，黑表笔接的是正极，红表笔接的是负极。如果两次测量都显示溢出符号，则说明二极管内部已经开路；如果两次测量都显示"0"，则说明二极管内部已经被击穿短路。

（2）二极管硅、锗材料的判别

在用数字万用表的二极管挡检测二极管时，如果二极管正向导通，则数字万用表上的显示值就是二极管的正向压降。硅管正向压降一般为 0.50～0.80V，锗管正向压降一般为 0.15～0.30V，可根据二极管正向压降的差异判断二极管是硅管还是锗管。

4．二极管在使用时的注意事项

① 在电路中应注意二极管的极性，正确接入电路。

② 应避免二极管靠近发热元件，保证其散热良好。

③ 应根据需要正确选择二极管的型号。

④ 对于整流二极管，为保证其可靠工作，建议将反向电压降低 20%再使用。

五、晶体管

半导体晶体管材料可分为锗管和硅管，按结构不同可分为 PNP 型和 NPN 型，按频率分可分为低频管、高频管和甚高频管，按功率可分为小功率管、中功率管、大功率管。主要参数如下。

（1）共发射极直流电流放大倍数 β：定义为在额定的集电极电压 U_{CE} 和集电极电流 I_C 的情况下，集电极电流 I_C 和基极电流 I_B 之比。

（2）集电极最大允许电流 I_{CM} 使用时，集电极电流不允许超过的最大值。

（3）集电极最大允许耗散功率 P_{CM}：使用时，集电极实际消耗的功率不允许超过 P_{CM}；否则结温上升，晶体管被烧坏。

（4）特征频率 f_T：频率增高到一定值后，$\Delta\beta=\Delta i_c/\Delta i_b$ 开始下降，使 $\beta=1$ 的频率称为特征频率。此时晶体管没有放大能力。

（5）最大允许电压 $U_{(BR)CEO}$：指基极开路时，集电极与发射极之间的反向击穿电压。在使用时，反向电压不能超过此电压值，否则晶体管将会被反向击穿。

1. 晶体管的选用原则

（1）在工作电压高时，应选用 $U_{(BR)CEO}$ 大的高反压管，尤其注意基极和发射极之间的反向电压不要超过 $U_{(BR)EBO}$。

（2）输出功率比较大时，应选用 P_{CM} 大的晶体管，同时注意散热。

（3）输出电流比较大时，应选用 I_{CM} 大的晶体管 。

（4）要满足电路的上限频率，应选用 f_T 大的晶体管，当电路频率高时，应选用高频管或超高频管。

（5）硅管的反向电流比锗管小，温度特性比锗管好，通常选用硅管组成电路。同型号的晶体管中反向电流小的性能好。当直流电源相对地为正值时选用 NPN 型晶体管，为负值时选用 PNP 型晶体管。

（6）为减少温度对晶体管 β 值的影响，应选用有电流负反馈功能的偏置电路，或选用有热敏电阻补偿功能的偏置电路。

（7）在满足整体放大参数的前提下，不要选用直流放大系数 h_{FE} 过大的晶体管，防止产生自激振荡。

部分晶体管主要参数如表 B.6 所示。

表 B.6　　　　　　　　　　晶体管参数

型号	管型	I_{CEO}	h_{FE}/β	I_{CM}/mA	P_{CM}/mW	$U_{(BR)CEO}$/V	f_T/MHz
S9011	NPN		30～200	30	400	≥20	150
S9012	PNP	0.1	60～300	500	625	≥20	150
S9013	NPN					≥40	
S9014	NPN	0.05	60～600	100	450	≥50	100
S9015	PNP	0.05				≥50	
S9016	NPN	0.1	30～270	300	400	≥50	400
S9017	NPN	0.05				≥50	700

2．晶体管的检测

用数字万用表可以判别晶体管的管型、引脚与好坏。

（1）判定基极以及判定 NPN 型和 PNP 型

对于 NPN 型晶体管，基极是 2 个 PN 结的公共正极，对于 PNP 型晶体管，基极是 2 个 PN 结的公共负极，分别如图 B.3 所示。可以运用这个结构特点来判断晶体管的基极。具体方法是：将数字万用表拨到二极管挡，先用红表笔接触晶体管的任意一个引脚，再用黑表笔依

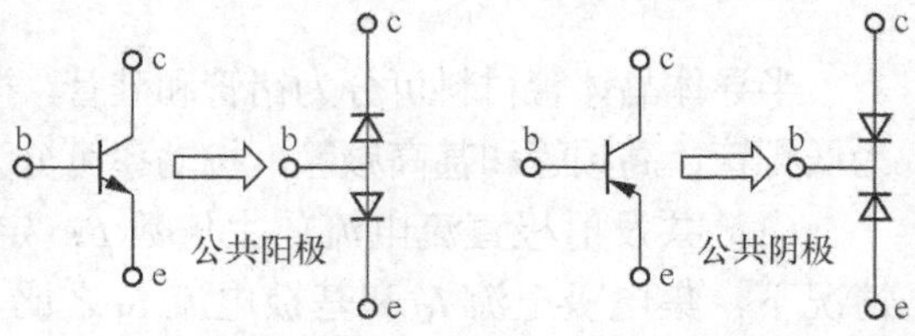

（a）NPN型晶体管　　　（b）PNP型晶体管

图 B.3　NPN 型与 PNP 型晶体管

次去接触晶体管的另外两个引脚，若两次显示值基本相等，示数都在 1V 以下，就可以判定红表笔接触的是基极，是 NPN 型晶体管。若示数都是溢出的，就可以判定红表笔接触的是基极，是 PNP 型晶体管。若两次显示值中一次在 1 以下，一次为溢出，则说明红表笔接触的不是基极，需更换其他引脚重测。

（2）判断集电极和发射极，同时测 h_{FE} 值

要判定集电极和发射极需要将晶体管插入 h_{FE} 插口。如果被测晶体管是 NPN 型的，将表置于 NPN 挡，将晶体管的基极插入 B 孔，剩下的两个极分别插入 C 孔和 E 孔，如果测出的 h_{FE} 值为几十至几百，说明晶体管接法正常，放大能力较强，此时插入 C 孔的是集电极，插入 E 孔的发射极；若测出的 h_{FE} 值只有几到十几，说明晶体管的集电极和发射极插反了。检测 PNP 型晶体管的方法和 NPN 型晶体管的方法类似，但必须选择 PNP 的 h_{FE} 挡。

3．晶体管好坏的判别

当晶体管基极、发射极或基极、集电极的正反向电阻中的任何一个 PN 结的正反向电阻或集电极、发射极电阻异常时，就可以判定晶体管已损坏，正常情况下硅管集电极、发射两极间的电阻为无穷大，小功率锗管集电极、发射极间电阻为几百千欧姆。

4．晶体管的选择与使用注意事项

（1）从满足电路所要求的功能出发，选择合适的类型，如大功率管、小功率管、低频管、高频管、开关管等。

（2）根据电路的要求选择 β，一般情况下，β 越大，稳定性越差，通常 β 取 50~100。

（3）根据放大器通频带的要求，选择晶体管的特征频率 f_T。晶体管的特征频率应高于电路的工作频率的 3～10 倍。

（4）根据已知条件选择晶体管的极限参数，一般要求最大集电极电流 $I_{CM}>2I_C$，击穿电压 $U_{(BR)CEO}>2U_{CC}$，最大允许功耗 $P_{CM}>(1.5～2)P_{Cmax}$。

六、场效应晶体管

根据结构和制造工艺的不同，场效应晶体管可分为结型和金属氧化物绝缘栅型。场效应晶体管具有输入阻抗大，热稳定性好，噪声低，抗辐射能力强和制造工艺简单，易于集成等的优点，因此，场效应晶体管的应用非常广泛。场效应晶体管的主要参数如下。

1．直流参数

（1）开启电压 U_T：对于增强型场效应晶体管，在一定的漏源电压 U_{DS} 下，开始产生漏极电流 I_D 所需的最小栅源电压 U_{GS} 的值。

（2）夹断电压 U_P：对于耗尽型场效应晶体管，在一定的漏源电压 U_{DS} 下，使漏极电流 I_D 减小到某一微小值时的栅源电压 U_{GS} 的值。

（3）饱和漏极电流 I_{DDS}：对于耗尽型场效应晶体管，在栅源电压 $U_{GS}=0$ 时，所对应的恒流区漏极电流 I_D 的值。

（4）直流输入电阻 R_{GS}：在栅源电压 $U_{GS}=0$ 时，栅源电压 U_{GS} 与栅极电流 I_G 的比值，因为 I_D 近似为零，所以 R_{GS} 很大。

2．交流参数

（1）低频跨导 g_m：反映了栅源电压对漏极电流的控制能力，是表征场效应晶体管对交流信号放大能力的参数。

（2）最大漏极电流 I_{DM}：场效应晶体管正常工作时漏极电流的上限值。

（3）最大耗散功率 P_{DM}：与晶体管最大集电极耗散功率 P_{CM} 的意义相同。其受场效应晶体管的最高工作温度和散热条件的限制。

（4）最大漏源极间电压 U_{DS}：漏极附近发生雪崩击穿时的 U_{DS}。

（5）最大栅源极间电压 U_{GS}：指栅极与源极间 PN 结的反向击穿电压。

3．场效应晶体管的检测

用测电阻法判别结型场效应晶体管的电极：根据场效应晶体管的 PN 结正反向电阻值的不同，可以判别结型场效应晶体管的 3 个电极。具体方法是：将万用表置于 $R×1k$ 挡，任选两个电极，分别测出这两个电极的正反向电阻阻值。当某两个电极的正反向电阻值相等且为几千欧姆时，则该两个电极分别为漏极和源极。对于结型场效应晶体管而言，漏极和源极可以互换，剩下的电极就是栅极。也可以将万用表的黑表笔（或红表笔）任意接触一个电极，另一个表笔依次去接触其余两个电极，测量其电阻值。当出现两次电阻值近似相等时，黑表笔所接触的电极为栅极，其余两级为源极和漏极。若两次测量的电阻值都很大，说明都是反向电阻，可以判定是 N 沟道的场效应晶体管。若两次测量的电阻值都很小，说明都是正向电阻，可以判定是 P 沟道的场效应晶体管。若测量时没有出现两次阻值相等的现象，就调换红黑表笔，直到判断出栅极为止。

4．场效应晶体管的好坏判别

将万用表置于 $R×100$ 挡，测量源极和漏极之间的电阻值（通常在几十欧姆到几千欧姆）。如果测得的阻值大于正常值，可能是场效应晶体管内部接触不良；若为无穷大，则可能是内部断路。再将万用表置于 $R×10k$ 挡，测量栅极和源极以及栅极和漏极之间的电阻值，测得这两个阻值均为无穷大，说明场效应晶体管是好的，否则是坏的。

5．场效应晶体管的使用注意事项

（1）根据已知条件选择场效应晶体管的极限参数，选用时各个参数均应小于极限参数。

（2）在使用各类场效应晶体管时，都应按要求接入偏置电路，遵守场效应晶体管的偏置极性。

（3）MOSFET 由于输入阻抗极高，在运输储藏中必须将引脚短路，要用金属屏蔽包装，以防外来感应电动势将栅极击穿。

（4）为防止场效应晶体管栅极被感应电动势击穿，要求所有测试仪器、工作台、电烙铁、电路本身必须有良好的接地。

（5）安装场效应晶体管时，应该固定良好并且散热良好。

表 B.7 所示为 3DJ6 N 沟道结型场效应晶体管参数。

表 B.7   **3DJ6 N 沟道结型场效应晶体管参数**

型号	3DJ6D	3DJ6E	3DJ6F	3DJ6G	3DJ6H	测试条件
饱和漏源电流 I_{DSS}/mA	<0.35	0.3～1.2	1～3.5	3～6.5	6～10	$U_{GS}=0$ $U_{DS}=10\text{V}$
夹断电压 U_P/V	<|−9|	<|−9|	<|−9|	<|−9|	<|−9|	$U_{DS}=10\text{V}$ $I_{DS}=50\mu\text{A}$
共源小信号低频跨导 g_m/ s	>1000	>1000	>1000	>1000	>1000	$U_{DS}=10\text{V}$ $I_{DS}=3\text{mA}$
最大漏源电压 U_{DS}/V	≥20	≥20	≥20	≥20	≥20	——
最大栅源电压 U_{GS}/V	≥20	≥20	≥20	≥20	≥20	——
最大耗散功率 P_{DM}/mW	100	100	100	100	100	——
最大漏源电流 I_{DM}/mA	15	15	15	15	15	——

七、运算放大器

运算放大器简称运放，是由若干晶体管、电阻等集成在一块芯片上而制成的。它是一种高增益高输入阻抗的集成放大器，常用于交直流放大电路、基本运算电路和振荡电路。运算放大器的主要静态指标如下。

（1）输入失调电压：当输入电压为零时，用输出电压除以电压增益，即折算到输入端的失调电压。

（2）输入失调电流：当运算放大器的输出电压为零时，流入放大器两输入端的静态基极电流的差称为输入失调电流。

（3）最大差模输入电压 U_{idmaxM}：是指运算放大器两个输入端之间所能承受的最大电压值，若超过 U_{idmaxM}，运算放大器输入级将被击穿。U_{idmaxM} 一般在几伏之内。

（4）最大共模输入电压 U_{icmaxM}：是指运算放大器所能承受的最大共模输入电压，若超过 U_{icmaxM}，运算放大器的共模抑制比将显著下降。

运算放大器的主要动态指标如下。

（1）开环差模电压增益。

开环电压增益是指运算放大器在开环时输出电压与输入电压的比值，它是运算放大器诸多参数中最重要的一个。在闭环增益一定的条件下，开环增益越大反馈深度越大，对电路性能改善也越好。但考虑到电路的稳定度要求，反馈越深引入的附加相移越大，越会引起电路的不稳定，所以要结合实际需要综合选取。

（2）开环带宽 BW：是指在运算放大器开环幅频特性曲线上，开环增益从开环直流增益 A_o 下降 3dB，电压放大倍数下降到 $0.707A_u$ 时对应的频率宽度。

（3）单位增益带宽 f_{cp}：对应于开环增益 A_{VO} 频率响应曲线上增益下降到 $A_{VO}=1$ 时的频率。运算放大器的增益和带宽的乘积是常数，增益越高，带宽越窄。

（4）转换速率 SR：运算放大器在额定负载与输入阶跃大信号时输出电压的最大变化率。即

$$SR = \Delta U / \Delta t$$

表 B.8 所示为部分运算放大器的主要参数。

表 B.8　　　　　　　　　　　部分运算放大器的主要参数

参数	符号	μA741	LF353	LM324	TL084	LM358
输入失调电压/mV	U_{OS}	1	5	2	2	7
输入失调电流/nA	I_{OS}	10	0.025	5	5	<50
输入偏置电流/nA	I_B	80	0.05	45	45	45
共模抑制比/dB	CMRR	90	100	70	70	70
电源抑制比/dB	PSRR	—	65	100	100	—
开环电压增益/(V·mV^{-1})	A_{uO}	106	25	100	100	25～100
输出电压峰峰值	V_{opp}	±(10～14)	±(10～13.5)	±(10～14)	±(10～14)	—
摆率/(V·μs^{-1})	SR	0.5	13	0.5	0.5	0.3
单位增益带宽/MHz	BW_G	1	—	1	1	1
输出短路电流/mA	I_{OS}		10	20	20	—

八、集成稳压器主要参数

集成稳压器的芯片有很多种，常用的是三端线性稳压芯片，三端稳压器的 3 个引脚分别是输入端、输出端和公共端（对于可调式稳压器，其称为调整端引脚）。根据输出电压是否固定，三端稳压器可分为固定电源输出和可调电压输出两类。三端固定式集成稳压器的输出电压是固定的，三端可调式集成稳压器（部分参数如表 B.9 所示）的输出电压可以通过外接元件来调节。常用的三端稳压器有正电压输出的 CW78xx 系列、负电压输出的 CW79xx 系列和可调电压输出的 LM3x7，其中 CW7800、CW7900 系列（0.5A）的主要参数如表 B.10 所示。

表 B.9　　　　　三端可调式集成稳压器型号及部分参数

型号	输入电压 U_i/V	输出电压 U_o/V	电压调整率 S_u/mV	电流调整率 S_i/mV	输出电流 I_{omax}/mA	输入输出电差/(U_o-U_i)/V	输出电压温度系数 ω/℃
LM317	4～40	1.2～37	0.04	0.1	≥100	3	0.006
LM337	4～40	−1.2～−37	0.02	0.1	≥100	3	0.004

表 B.10　　三端固定式集成稳压器 CW7800、CW7900 系列 (0.5A)的主要参数

型号	输入电压 U_i/V	输出电压 U_o/V	电压调整率 S_u/mV	电流调整率 S_i/mV	输出最大电流 I_{omax}/mA	最小输入电压 U_{imin}/V	温度变化率 S_T/mV
CW7805	10	4.8～5.2	7	25	≥500	7	1.0
CW7806	11	5.7～6.25	8.5	30	≥500	8	1.0
CW7809	14	8.65～9.35	12.5	40	≥500	11	1.0
CW7812	19	11.5～12.5	17	50	≥500	14	1.2
CW7905	10	−4.8～−5.2	7	25	≥500	7	1.0
CW7906	11	−5.7～−6.25	8.5	30	≥500	8	1.0
CW7909	14	−8.65～−9.35	12.5	40	≥500	11	1.0
CW7912	19	−11.5～−12.5	17	50	≥500	14	1.2

参 考 文 献

[1] 陈洪亮，田社平，吴雪，等．电路分析基础[M]．北京：清华大学出版社，2009．

[2] 刘岚，叶庆云．电路分析基础[M]．北京：高等教育出版社，2010．

[3] 许文龙，李家虎．电工电子实验技术（上）[M]．南京：河海大学出版社，2005．

[4] 张豫滇，谢劲草．电工电子实验技术（下）[M]．南京：河海大学出版社，2005．

[5] 谢志远．模拟电子技术基础[M]．北京：清华大学出版社，2011．

[6] 沈小丰．电子电路实验——电路基础实验[M]．北京：清华大学出版社，2007．

[7] 沈小丰．电子电路实验——模拟电路实验[M]．北京：清华大学出版社，2007．

[8] 高文焕，张尊侨，徐振英，等．电子技术实验[M]．北京：清华大学出版社，2004．

[9] 金凤莲．电子技术基础实验与课程设计[M]．北京：清华大学出版社，2009．

[10] 黄大刚．电路基础实验[M]．北京：清华大学出版社，2008．

[11] 陈晓平．电路实验与仿真设计[M]．南京：东南大学出版社，2008．

[12] 陈军．电子技术基础实验（上）[M]．南京：东南大学出版社，2011．

[13] 曹才开．电路与电子技术实验[M]．长沙：中南大学出版社，2009．

[14] 刘宏．电路理论实验教程[M]．广州：华南理工大学出版社，2007．

[15] 陈大钦，罗杰．电子技术基础实验——电子电路实验、设计与现代 EDA 技术[M]．3 版．北京：高等教育出版社，2008．

[16] 谭爱国，沈易，顾秋杰，等．模拟电子技术实验与综合设计[M]．西安：西安电子科技大学出版社，2013．

[17] 阮秉涛，蔡忠法，樊伟敏，等．电子技术基础实验教程 [M]．2 版．北京：高等教育出版社，2011．

[18] 姚缨英．电路实验教程[M]．3 版．北京：高等教育出版社，2016．

[19] 罗杰，谢自美．电子线路设计·实验·测试 [M]．4 版．北京：电子工业出版社，2008．

[20] 潘岚．电路与电子技术实验教程[M]．北京：高等教育出版社，2004．

[21] 王维斌，王庭良．模拟电子技术实验教程[M]．西安：西北工业大学出版社，2012．

[22] 付扬．电路与电子技术实验教程[M]．北京：机械工业出版社，2007．

[23] 王伞．常用电路模块分析与设计指导[M]．北京：清华大学出版社，2009．

[24] 钟洪声，崔红玲，皇晓辉．电子电路设计技术基础[M]．成都：电子科技大学出版社，2012．

[25] 黄丽亚．模拟电子技术基础[M]．北京：机械工业出版社，2007．

[26] 康华光．电子技术基础模拟部分[M]．5 版．北京：高等教育出版社，2010．

[27] 赵明富，石新峰．电路仿真设计与制作[M]．北京：清华大学出版社，2014